The Science of Orgasm

オルガスムの科学

性的快楽と身体・脳の神秘と謎

バリー・R・コミサリュック
カルロス・バイヤー＝フローレス
ビバリー・ウィップル

福井昌子 訳

作品社

オルガスムの科学——性的快楽と身体・脳の神秘と謎◆目次

第16章　性ホルモンとオルガスムの謎　184

第17章　性ホルモンのメカニズム　211

【凡例】

・本文中の［ ］のアルファベットの人名は、参照文献の著者名と刊行年であり、巻末の「参照・引用文献一覧」に書誌情報を示した。

・本文中で、太字となっている語句は、巻末の「用語解説」を参照のこと。なお、各章の初出の語句のみを太字にした。

・割注および見開きの左端にある脚注は、訳注である。

The Science of Orgasm

オルガスムの科学

性的快楽と身体・脳の神秘と謎

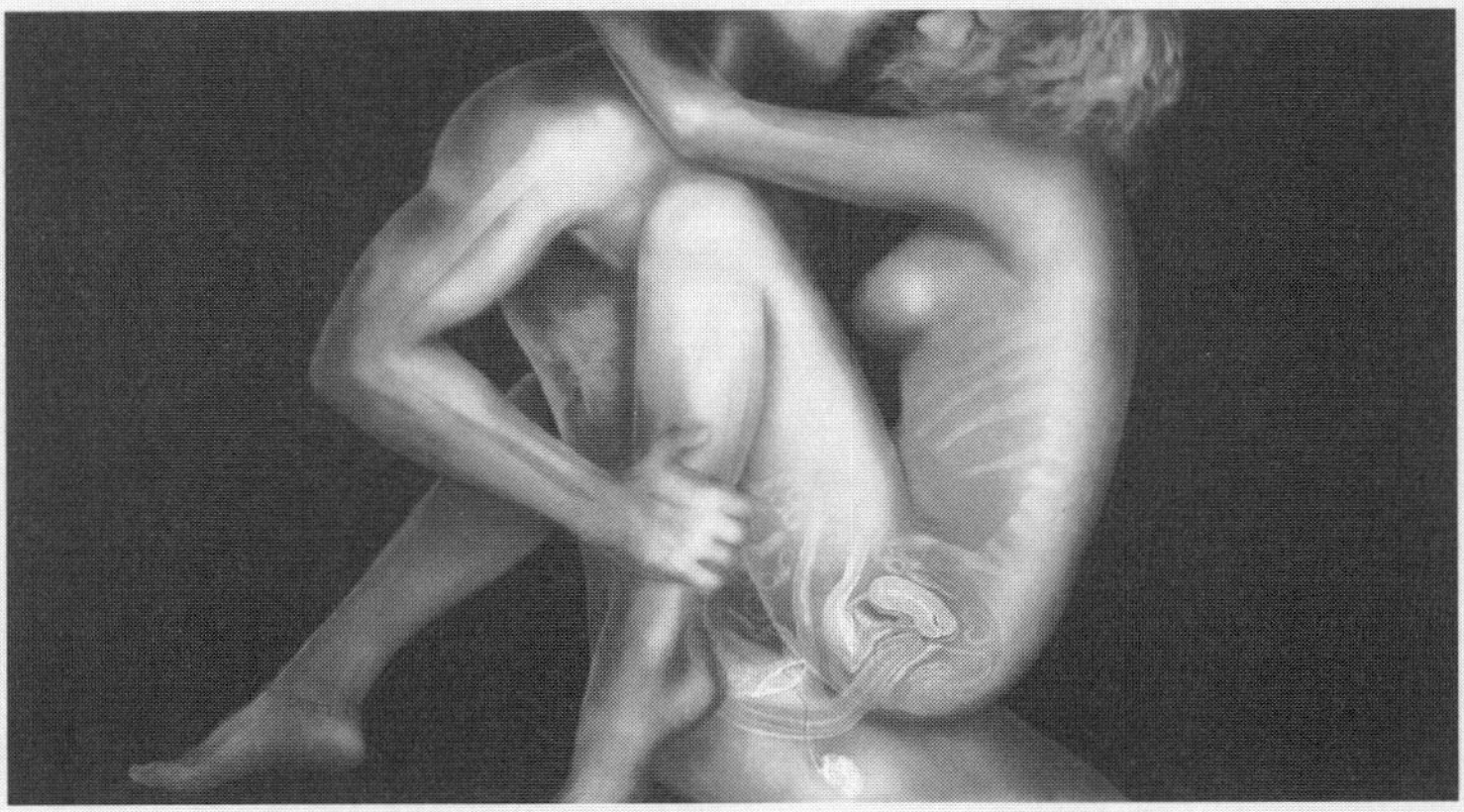

バリー・R・コミサリュック
カルロス・バイヤー＝フローレス
ビバリー・ウィップル

福井昌子訳

［序文］

オルガスムという神秘的現象を追及することは、人間の身体―脳のシステムと意識の謎に迫ることである

本書を著わしたのは、「オルガスム」とは、医学的に注目すべき対象であり、神秘的とも言うべき現象であり、人生でもっとも不思議な経験の一つだからである。

われわれの視点は、バンクロフト［Bancroft, 1989］、コザリとパテル［Kothari and Patel, 1991］、パジェット［Paget, 2001］、ロジャース［Rodgers, 2001］、ボドナーら［Bodnar et al., 2002］、マルゴリス［Margolis, 2004］、ハイデ［Hyde, 2005］、ロイド［Lloyd, 2005］などによる、性行為やオルガスムのさまざまな側面を取り上げた近年の著作とも、メストンとフローリッヒ［Meston and Frohlich, 2000］、メストンやレヴィンら［Meston, Levin, et al., 2004］、マーとビニック［Mah and Binik, 2001, 2005］による総論とも異なる。

われわれは、次のような点を取り上げた。

まずは、オルガスムをもたらすために調和して機能する身体のシステムである。オルガスムの機能や、オルガスムは気持ちがよいと感じる理由についてのさまざまな考え方も検討した。「生殖器以外」によるオルガスムなど、多様なオルガスムを定義した。男女の相違点や類似点、加齢の影響、オルガスムに関わる症状、ホルモンやドラッグの影響、神経や脳によるオルガスムのコントロールも取り上げた。

フィリップ・タイテルバウムは、われわれ執筆者の一人と話した際、こうコメントした。脳とは家のようなものであり、どの窓——行動学・神経学・分析学・薬理学という多様な窓——からのぞいても、同じ一つの家である、と。オルガスムという現象を理解するには、多岐にわたる手法——詩的なものから、医学的なものに至るまで——が利用できる。ある視点に立てば、他の視点では範囲が狭すぎると思われることもある。医学的な手法では、意識の変化が感情に及ぼす影響や、オルガスムの精神的な側面を、評価することはできない。その一方、精神的な手法でオルガスムを検討する人が、原理原則的で医学的なアプローチでは範囲が狭められすぎると抗議することもある。どちらの見解にも一理ある。だが、限界もあるのだ。

多くの同僚、世界各地にいる友人、家族が、本書の執筆にあたって手を貸してくれたことに感謝したい。議論につきあってくれたり、アイデアや重要なコメントを寄せてくれたりした。閃きのヒントを与えてくれ、励まし、手伝ってくれた。とくに、コリン・ビール、アンジェリカ・ブレトン、ヴィンセント・バーク、アーリーン・フェルドマン、ガブリエラ・ゴンザレス・マリスカル、キンバリー・ジョンソン、アダム・コミサリユック、クリスティン・マクギン、ジーナ・オグデン、マリアクルス・ロドリゲス・デ・セッロ、ジェイ・ローゼンブラット、アレグサ・セルフ、ビル・スティトン、リンダ・ストレンジ、デニス・スグルー、アレグザンダー・ツィアラス、それにアナトミカル・トラベログ社の方々、マリー・アン・ウールリッヒ、ジム・ウィップルに感謝する。

個人的な謝意も記しておきたい。ビバリーは、夫のジム、子どものアレンとスーザン、孫のカイラ、トラヴィス、ヴァレリー、ウィリアム、エリーゼが変わらぬ愛情を向けてくれたこと、サポートしてくれたことに。カルロスは、妻のジョセフィナ、二人の娘、マリア・エミリアとギャビーに。バリーは、亡き妻キャリーを偲びつつ、二人の息子、アダムとケヴィンが関心を持ってくれたこと、支え、励ましてくれたことに感謝の意を伝える。

第1章　オルガスムとは何か？

1……オルガスムの定義

オルガスムを表現するのは難しく、定義不可能だとする人は多いが、定義されていないわけではない。

「（ギリシア語の意味から）湿り気を帯びて、ふくらむこと。刺激されること。あるいは、興奮すること」。

（『オックスフォード英語辞典』シンプソン&ウェイナー［Simpson & Weiner, 2002a］）

「性的反応が最高潮になった時点で、緊張した神経筋が弛緩すること」。

（キンゼイら［Kinsey et al., 1953］）

「性的な刺激に反応して充血し、硬直した筋が、肉体的に弛緩する一時的な症状」。

（マスターズとジョンソン［Masters & Johnson, 1966］）

「男女を問わず、官能的な恍惚状態、あるいはエクスタシーと主観的に表現される、官能的に最高潮にある状態。脳または心および生殖器で同時に感じる。どの部位で感じているかにかかわらず、オルガスムは、上半身の脳内と下半身の生殖器にある神経回路の間で情報が交換されることによって発生する。**脊髄**［以下、太字の語句は、巻末の「用語解説」を参照］が切断されると、この情報交換は行なわれない。しかし、どちらか一方の側が広範囲に障害を負った場合でも、オルガスムが伝達される場合はある」。

（マネーとワインライト、ヒンバーガー［Money, Wainwright & Hingburger, 1991］）

「大脳でコード化された極めて激しい神経筋反応である。骨盤で知覚される生理的な快感にともなう心理生物学的な刺激によって、性的にもっとも興奮したときに起きるが、その生理的な快感が必須というわけではない」。

（コザリとパテル［Kothari & Patel, 1991］）

「以下の場合に起きるもっとも興奮した状態。（a）外的または内的な刺激を受けて活性化された感情または身体的感覚の**受容体**から受ける**求心性**《アファレント》または**再帰求心性**《リアファレント》の刺激。または、（b）高次の認知過程。その後、興奮が収まり、解消する。この定義によれば、オルガスムは生殖系に特有の現象であるが、これに限定されるわけではない」。

（コミサリュックとウィップル［Komisaruk & Whipple, 1991］）

「さまざまな強さの快楽が、一時的に最高潮に達する感覚。意識変容状態を招く。通常、膣の周囲にある骨盤横紋筋が律動的に収縮して始まる。子宮と肛門の収縮、性的刺激による充血を解消する**筋緊**

張、幸福感や満足感をもたらす筋緊張をともなうことが多い」。

（メストンやレヴィンら［Meston, Levin, et al. 2004］）

2……「生殖器」以外でもオルガスムに達する

ほとんどの人は、オルガスムは生殖器（男性の陰茎と女性のクリトリスや膣）を刺激して得られる強い快感だと言うだろう。オルガスムは、生殖器を刺激して感じるのが特徴だが、異なるタイプの感覚的な刺激、すなわち「生殖器」で感じる刺激だけでなく、「生殖器以外」で感じる刺激もオルガスムをもたらすという報告は少なくない。

たとえば、身体に刺激を受けなくても、想像するだけでオルガスムを感じるという女性の例は数多くある。心拍数が倍になった、血圧が上がった、瞳孔が拡大した、耐え切れないほどの痛みを感じたなど、身体の反応がそうした主張を裏づけている［Whipple, Ogden & Komisaruk, 1992］。男女を問わず、脊髄を損傷した人は、損傷箇所に近いところの皮膚に触れられると強い刺激を感じると話す。痛みを感じるため、うっかり擦られたりするのを極端に嫌う。だが、しかるべき人にしかるべき方法で刺激されれば、生殖器から受ける刺激かと思い違うほど心地よいオルガスムを感じることがあるという。胸髄上部の脊髄を完全に損傷したある女性は、自分の一番敏感な部分は首と肩で、首に触れられるとオルガスムを感じると話した。首の付け根に自らバイブレーターを当てるという実験を行なったところ、心拍数と血圧が一気に上昇し、この女性は、膣が「疼《うず》いて」オルガスムを感じたと話したのである［Sipski, Komisaruk, et al. 1993］。

キンゼイら［Kinsey et al. 1953］、マスターズとジョンソン［Masters and Johnson, 1966］、パジェット［Paget, 2001］などの調査では、複数の女性が、胸や乳首を刺激されるとオルガスムを感じると話している。パジエットは、男女を問わず口や肛門が刺激されて感じるオルガスムについても報告している［Paget, 2001］。脊髄を損傷した複数の女性が、耳、唇、胸、あるいは乳首を刺激されてオルガスムを感じたことがあると話したのである［Comarr & Vigue, 1978］。

高級娼婦の生活を体験的に描いた映画『ハッピー・フッカー（陽気な娼婦）』の原作者ザビエラ・ホランダーは、自分の肩に警官が触れたとき、オルガスムを感じたことがあると語っている［Xaviera Hollander, 1981］。フィクションにもそうした記述がある。女子大生を主人公にしたベストセラー青春小説『キンフリックス』のヒロインは、恋人に手を握られたときにオルガスムを感じ、どの部分であっても、身体を刺激されればオルガスムを感じるのだと語っている［Alther, 1975］。

身体のあちこちを刺激されてオルガスムを感じるケースは、マリファナ使用者からも報告されている。コカイン使用者も、コカインを吸った直後に感じる快感はオルガスムのようだとしている［Seecof & Tennant, 1986］。

3……有史以来の人類の疑問——男と女ではどちらの快感が強いのか？

男性と女性では、オルガスムの感じ方が違うのだろうか？

ヴァンスとワグナー［Vance and Wagner, 1976］は、厳密な対照研究を行なっている。この実験は、性行動心理学を専攻する学生たちに自分のオルガスムについて書かせ、それが男子学生によるものか女子学生によるものかを、数名に推測させるというものだ。推測したのは、産婦人科医・心理学者・医学生などで、男性も女性もいた。学生の記述を渡す前に、ヴァンスとワグナーは、書いた学生の性別が言葉づかいからわからないように、特定の言葉を男女どちらにも当てはまる言葉に置き換えた（たとえば、「ペニス」や

「膣」を「生殖器」に置き換えた）。この種の研究にはよくあることだが、実験を組み立てるにあたり、二人は適切で賢明な策を講じたわけである。

ヴァンスとワグナーが結果を分析したところ、書き手の性別を見分けるのに、何を専門としているか、あるいは、判断するのに男女のどちらの方が優れているかは、わからなかった。その結論はこうだ。

オルガスムについて書かれたものからは、学生の性別を言い当てることはできない。〔……〕さらに、オルガスムについての記述に書き手の性別を示唆するヒントがあるとしても、その性別を判断する特徴を認識するのに、男女のどちらのほうの判断が優れているのかを言うことはできない。

実験に参加した四八人の学生のうち、無作為に選んだ以下の九人の記述からわかるように、その表現は生々しい。すでに述べたが、それぞれの記述について、書いたのが男性か女性かを見極めることはできなかったのである（われわれにもわからない）。

突然、頭がふわっとするような感じに襲われ、その後、一気に解放されて高揚したような感覚があった。麻薬を吸った後のようだった。全身の筋肉がしびれた。絶頂を感じた後は、とても穏やかでリラックスした。

これ以上ないほど緊張が高まって、その後、解放された感じ。オルガスムを感じたのは、もっとも緊張したときと、それがほぐれたときで、ほぼ同時。生殖器がしめつけられるような感じもあった。全身がうずいた。

それまでの行為で高まっていた緊張から、一気に解放された感覚。この解放感が、とてつもない快感で、興奮した。生殖器のあたりで感じていたように思う。強烈で、刺激的。快感が強くなるにつれて、身体が動かなくなり、それ以上耐えられないくらい。途中でやめたいほどだった。その後、絶頂に達して、力が抜けた。

オルガスムに達している間は、相手しか感じないようになる。身体の動きは心がおもむくままで、情熱的だった。

だんだんと高ぶっていって、背中や足の筋肉などがこわばっていく。全身が五秒くらい金縛り状態になり、その後、一気に力が抜ける。ぐったりする。気が抜けた感じ。

基本的には、緊張、不安、痛みが際限なく積み重なっていって、その後に何も感じない一瞬がある。夢の中にいるような感覚と安心感で、それまでの積み重ねが一気に解き放たれる。

オルガスムは、あらゆる緊張がめいっぱいになったときに、解放されるようなものだと思う。これまで経験した快感の中でも、一番充実しているもの。あふれ出るような快感で、これまででもっとも心の底から楽しめるような感じ（傍点は原文）。

緊張する場合もあるが、フラストレーションも重なって、絶頂に至る。緊張してドキドキしていたのが、一気に解放され、ぬくもりと安らぎを感じる〈傍点は原文〉。

あらゆる緊張から完全に解放される。強烈で、エクスタシーでいっぱい。胃と背中の筋肉が縮む感じ。

ここに挙げた記述では、身体的な感覚ばかりが強調されている。抽象的な特性については、四〇〇人以上の学生を対象にして、マーとビニックが行なった研究で報告されている［Mah and Binik, 2005］。

オルガスムの快感と満足感は、感覚特性よりも、主観的なオルガスムの認知特性・感情特性の方に強く結びついている。〔研究結果は〕身体のどこでオルガスムを感じるかを認識するよりも、オルガスムの心理的インパクトの方が強いことを証明するものと言える。

第2章 刺激する部位が違えば、オルガスムも異なる

1……クリトリス／膣／子宮頸部と神経経路

オルガスムの際に活性化すると思われる感覚経路がわかれば、オルガスムという体験の根本を示すことができる。

骨盤神経には、膣・子宮頸部・直腸・膀胱の**求心性**神経（知覚神経）がある［Komisaruk, Adler & Hutchison, 1972; Peters, Kristal & Komisaruk, 1987; Berkley et al., 1990］。膣が刺激されれば、この神経が活性化してオルガスムを感じさせている場合がある。そのため、生殖器以外（直腸など）が刺激されることによって、この神経が活性化され、男性にも女性にもオルガスムを感じさせることがあっても驚くことではない。女性の場合、クリトリス・膣・子宮頸部に加え、直腸が刺激を受けると、複雑で強い、すなわち、より快感の強いオルガスムを感じることがある。

ある男性は、それまでの一〇年間、排便や排尿で力むたびに、オルガスムや射精するときのような感じ

がし、心拍数が上がってリラックスしたという。もっとも、その後はひどく疲れてしまったという［Van der Schoot & Ypma, 2002］。逆に、女性の場合、出産の際に子宮や子宮頚部、膣を刺激されると、便意をもよおすという報告がある。このように、膣を刺激されて得る感覚と直腸を刺激されて得る感覚は、「クロストーク」したり、「関連感覚（投射性感覚）」を得たり、「ほぼ同じ」であったりする。これは、同じ骨盤神経が、両方の感覚器官からの知覚情報を伝えるからだと思われる。

男性の場合、射精の際に（下腹神経によって）前立腺から伝わる感覚によって、オルガスムの快感がより強くなる。その証拠として、前立腺を切除するとそれを感じなくなることがある［Koeman et al., 1996］。末梢神経からの刺激を中枢神経に伝えるという求心性の伝達によって、オルガスムの質が高まるということは、アナルセックスで前立腺を物理的に刺激されるとオルガスムを感じることの説明にもなっている。これによって、直腸にある骨盤神経を伝わって感覚が強まるからだろう。

下腹神経も、子宮と子宮頚部からの感覚を伝える［Bonica, 1967; Peters, Kristal & Komisaruk, 1987; Berkley et al., 1990; Giuliano & Julia-Guilloteau, 2006; Hoyt, 2006］。男性の場合、下腹神経による求心性の伝達によってオルガスムを感じることがわかっているが、この求心性の伝達は、出産中の感覚と女性がオルガスムで感じる感覚とが似ていることの説明にもなっている［Newton, 1955］。女性の**Gスポット**（男性の前立腺に相当する部位）を刺激されると、骨盤神経も刺激を受け、女性はオルガスムを感じたり、尿道から「**潮吹き**」（female ejaculation）したりすることがある［Perry & Whipple, 1981; Ladas, Whipple & Perry, 1982, 2005］。

胸や乳首を刺激するとオルガスムを感じるのは、胸からの感覚が、生殖器からの感覚を認識する脳内の神経細胞に伝わるからだとする説がある［概説として、Komisaruk & Whipple, 2000を参照］。具体的には、**視床下部室傍核**（核とは、脳や**脊髄**にある神経細胞群のこと）を形成しているニューロンは、胸・乳首・膣・子宮頚部・子宮に加えられた刺激に反応して、オキシトシンという**神経ホルモン**（内分泌腺によってではなく、神経によって分泌されるホルモンであるため、そう呼ばれている）を生成し、血流・脳・脊髄などに放出する。授乳によって放出されるオキシトシンは、胸の乳分泌腺を覆う筋上皮細胞（筋とは「筋肉」を指す）を収縮させる。オキシトシンによってこの細胞が収縮すると、「乳汁射出」反応で母乳が出る。オキシトシンは同時に、子宮平滑筋も収縮させる。これと並行して、分娩の際、胎児を子宮頸部へ押し出す子宮収縮によって、脊髄にそって視床下部室傍核へと伸びている骨盤神経の知覚線維が刺激される。これがニューロンを刺激し、血流にオキシトシンが放出される。これは「ファーガソン反射」と呼ばれている［J. K. W. Ferguson, 1941］。オキシトシンは、出産時に放出されるだけでなく、授乳中の女性の胸から乳汁を射出させる働きもあるということだ。

放出されたオキシトシンが最後に通る共通の経路は、主に視床下部室傍核で［Cross & Wakerley, 1977］、胸部・乳首・子宮頸部・膣の求心性の（知覚）活動は、明らかにこのニューロン細胞群に集中している。健康な女性であれば、通常、オルガスムを感じてから一分もすればオキシトシンが血流に大量に放出されるが、五分以上も血圧が上がり続けるケースもある［Cross & Wakerley, 1977; Carmichael, Humbert, et al. 1987; Carmichael, Warburton, et al. 1994］。後述するように、オルガスムの際は視床下部室傍核が活発になることが観察されており［Komisaruk, Whipple, Crawford, et al. 2004］、こうしたニューロン、視床下部室傍核から伸びているニューロン、視床下部室傍核へと伸びているニューロンの活動は、オルガスムの快感に関係すると考えられる（育児や出産も「オルガスム」のような感じだったと話す女性は一人ではない）。

ラダスとウィップル、ペリーが説明したように、オルガスムの感覚的な特質は、刺激を受ける生殖器によって異なる［Ladas, Whipple, and Perry, 1982, 2005］。膣を刺激して得られるオルガスムは全身に及ぶとされているが、クリトリスを刺激して得られるオルガスムはクリトリス周辺にしか及ばない。ある女性は、子宮頸部への刺激で得たオルガスムを「星が降りそそぐよう」だったと表現した。われわれは、研究のために、子宮頸部の入口▼にかぶせるペッサリーと、そのペッサリーを刺激する棒をつないだオリジナルの装置を使った。この装置をつけた女性たちは、棒が引っ張られると子宮頸部の入口にかぶせたペッサリーも引っ張られ、それによって、それまで経験したことがないほど心地よい吸いつく感じがあったと話している。

クリトリス、膣、あるいは子宮頸部を刺激して得られる感覚が異なるのは、それぞれの感覚を伝える神経が異なるからだ。すなわち、クリトリスでは陰部神経、膣（Gスポット）では骨盤神経、子宮頸部では下腹神経・骨盤神経・迷走神経が中心的な経路となる。それぞれの部位を刺激すると（異なる）オルガスムが得られるが、この三か所すべてが刺激されると陶酔するほど効果が増幅され、「混然とした《ブレンディッド》オルガスム」という、より網羅的なオルガスムになる［I. Singer, 1973; Ladas et al., 1982, 2005］。

2……女性のオルガスムは、「男の乳首」と同じ？

エリザベス・ロイドは、近年の著作で興味深い問題提起をしている［Elisabeth Lloyd, 2005］。すなわち、女性のオルガスムに生物学的な機能があるかどうかは、不明だというのである。「女性は、セックスでオルガスムを感じなくても、容易に妊娠することができ、実際に妊娠している。また、オルガスムが受精〔……〕出生率、〔……〕妊娠に影響を与えるという証拠はない」。さらに、女性がセックスで常にオルガス

▼**子宮頸部の入口**　子宮頸部の膣の側に突き出た部位で、医学的な名称は「子宮膣部」。いわば膣の最奥にあたり、ここを刺激すると子宮頸部が刺激される。本書では子宮頸部への刺激によるオルガスムがたびたび登場するが、近年、日本でも性感帯として注目され、俗に「ポルチオ」（この部位のラテン語の学名を略称にしたもの）とも呼ばれている。

ムを感じているわけではないことを考えると、「一般的には、オルガスムはセックスを促し、セックスの報酬であるとされているが、オルガスムを感じない場合もあることからすれば、それは設計ミスだというべきだ」。ロイドは、女性のオルガスムと男性のオルガスムを比較している。「男性のオルガスムは射精に欠かせないことがわかっているが、女性が妊娠するにはオルガスムは不可欠ではない」。

ロイドはまた、女性のオルガスムと男性の乳首は同じだとする。すなわち、構造上の副産物であり、もう一方の性のその器官にのみ機能があるというのだ。女性のオルガスムは、（彼女いわく）男性のオルガスムの「副産物」なのである。「男性に乳首があるのは、女性が乳首を必要とし、発達あるいは発生させたからだ」。そして、「男性側には形跡しか残っていないということは、女性側が常に選び取ってきたということである」。比べてみれば、クリトリスとペニスは同じ胚組織から発達している。「女性が〔クリトリスの〕勃起と、オルガスムを感じるための神経組織を持つようになったのは、男性側がオルガスムを感じて射精するという仕組みを必要とする、淘汰圧が存在し続けているからだ」。

またロイドは、女性はオルガスムを感じているときに、オキシトシンをもっとも多く放出するが、それに適応の役割があることを認めていない。オキシトシンは、子宮の蠕動《ぜんどう》収縮を加速するとされている。そのため、子宮を経由して卵子と出会う卵管に達するまでの精子の移動も加速される［Wildt et al., 1998］。「オルガスムによるオキシトシンの放出は、出産中の子宮収縮という重要な役割の副次的効果にすぎないのではないか」とロイドは主張する。そして、仮に子宮収縮がオルガスムや妊娠に関係しているとしても、「〔この効果が〕妊娠の可能性を高めるかどうかについては、依然として疑問が残る。さらに、仮に現在の妊娠率を高めていることを示せたとしても、その特性が適応の結果だとするには充分な根拠がない」。だがロイドは、女性のオルガスムには重要な機能がある可能性について、議論を打ち切ったわけではない。「女性のオルガスムが、まだ明らかになっていない、特別の機能のために精巧に設計された、適応の結果である可能性も充分に残っている」と（しぶしぶと）認めているからだ。

ロイドが、自身の結論と矛盾する重要なポイントを見落としていることを指摘しておく。それは、女性のオルガスムの重要性を無視する一方で、男性のオルガスムは生殖に必要だとしている点である。彼女は、男性の射精とオルガスムを結びつけている。だが、射精という肉体的行為とオルガスムには大きな違いがある。精液の排出と射出は妊娠に欠かせないが、オルガスムはそうではないということだ。オルガスムと射精が結びつかなければならないという根本的な原則はないのである。実際、妊娠させる生殖能力のある精子の射出は、脊髄を損傷してオルガスムを感じない男性でも可能である。

実のところ、男性のオルガスムに適応性のある役割があることは示されていない。したがってロイドの主張とは反対に、男性にオルガスムがあることに関しては、女性にオルガスムがあることの説明以上に適応性のある理屈はないのである。同様に、男であれ女であれ、そのオルガスムに適応に関わる重要性が示されていないからといって、重要ではないとする結論が正当化されるわけではない。

3……オルガスムの相性が、セックス相手を選ぶ要因に

われわれは、他の論文［Komisaruk & Whipple, 1995, 1998, 2000］でも示したように、女性も男性もオルガスムから喜びを得て、オルガスムの快楽こそがセックスをしようという気にさせていると考えている。その結果、生殖を促すことに結びついているのだ。

オルガスムは妊娠に関しては重要ではないとしても、ある男性とセックスしているとき、彼のペニスによって刺激されて感じるオルガスムと、別の男性とのセックスで感じるオルガスムとを比べて、その女性の快感度が相手を選ぶ際の要因となることはあると思われる。同様に、男性がある女性とのセックスで感

じたオルガスムと、別の女性とのセックスで感じたオルガスムとを比べて、相手を選ぶ際の要因とすることもありうる。さらに、セックスによるオルガスムを感じている最中に、明らかに興奮している女性の様子――筋肉を固くし、身体をくねらせ、声をあげる――は、男性がその女性をセックス相手として好む要因となりうるし、逆に、女性がある男性を相手として好む要因ともなるだろう。

前述したように、女性のオルガスムの適応の重要性はいまだに示されていないが、男性についてもまた示されていないのである。だがこれは、女性のオルガスムに男性のオルガスムよりも適応性がないのは当然であるとする基準にはならない。おそらく、科学者の想像か研究だけが、女性あるいは男性のオルガスムの適応の重要性を考査することができるのだろう。

ロイドは、クリトリスを刺激して得られる女性のオルガスムは、ペニスを刺激して得られる男性のオルガスムの「副産物」だとする。彼女は、クリトリスが、ペニスに感覚を伝える神経である陰部神経から刺激を受け取ることを指摘しているが、これは正しい。また、この神経が、女性の場合はクリトリス、男性の場合はペニスから、オルガスムによって生じる刺激を伝えるという指摘も正しい。だが彼女は、女性の場合はさらに膣・子宮頸部・子宮からの感覚を脳に伝える三種類の対になった神経が存在するとする多くの文献を無視している。こうした女性特有の器官を肉体的に刺激すると、これらの神経が活性化し、オルガスムをもたらすという証拠がある。すでに挙げたように、三種類の対になった神経とは、骨盤神経（主に膣と子宮頸部からの感覚を伝える）、下腹神経（主に子宮頸部と子宮からの感覚を伝える）、迷走神経（主に子宮頸部と子宮近辺からの感覚を伝える）である。膣と子宮頸部を直接に物理的に刺激すると、クリトリスを直接に刺激しなくても、女性がオルガスムを感じることを示す研究はいくつもある［Komisaruk & Whipple, 1994; Whipple, Gerdes & Komisaruk, 1996; Komisaruk, Gerdes & Whipple, 1997; Komisaruk, Whipple, Crawford, et al. 2004］。さらに、膣の刺激によるオルガスムの質――たとえば、「深くて、うねる感じ」――は、クリトリスだけを刺激して得られるオルガスムとは異なると話す女性も一人ではない［J. Singer & I. Singer, 1972; Ladas, Whipple & Perry, 1982, 2005］。

このように、女性の興奮は独特で、豊かに完成されたさまざまなパターンがあるのだが、セックス中にペニスが挿入されて肉体的に刺激を受けることもありうる（人工のペニスがマーケットとして成立しているということは、膣を刺激すると快感がもたらされるという証拠だ）。女性のオルガスムは、女性特有の器官と神経系によって生じるものであり、すなわち、男性のオルガスムの副産物あるいは副次的効果の枠をはるかに超えているのである。

女性のオルガスムには生理学的な関連性があるかという点について、ロイドは「オルガスムによるオキシトシンの放出は、出産中の子宮収縮という重要な役割の副次的効果にすぎないのではないか」とする。そして、たとえ蠕動《ぜんどう》収縮がオルガスムと妊娠に関係しているとしても、「［オキシトシンの放出が］妊娠の可能性を高めるかどうかについては、依然として疑問が残る。仮に現在の妊娠率を高めていることを示せたとしても、その特性が適応の結果だとするには充分な根拠がない」とも主張する。

これらの厳密すぎる要求を受けると、妊娠に一定の役割を果たすと考えられる男性や女性の生理学的なプロセスがその他にいくつあれば、ロイドの提唱する基準を満たすのかという疑問が浮上する。しかし妊娠に関する生理学的研究の多くは、帰納的なのだ。すなわち、すべての現象に何らかの機能があるとするのである。

その一例として、以下のような実験結果がある。オキシトシンは女性がオルガスムを感じている最中にもっとも多く放出され、それによって子宮の蠕動運動が驚くほど活発になる。この蠕動運動によって、精子は、左右の卵管のうち排卵期中に卵子を受け入れた方の卵管へと進んでいく［詳細なメカニズムについては、第3章第5節参照］。成熟した卵子を受け入れた卵管に、より多くの精子がたどり着く方が、もう一方の卵管により多くの精子がたどり着く場合よりも、妊娠する可能性は格段に大きくなる［Wildt et al. 1998］。以上の現象から帰納的に結論するなら、女性のオルガスム中に放出されたオキシトシンが、精子をどちらの卵管に向かわせるかを決定するように思われる。この適応の重要性は明確に示されてはいないが、女性のオルガスム中に放出されたオキシトシンには、妊娠を促す適応上の生理学的役割があるとすることは理にかなっている。生殖に関する研究のほとんどは、このように帰納的なのである。

すなわち、生殖に関する生理的なプロセスに適応性のある役割があるとする証拠がないとしても、そうした機能がない証拠だとするべきではない。また、女性のオルガスムに適応性のある役割があるとする証拠がないとしても、男性のオルガスムの「単なる」副産物であり「副次的効果」であるとするべきでも、何の機能もないとするべきでもない。女性のオルガスムには特性があり、根本には独特の（男性のオルガスムとは異なる）メカニズムがあり、独特の機能があるという見解の方が得るものは多い。それよりも大きな課題は、女性のオルガスムが持ちうる機能についての仮定を検証する実験を考え出すことである。

第3章　オルガスム時、どのように身体は変化するのか？

オルガスムに連動する生理的なメカニズムはほとんど解明されていないが、男女を問わず、オルガスムを感じている間は、生理・行動・知覚に関わる変化が複雑に組み立てられた相関的なプロセスを作り上げていることはわかっている。分子レベルにおいて特殊な適応をするものから、社会的な複雑な相互作用まで、オルガスムと生殖過程の根本には、目が引きつけられるほど多様な実体的要素や働きがある。

本章では、オルガスムをとりまくいくつかの構成要素と状況を検討し、オルガスムのプロセスについて考察する。

1……勃起のメカニズム

ペニスに性的な刺激を加えるか、精神的に興奮する（想像で興奮する）と、**脊髄**の仙骨（骨盤）付近からペニスの海綿体まで伸びている副交感神経が活性化する。

海綿体とは、充血によって勃起する組織である（**副交感神経系**は、不随意あるいは「自律的な」神経で構成される）。副交感神経は、脳（視床下部室傍核）内のオキシトシン含有神経から刺激を受け、脊髄にそって仙骨あたりまで**軸索**（他の神経細胞に情報を伝える**神経線維**）を伸ばすことがわかっている。実際、アルジョラスとメリス［Argiolas and Melis, 2005］は、**視床下部室傍核**に電気刺激を加えられたオスのラットが勃起したこと、勃起には**オキシトシン作動性**ニューロン（化学伝達物質としてオキシトシンを放出し、他の神経細胞に情報を伝える神経細胞）が、とりわけ重要であることを指摘している。このニューロンは、脊髄の腰仙部（腰と骨盤部分をコントロールする部位）へ軸索を伸ばし、下腹神経および骨盤神経、交感神経鎖（自律的な神経経路）を進み、骨盤神経叢へ向かっていくニューロンとシナプスを形成する。ここから、海綿体神経を経由してペニスの海綿体まで伸びていくのである。これらのオキシトシン作動性ニューロンは下方へ向かう唯一の経路のようで、**中枢神経系**はこの経路を伝って勃起機能に影響を及ぼす（少なくとも、今日までに確かめられたものはこれだけである）。

このオキシトシン作動性の経路が他と異なっているのは、脊髄に至るこの投射経路では、オキシトシンにはホルモン機能もあるものの、**神経伝達物質**として機能しているからである。たとえば、女性が射乳する場合、視床下部室傍核のオキシトシン作動性ニューロンは、下垂体後葉から血流にオキシトシンを放出する。また、女性でも男性でも、オルガスムを感じている間はオキシトシンが血流に放出される［Carmichael, Warburton, et al., 1994］。したがって、オキシトシン――「**神経ホルモン**」――は、血流に放出されてホルモンとして機能し、胸部や子宮の**不随意筋**を収縮させる。さらに、中枢神経系（脊髄と脳）では神経伝達物質として放出され、他のニューロンを刺激するのである。

オキシトシンは、女性の脊髄では、瞳孔を拡げる神経伝達物質としても機能する。瞳孔を拡げる効能があるとしても、それについてはまだわかっていないのだが、女性がオルガスムを感じるまで膣を自分で刺激する間に発生する、特徴的な反応である［Whipple, Ogden & Komisaruk, 1992］。ヒトの瞳孔が大きくなる現

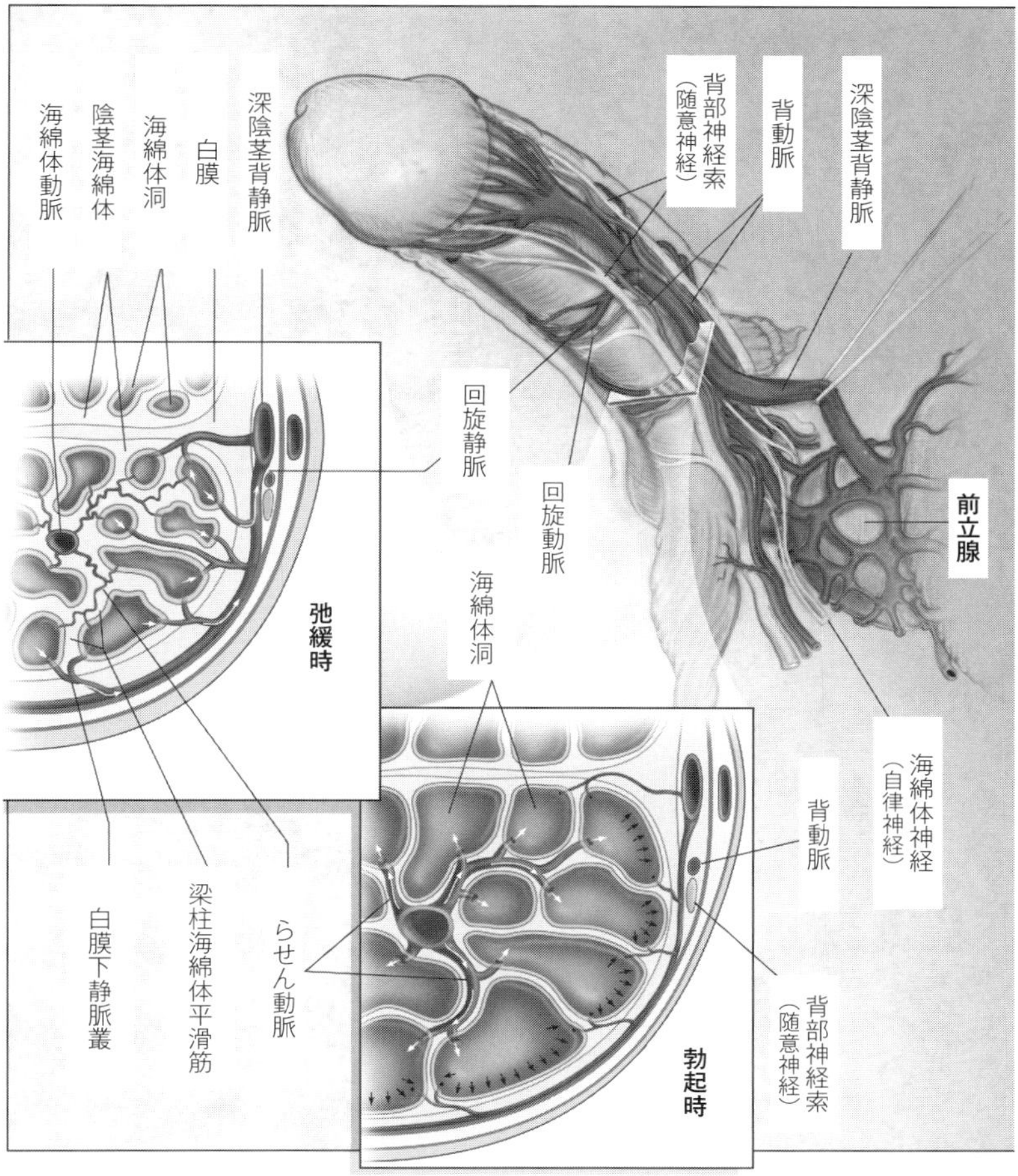

《陰茎内の主な神経と血管》

ペニスの皮膚を刺激すると、背部神経索を通ってインパルスが脊髄に伝わって平滑筋を弛緩させ、反射的に海綿体神経を刺激する。これにより、海綿体洞が拡張し、らせん動脈が拡大する。また、陰茎海綿体に血液が流入して充満する。充満した海綿体は、内側から非弾性型の皮膜（白膜）に圧力をかけ、陰茎静脈を白膜に圧迫して陰茎から血液が流出しないようにする。陰茎にはさらに血液が流入するが流出しないために勃起する。（*New England Journal of Medicine;* from Lue, 2000）

象は、性的に興奮したり、興味があることを示す指標であることがわかっている。交尾中にラットのオスが射精をするとき、メスの瞳孔が急に大きくなることもわかっている［Szechtman, Adler & Komisaruk, 1985］。この反応は、膣を刺激すると、瞳孔を支配する神経の起点付近で脊髄にオキシトシンが放出されるために起きる。実験用ラットを使って得られた証拠には、これを裏づけるものがある。

（1）膣を刺激すると、測定可能な量のオキシトシンが脊髄に放出される［Komisaruk & Sansone, 2003］。
（2）オキシトシン**受容体**を遮断する医薬品を脊髄の（胸郭）部位に注射すると、膣の刺激による瞳孔拡大の反応が緩和される［Sansone & Komisaruk, 2001］。
（3）脊髄の同じ（胸郭）部位にあるニューロンに、オキシトシン受容体のある部位が見つかっている［Veronneau-Longueville et al., 1999］。

男性の場合、ペニスに分布する仙髄からの副交感神経を刺激すると、次のような一連の変化が起きる（主にルーの考察に基づく［Lue, 2000, 2001］。副交感神経は、一酸化窒素、アセチルコリン、血管活性腸管ペプチド（**神経ペプチド**）を放出する。また、陰茎の血管内壁となる内皮細胞から弛緩因子が放出されるように刺激する。放出されたこの神経伝達物質には、**陰茎海綿体**の平滑（不随意）筋、海綿体（陰茎海綿体の間にある勃起組織の柱）、ペニスの血管を弛緩させるという機能がある。ペニスの細動脈（直径の小さな動脈）を支配する平滑筋が弛緩すると、ペニスに流れ込む血液が増える。同時に、陰茎海綿体の平滑筋（「小柱」ともいう）が弛緩し、海綿体洞（血液を貯める部位）の弾力性が増し、流入した血液が短時間で充満するために陰茎海綿体が膨張する。陰茎海綿体を覆う結合組織皮膜（白膜）には弾力性も伸縮性もないが、陰茎海綿体が血液で充たされると、弾力性のない周囲の白膜を圧迫するように「膨らみ」、ペニスが固くなる。

白膜が圧迫されるため、ペニスから血液を流出させる静脈が完全に閉じ、陰茎海綿体に血液が閉じ込められる。完全に勃起すると、内圧は一般的な血圧の下限（七〇～九〇水銀柱ミリメートル〔mm Hg〕）よりも若干高めの約一〇〇水銀柱ミリメートルまで上がる。

仙髄から副交感神経に伝わった刺激を受けて、ペニスに放出される一酸化窒素、アセチルコリン、血管活性腸管ペプチドは、「ファースト・メッセンジャー」と呼ばれている。一酸化窒素と血管活性腸管ペプチドは、環状ヌクレオチドである「セカンド・メッセンジャー」の生成を促す。ｃＧＭＰ（環状グアノシン一リン酸）とｃＡＭＰ（環状アデノシン一リン酸）という二つの環状ヌクレオチドが働き、血管と陰茎海綿体の平滑筋が弛緩する。これらの化合物に含まれるリン酸塩は、「タンパク質のリン酸化」の過程で平滑筋のタンパク質分子と結合して筋タンパク質を弛緩させ、その結果、筋肉がほぐれる。いわば、ホースをつまんでいる指をゆるめるようなものである。血管が広がってペニスに流れ込む血液が増加し、前述したように勃起するのである。

ペニスの勃起は適度な血流に左右されるため、勃起障害は、初期の血管疾患を知らせる「赤信号」となることがある。何の症状も出ていない男性に勃起障害があれば、血管障害、とくに冠状動脈障害がひそかに進行している印となることがある。そうした病気にかかるリスクのある人を特定する新たな有益な方法だ［Kirby et al. 2001］。

勃起は通常、長くは続かない。ペニスに存在する酵素、ホスホジエステラーゼ5型（～アーゼという接尾辞は「酵素」を意味する）がｃＡＭＰとｃＧＭＰを分解し、非活性化させるからだ。ホスホジエステラーゼの活動を医薬品で抑えれば、これら二つの酵素の活性化が長時間続くため、平滑筋を一層弛緩させ、長時間持たせることとなり、結果として勃起も長く続く。これがシルデナフィルが効く仕組みであり、バイアグラ、シアリス、レビトラといった製品名で知られる勃起治療薬の働きでもある。この勃起増強効果は、狭心症（心臓を締めつけるような胸部の痛み）の治療薬である血圧降下剤を開発していた際に偶然発見されたもので、なんとも興味深い。

勃起治療薬が効果を発揮するには環状ヌクレオチドが必要となるため、環状ヌクレオチドをペニスに放出する神経を刺激しなければならない。ペニスを物理的に刺激するか、性的に興奮すれば、この神経は**反射**的に刺激されることになる。反射的に感覚信号が脊髄へ伝達され、ペニスへと伸びた神経を通って放出が促される。認知的には、脳が脊髄を下る神経信号を送り、この信号がペニスへと伸びた同じ神経を経由して伝えられるということである。

ペニスの平滑筋（「不随意」筋）を支配する神経に加え、別の二組の神経（陰部神経）が「随意」な**会陰**横筋——坐骨海綿体筋——にインパルスを伝える。これらの筋肉が収縮すると硬く勃起する。坐骨海綿体筋が随意に収縮すると、充血した陰茎海綿体の根元が圧迫されるため、より硬くなる。この間、血流が一時的にストップし、陰茎海綿体の圧力は数百水銀柱ミリメートルに達することもある。これは平時の血圧をはるかに上回る。

坐骨海綿体筋が収縮すると、勃起したペニスをさらに上向きにし、リズミカルな射精が起きる。さらに、これらの筋が随意に収縮すると、外肛門括約筋も収縮する。外肛門括約筋とは、男女を問わず、失禁を克服したい人がケーゲル体操（骨盤底筋を鍛える体操）でそうとは知らずに引き締めている筋である。

射精後にペニスが萎縮（ペニスから血液が流出）するのは、不随意の交感神経である下腹神経が活性化するからだ。萎縮は、神経伝達物質が放出されなくなること、ホスホジエステラーゼによってセカンド・メッセンジャーが分解、すなわち交感神経が放出しなくなること、あるいはこうした状態が重なると起きる。小柱平滑筋が収縮すると静脈道が再び開くため、閉じ込められていた血液が流れ出して弛緩する（萎える）のである［Lue, 2000, 2001］。

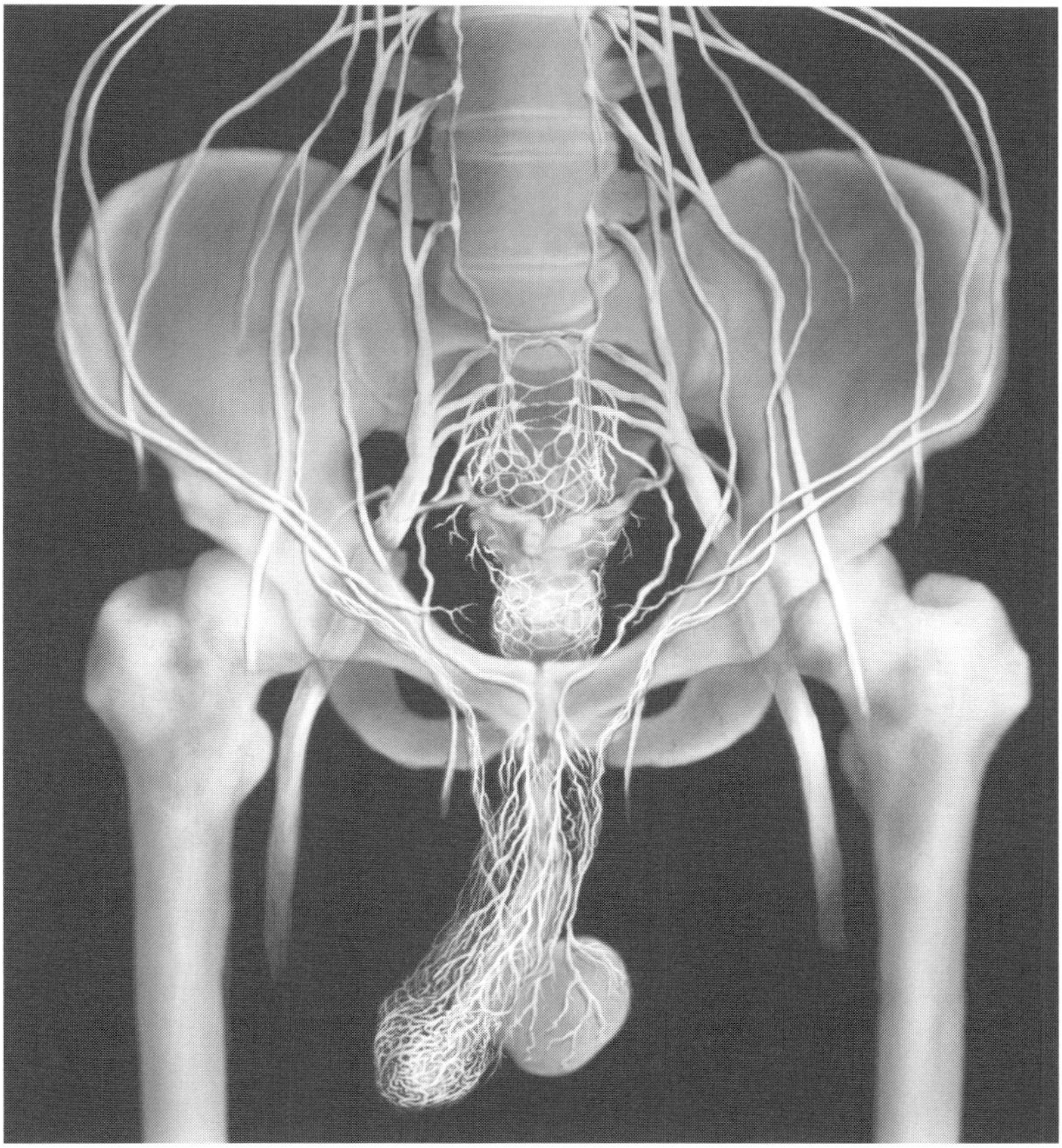

《男性生殖器の神経分布図》

陰茎・睾丸・前立腺に神経が集中している。前立腺は骨盤内部の中央にある。

（Anatomical Travelogue より）

交感神経は、筋収縮の作用があるようだ（筋収縮とは、作用が継続あるいは持続する程度を示している）。というのも、交感神経が放出する神経伝達物質の機能を阻害する医薬品を静脈内に注射すると、勃起が起きるからだ。そうした医薬品としては、「αアドレナリン作動性受容体遮断薬」として知られているフェントラミンやフェノキシベンザミンがあり、男性に勃起させる。ブリンドレー〔Brindley, 1986〕は、このメカニズムの有効性を示している。

勃起性インポテンスと持続勃起症の治療を研究していたとき、自らを被験者にして、多くの医薬品の効果を観察した。〔……〕フェノキシベンザミンとフェントラミンは勃起をかなり長引かせ、頭を使う作業に集中してもまったく損ねられなかった。心理的な要因はほぼ影響しないことを示す客観的な一例としては、フェントラミンで勃起したとき、厄介な緊急の電話を受けたにもかかわらず萎えなかったことがある。逆に、ペニスが自然に勃起していく様子を注視していたら、いくぶんか興奮し、薬によって多少あるいはある程度大きくなったものを測ったところ、瞬間的に、確実に何倍も大きくなった。

2……男性のオルガスムと射精のメカニズム

二〇〇五年に発表された論評の中で、レヴィンは「今後、ヒトの射精のメカニズムを非常に詳細かつ議論の余地が生じないように、解剖生理学的に解明しなければならない」と述べている。二つの大きな疑問はまだ明快に解決されていない。精液はどれほど精確に噴出されるのか？　オルガスムによる快感は、射精の仕組みによって感じるものなのか、あるいは、そもそも、射精による快感を受けて、それが相乗的に増した脳内現象なのか？　今以上に多くの情報が得られるようになったら再検討が必要となることを言いそえたうえで、もっとも関連性のある実験結果をいくつか検証し、一つの仮定を提示する。仕組みを理解することが、その機能を理解するために欠かせないことを示す事例である。

純粋に、仕組みという点から見れば、平滑筋が収縮するだけでは、おそらく、射精するだけの強さも速度も充分ではない。したがって、射精管の平滑筋の収縮と、精液の経路にある括約筋（巾着のヒモのような役割を果たす）が、タイミングよく精確に連動することが必要になる。すると以下の現象が起きる。

（1）射精管が充満する（放出の一環）。
（2）括約筋が閉じて圧力が高まる（精液が充満した射精管と括約筋をあわせて「プレッシャーチェンバー」という）。
（3）括約筋が突然開き、精液が射出される（射精）。
（4）括約筋が再び閉じ、射精管が満たされる。
（5）このサイクルが繰り返され、再び精液が射出される。

この一連の段階が数秒で一巡し、何度か繰り返されるのである。

射精プロセスの初期段階にある現象は放出であり、睾丸の平滑筋、精嚢、前立腺、精巣上体管、輸精管が収縮することで起きる。輸精管は、精巣上体尾（終わり部分）から前立腺の射精管までを指し、ここが一体として収縮する。精嚢は、蠕動《ぜんどう》（精液を押し出す管状臓器の筋肉が収縮と弛緩を繰り返して伝わっていく振動する波）して収縮する。この平滑筋は、**自律神経系**の一部である**交感神経系**が下腹神経（一〇番目の胸髄と二番目の腰髄との間にある脊髄から出ている神経）を経て活性化することによって刺激され、収縮する。

このメカニズムは、**交感**神経受容体遮断薬（フェントラミンやフェノキシベンザミン）を投与し、尿道に精液が排出されなくなった様子を観察することによって解明されたものである［Brindley, 1986; Gerstenberg, Levin & Wagner, 1990］。また、下腹神経に電気的な刺激を加えると、膀胱頸部・前立腺・精嚢・射精管が収縮するため、放出が自然に起きる。

括約筋が収縮すると、圧迫された精液が前立腺に溜まる。その横にある括約筋（内尿道括約筋）が締まり、精液が膀胱に逆行しないようにする。射精の際にこの括約筋が充分に締まっていないと、精液が膀胱に逆戻りする。これは「**逆行性射精**」と呼ばれる現象だ。内尿道括約筋が収縮すると、末端にある括約筋（外尿道括約筋）がゆるみ、前立腺が収縮し始める［Vale, 1999］。このため、圧迫されていた精液が骨盤にある尿道球から、ペニスにある尿道へと移動する。括約筋が連携することによって、一般的な順行性（正常な）射精が起きるのである。

骨盤横紋筋は、陰部神経（脊髄の二番目の仙骨と四番目の仙骨の間から出ている）が支配しているが、オルガスムを感じているときは、その中でも球海綿体筋が律動的かつ不随意に収縮し始める。ブリンドレー［Brindley, 1986］は、この筋に変わった性質があることを指摘した。「球海綿体筋は**随意筋**であるにもかかわらず、その収縮はあくまで反射作用であり、意志で抑制できるものではない」。さらに、射精中にこの筋が不随意に収縮すれば快感を感じるが、その他の場合に随意に収縮しても同じような快感は得られない［Levin, 2005］。

外尿道括約筋は、球海綿体筋の収縮と一時的に緊密に連動して、ゆるんだり、締まったりする。このように断続的に開閉することによって、尿道球部を通ってペニスにある尿道へと精液が送り出される。外尿道括約筋が連動して開閉することが重要だとわかったのは、括約筋が麻痺あるいは麻酔を受けて機能しなくなった場合、精液が射精されるのではなく、漏れるように射出されることが示されたことからだ

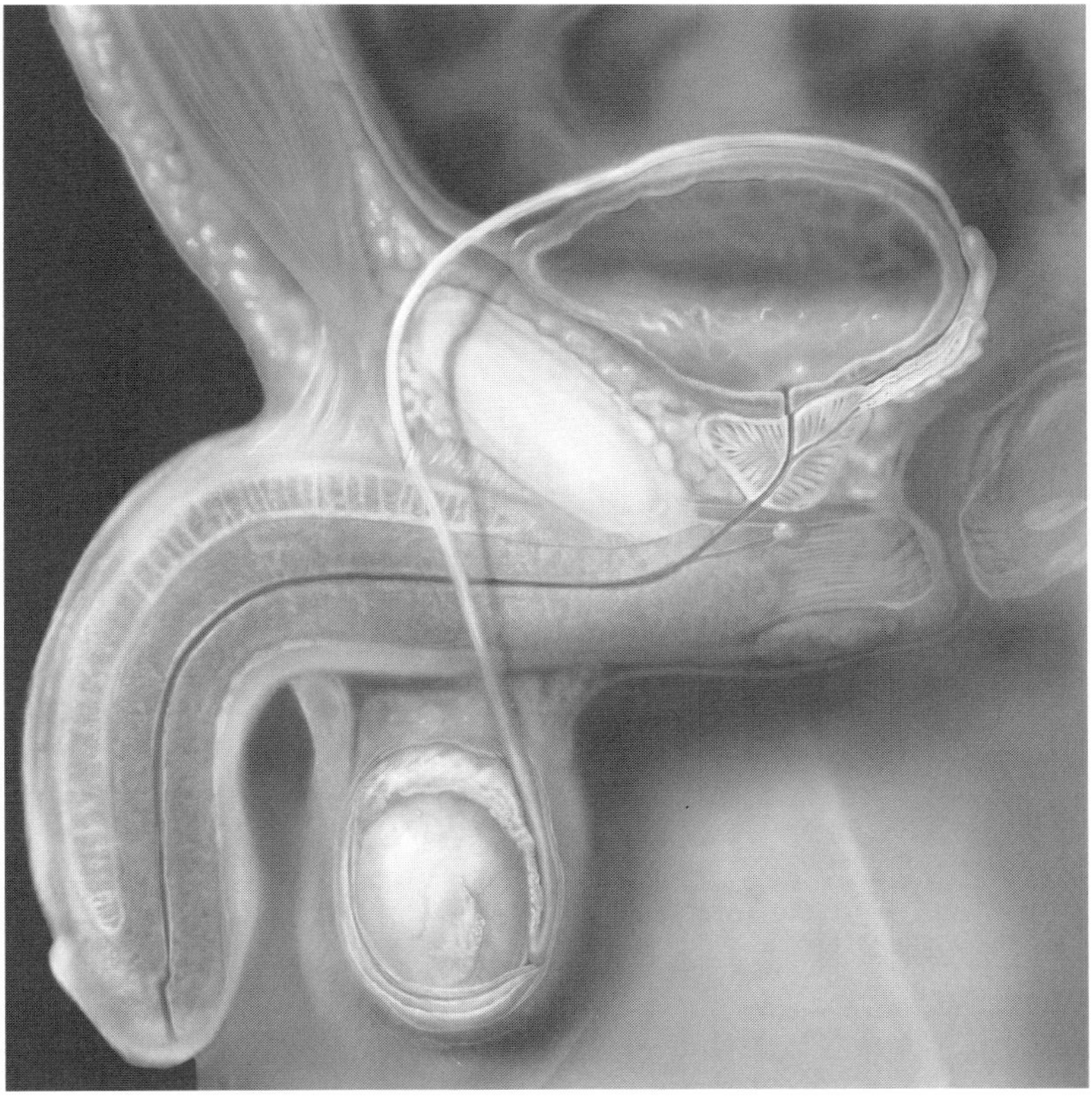

《男性生殖器の解剖図》

精子は、精巣上体尾に蓄えられ、輸精管の蠕動運動によって、その末端にある精管膨大部（膀胱の裏側）に運ばれ、射精の瞬間まで待機する。膀胱括約筋が固く収縮し、前立腺液が尿道前立腺部に押し出され、精管膨大部に蓄えられていた精子も、射精管を通って尿道前立腺部に押し出される。尿道括約筋も固く収縮しているため、精液は前立腺内で内圧が高まる。そして尿道括約筋の弛緩によって、精液は尿道を取って勢いよく放出される。（Anatomical Travelogue より）

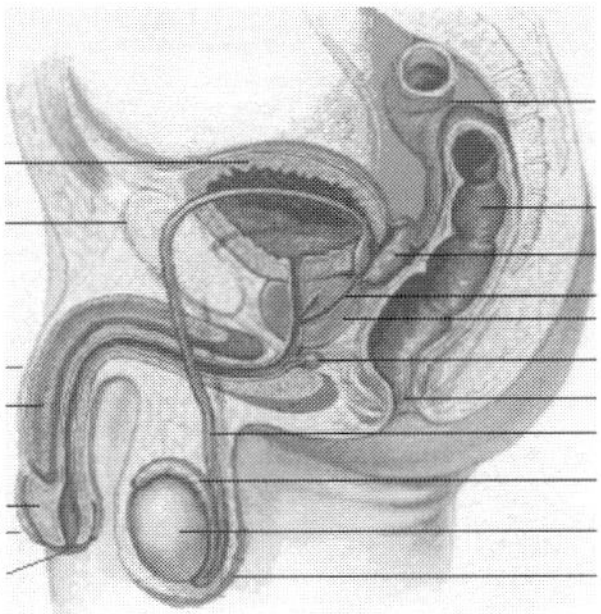

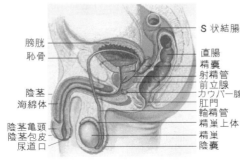

［Levin, 2005］。

会陰筋と肛門括約筋が収縮すれば、自律神経系を介して射精が起きる。さらに、**不随意神経系**の交感神経の支配を受けて、膀胱頚部も律動的に収縮する［Vale, 1999］。

レヴィンが指摘したように［Levin, 2005］、括約筋の働きもあって発生するプレッシャーチェンバーの存在を初めて示したのはマーベルガー［Marberger, 1974］だが、まだ確認されてはいない。超音波を用いた研究が二度行なわれてはいるが、プレッシャーチェンバーの概念を裏づけるような尿道の膨張を証明することはできなかった［Gil-Vernet et al. 1994; Hermabessiere, Guy & Boiteaux, 1999］。だが、この手法では、膨張すると思われた尿道を検出できるだけの解像度が得られていなかった可能性もある。したがって、裏づけとなるような証拠はないものの、これまで述べてきたような射精におけるプレッシャーチェンバーの概念を退けるのは早計というものだろう。

そもそも、射精に至る一連の現象を最初に発生させるものについては、まだ解明されていないのである。射精管にある精液の圧力が高まって快感を感じ、反射的に引き起こされるのだろうか？　それとも、射精管の圧力とは関係なく、脳や脊髄の興奮が一定のレベルに達すれば引き起こされるのだろうか？　二つ目の説には有利な証拠がある。

〔オルガスムを感じさせる〕横紋筋の収縮に精液の量が関係していることを否定する、重要な実験証拠がある。それは、〔交感神経の〕アドレナリン遮断薬を摂取した被験者には、オルガスムをともなう横紋筋収縮が起きるが、放出段階は遮断されるために射精はほとんど、あるいはまったく起きないということである。フェノキシベンザミンを投与された二人の被験者は、どちらも興奮してオルガスムを感じ、通常の間代性の痙攣《けいれん》（筋肉の収縮と弛緩が短時間のうちに交互に起きる痙攣）では、球海綿体筋が弛緩した。一人はまったく射精しなかったが、もう一人は、球海綿体筋が少なくとも三度は収縮し、わずかな量の精液が出た。〔……〕二人ともオルガスムはいつもと同じだったと報告し、アドレナリン遮断薬には影響されなかったようである。したがって、精液によって何らかの臓器が決定的なほど大きく膨張することが、球海綿体筋の収縮を引き起こすとは考えにくい。前提となりうるのは、射精をつかさどる中心あるいは脊髄の部位がある一定レベルに達すると、収縮を引き起こすことである
[Gerstenberg, Levin & Wagner, 1990]。

シャフィクは、射精には、尿道内の精液の圧力が関係することを否定する新たな証拠を示している[Shafik, 1998]。彼は、被験者の尿道の異なる位置に膨張する球を挿入し、尿道が通常に膨張する程度では、射精にともなう尿道球部の横紋筋収縮は起きず、通常以上に膨張する場合では収縮することを発見した。レヴィンによれば、「確実なのは、射精のメカニズムが活性化されても、精液が尿道前立腺には流れ込まない場合があることだ」[Levin, 2005]。

オルガスムを感じるのはどの部位かという疑問に関しては、尿道を通る精液の流れが知覚されることは確かであり、快感でもある。だが、これはオルガスムを発生させるというよりは、オルガスムの快感を増幅させているもののようだ。その証拠は「ドライオルガスム」（射精をともなわないオルガスム）である。したがって、射精を引き起こすのは末梢器官の刺激ではないようだ。おそらく、脳が脊髄へ、そして末梢器官へと指令を出すことによって起きるのだろう。

男性のオルガスムについて興味深い点を、あと二点ほど指摘したい。ブリンドレーは、「射精とオルガスムには、必ずしも勃起は必要ではない。装置を使って外陰部動脈を圧迫すると、勃起が妨げられることがある。その場合でも、射精とオルガスムは起きうるが、ペニスは完全に萎えている」と指摘している

[Brindley, 1983]。稀ではあるが、物理的な刺激を与えなくても男性がオルガスムを感じる場合もある。キンゼイとポメロイ、マーティンによると、男性五〇〇〇人のうちの三～四人は物理的な刺激を受けなくても、射精をともなうオルガスムを感じたことがあると回答している [Kinsey, Pomeroy, and Martin, 1948]。

3……勃起と射精をコントロールしているのは脊髄

勃起と射精を直接的にコントロールするのは、脊髄のある部分であり、その部分は脳がコントロールしている。脊髄を完全に損傷すると、その損傷部分から下は何も感じず、自発的に動かすこともできなくなり、人生の大きな痛手となる。そうした損傷を受けた人の中には、歩けなくなったことも、セックスができなくなったことも最大の苦痛ではなく、膀胱、とくに腸の機能をコントロールできなくなったことがつらいのだと言う人がいる。

脊髄損傷は、損傷の位置と程度によって、勃起や射精に大きな影響を与える。生殖に関わる遠心性神経は脊髄の二か所から出ている。一組の神経（交感神経）は肋骨の真ん中より少し下にある腰から、もう一組（副交感神経）は尾骨に近い仙骨からだ。

脊髄損傷が肋骨中ほどより上部（頭に近い部位）であれば、生殖に関わる二組の神経に脊髄経由で伝わる脳からのインパルスが遮断され、性的な想像をしても勃起（心因性の勃起）することはない。だが、脊髄から生殖器にインパルスを伝える神経そのものは損傷していないため、ペニスを直接、物理的に刺激すれば、（副交感神経を経由して）反射的に勃起させることはできる。それでも、ペニスを直接刺激して生じたインパルスは脳には届かないため、本人が興奮を感じることはない。

同様に、脊髄損傷が中ほどより上の部位であれば、ペニスを直接刺激すると、その反射として射精する場合がある（交感神経を経由する）。しかし、脊髄の比較的下方の部位（下位の肋骨と尾骨の間）が損傷していれば、ペニスを直接刺激して反射的に勃起させることはできるが、射精することはない。ペニスからの刺激は副交感神経に正常に伝わりはするが、脊髄を経由して射精をコントロールする交感神経に届くことはないからだ。こうしたケースでは、本人はペニスの刺激を感じないため、オルガスムは感じないと報告されている［詳細は以下を参照のこと。Bors & Comarr, 1960; Chapelle, Durand & Lacert, 1980; Netter, 1986; Shafik, 1998, 2000; Steers, 2000; Bird et al., 2001; Coolen et al., 2004; McKenna, 2005］。

4……女性のオルガスム時の生殖器の変化とメカニズム

女性がオルガスムを感じている間、その子宮はリズミカルに収縮を繰り返す。子宮が収縮する目的なのだが、争点となっているのは、精液を子宮に吸い込む「吸引」だというものである。精子は、子宮から卵管へと移動し、排卵された卵子と出会う。受精すると、卵子は子宮へと移動し、子宮壁に着床する。

オルガスムを感じているときの女性の血圧と心拍数は、通常のおよそ二倍に達する。このため、体内の血流が早くなり、その分多くの酸素と栄養素を筋肉などの器官に送り込み、活発になった分の代謝活動を支える。また、この間は痛覚が鈍り、痛みに対する感度は通常の半分ほどにまで落ちる。面白いことに、その一方で触覚は鈍らず、逆に鋭くなると言ってもよい［Komisaruk & Whipple, 1984; Whipple & Komisaruk, 1985］。

余談だが、オルガスムを感じているときは筋肉の働きが活発なため、アザやスリ傷を作っても痛みを感じないことがある。同時に、口に髪の毛が一本入っただけでも、非常に気が散る原因となりうる。このことから、オルガスムの最中は、異なる感覚様相（触覚と痛覚）が、どれほど異なる影響を受けるかがわかる。痛みを感じにくくなるために、普段であれば相手が受け入れられる程度を超えて、激しく触れ合い、強引に挿入するよう促す場合がある。この結果、反射的に子宮が激しく収縮することもあり、精液を子宮により多く吸い込む。精子の**受精能獲得**（精子が卵子を受精させられるようになるプロセス）に関して、レヴィンが精子を吸引するタイミングについてじっくりと論じている［Levin, 2002］。

女性の性的反応の原型――オルガスムに至るまでに身体に起きる現象とオルガスム――については、マスターズとジョンソンによって提起されている［Masters and Johson, 1966］。

・「興奮期」――想像、空想、記憶、感覚の刺激。
・「高原期」――膣に流入する血量の増加、膣の腫脹、膣の分泌液。
・「反応／オルガスム期」――肛門管の下部や骨盤下部の筋肉の収縮、子宮収縮、膣の収縮（オルガスム）。
・「消散期」――満足感、リラックス（生殖器への血流の減少、**筋緊張**の緩和）、恍惚とした感覚。

この分類はその後変更され、「高原期」は異なる段階ではなく、「興奮期」の後期とされた［Robinson, 1976］。さらに、初期段階として、リーフ［Lief, 1977］が最初に特徴を示した「願望」が初期段階に追加された［Kaplan, 1979］。性的願望はその後、自然発生的な願望と、肉体が興奮することによって引き起こされる願望という二つに分類されている［Levin, 2002］。

ジュリアーノとランパン、アラード［Giuliano, Rampin, and Allard, 2002］は、近年、「高原期」と「反応期」の区別をさらに進め、「女性生殖器の性的反応」を次のように説明した。

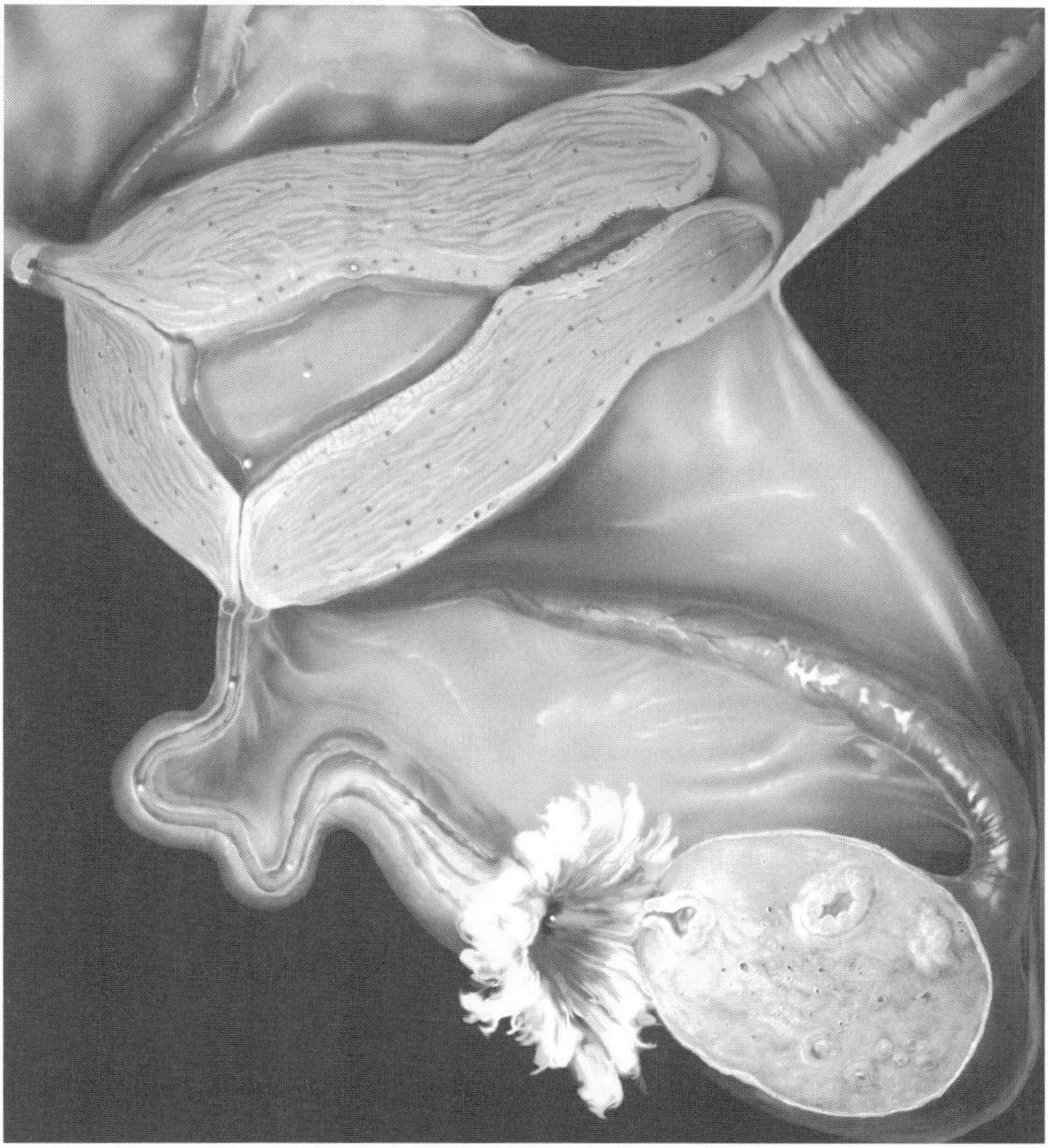

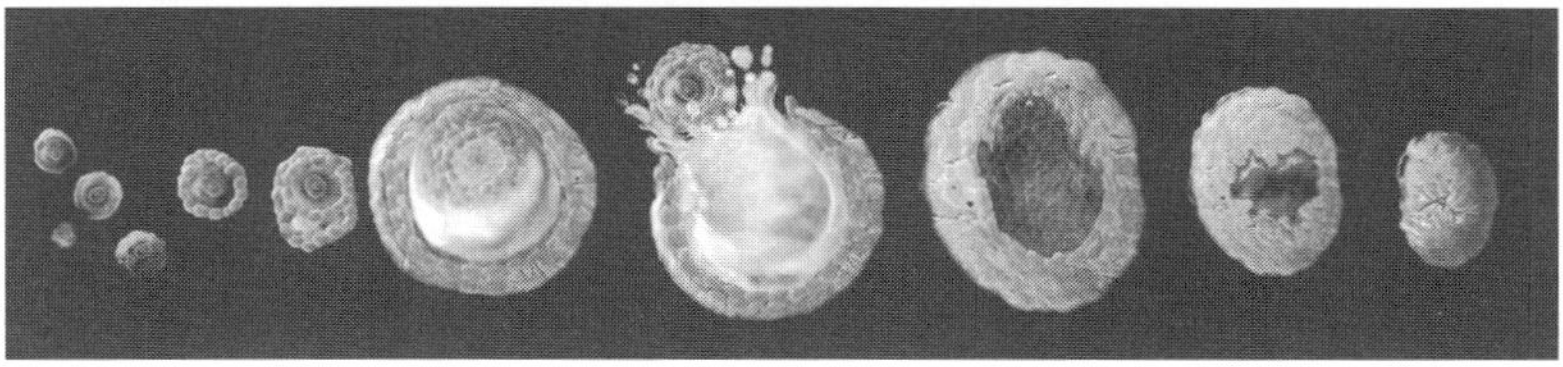

上図《女性性器の解剖図》 卵子の経路を複数の卵子を使って示している（通常、生理中に排卵されるのは一つ）。卵子（詳細を示すため拡大している）は、羽状の入口から卵管に入り、子宮腔（管腔）へと卵管を進む。卵子が受精すれば、子宮壁に着床する。
下図《卵子の発達過程》 左から右に向かって段階的に示している。中央の図は、卵子がカプセル（卵胞）から放出されるところ。卵子が放出されると卵胞は小さくなり、プロゲステロンを分泌する。プロゲステロンは子宮の成熟を促す物質。（Anatomical Travelogue より）

〔女性生殖器の性的反応とは〕生殖器官と骨盤底のうっ血、そして神経筋に現われる現象の組み合わせである。膣の充血とクリトリスの勃起などのように、〔……〕血管を変化させる生殖器としては、陰唇、尿道付近の陰核亀頭、子宮、膣前壁がある。まず、膣腔内部が拡張し、続いて性的な興奮状態からオルガスムに至るのにともない、内膣〔管状になっている〕の圧力が少しずつ高くなる。この結果、オルガスムを感じる場合、横紋筋〔骨盤底などの「随意」筋〕と平滑筋〔膣筋肉などの「不随意」筋〕が間代性〔繰り返し〕に収縮するに至る。

マラヴィジャらは、性的に興奮すると、陰唇とクリトリスが連続して充血すると説明した［Maravilla et al., 2005］。性感を刺激すると、まずクリトリスや陰唇などの内生殖器や外生殖器に血液が流入し、充血するのである。

子宮を全摘出〔子宮と子宮頚部の摘出〕した女性が、子宮と子宮頚部を支える前方・後方の外側靭帯も摘出している場合、性的に興奮したときに、膣の分泌液が少なくなったり、生殖器があまり隆起しなかったりすることがある。それは、これらの靭帯が、子宮・子宮頚部と脊髄とを結ぶ骨盤内自律神経の経路となっているからである［Maas et al., 2003］。

5……オルガスムによって、女性は受精しやすくなるのか？

複雑ではあるが、妊娠が成立するのは、男性と女性の性的な生理プロセスが連携しているおかげである。女性にとって、どうやらオルガスムは妊娠に必須の要素ではない。ヴァンスとワグナーが述べたように、「女性のオルガスムと繁殖力との間には、何の関連性もないようだ」〔繁殖力とは、ここでは妊娠する可能性を指す）［Vance and Wagner, 1976］。しかし、これから検討する研究が示すように、オルガスムがそのプロセスに役立っている可能性はあるのである。

膣、子宮頚部、子宮の上皮組織（これらの臓器の内側上皮を形成する細胞の層）が、周期的に生成と減少を繰り返し、血液が供給されるのは、主に卵巣から分泌されるエストロゲン、プロゲスチン、ステロイドホルモンが周期的に増減するからである。

膣上皮組織は、分泌腺ではない。すなわち、何らかの物質を分泌することはないのだが、膣液は別である。膣の神経末端から血管作動性腸管ペプチドが分泌されると、この潤滑液は膣内膜細胞を抜け、毛細血管中の血液から膣管へと移動する。このプロセスは「漏出」と呼ばれ、分泌腺から分泌される一般的な潤滑システムとは根本的に異なったものである［Levin, 1998］。別の神経ペプチド（神経ペプチドY）は、比較的最近に確認された神経伝達物質である一酸化窒素（ペニスを勃起させる神経伝達物質と同じ）とともに、漏出を促す場合がある［Hoyle et al., 1996］。この神経伝達プロセスによって血流が増え、膣が充血したように感じる。緩衝作用によって膣内部の酸性度が中和され、精子の代謝・運動性・生存率が高まる［Levin, 1998］。

精子の一部は、精液中を自由に移動するが、それ以外は、一時的に凝固した精液に閉じ込められる。精液中の酵素が精液を徐々に液化させ、精子が解放される。こうして一定の速度で精子が解放されていき、次々と子宮に入り込む。精液にはプロスタグランジンも含まれており、膣や子宮頚部、子宮の平滑筋を収縮させたり、膨張させたりする。

性的に興奮している間、膣管はゆるんで広がる。膣の前壁（お腹の表面に一番近いあたり）と接している結合組織の平滑筋が膣の前壁を引っ張り、膣腔を拡張させる。この結果、膣腔が広がって「テント化」する［Levin, 1998, 2002］。

レヴィンは、テント化には二つの機能があると推測した。一つは、ペニスへの摩擦を緩和し、射精を遅らせる。ペニスを突き上げてより強い刺激を与え、膣腔をより大きくすることだ。もう一つは、子宮頸部を上方に押し上げて、射精後に溜まった精液から離しておくためである。これと同時に、精液の溜まりができる。精液が子宮頸部を通過するのが遅れ、液化のための時間が長くなり、精子が受精能を獲得することができるというわけである。レヴィン・モデルの難点は、精液の溜まりから子宮頸部を離すことは、「正常位」でのセックスで射精する場合には有効だが、「後背位」や「騎乗位」には有効ではないことである。

アルサーテとロンドノは、セックス中の膣の「テント化」には、別の意義がある可能性を示している[Alzate and Londono, 1984]。彼らは、女性の被験者の六〇％が、セックスでは、それほど、あるいはまったくオルガスムを感じないという結果を得た。すなわち、「セックスは、女性にオルガスムを感じさせるには充分な方法ではない」ことが示されたのである。彼らがこう説明した前提は、次のようなものだった。女性がより強く性的に興奮する場合、膣の上部がバルーン化（テント化）し、正常位であれば、ペニスの亀頭と性感帯とが接触しにくくなる。しかしセックスが後背位や騎乗位の場合、ペニスが膣前壁を効果的に刺激できる可能性が高くなり[Gräfenberg, 1950]、オルガスムを感じさせうる。その他の研究からは、膣前壁（とGスポット）が刺激されて女性がオルガスムを感じてもテント化は起きないことがわかった。このような場合、子宮頸部の入口は膣内部に溜まった精液に浸っている[Perry & Whipple, 1981, 1982; Ladas, Whipple & Perry, 1982, 2005]。以上のように、膣がテント化した場合の妊娠に対する有意性については、重要な疑問が解消されないままである。

ここで、女性のオルガスムと卵管に向かう精子の動きとの関係をいくつか選んで簡略化し、組み合わせたものを示しておく。卵管では、精子の受精能が上がり、受精が起きる。留意すべきなのは、ここに挙げた証拠のいくつかは、このプロセスとは関係のない側面（子宮を通過する精子の動きを説明するプロセスなど）を取り上げ、オルガスムを感じていない状態で行なわれた研究によるということだ。その他に留意すべき点は、被験者の数にバラツキがあったということだ。被験者が大人数からたった一人というものまで、多岐にわたったのである。

月経中、子宮筋は自律的に動き、一分間に数回収縮することもある。排卵前の数日間で、卵子が卵胞（卵胞は卵子を一つ内包し、卵巣で形成されるカプセルのようなもの）で成熟するにつれ、子宮収縮の性質が変化する。月経が始まった頃は卵巣に近い「体部」と呼ばれる部分で収縮が始まり、頚部へと蠕動しながら伝わっていく。排卵直前の数日間で卵胞が成熟し、排卵時期が近くなると逆方向に蠕動《ぜんどう》し始め、頚部から体部へと向かう。この逆方向の蠕動によって、膣にある精子を子宮頚部の内側に吸い込み、体部に運ぶのである［Kunz et al. 1996］。卵管は基底層で開いており、卵巣から排卵された成熟した卵子を一方の端（卵管采）で捉え、他方の端で精子を受け入れる。この二つが出会い、卵管の中ほどで受精する。

セックス中にクリトリスや膣、子宮頚部、胸、乳首を刺激すると、下垂体後葉から血管にオキシトシンが分泌される。オキシトシンは、オルガスムを感じてから一分以内がもっとも多く分泌される［Blaicher et al. 1999］。オキシトシンは血管を通って子宮へ運ばれ、子宮筋をより強く収縮させる。オルガスムに至るまでの数分間で、子宮内部の圧力が高くなる。これによって、粘液が実際に子宮頚部から膣に分泌されることがある。すると、オルガスムが始まってから一分以内で、子宮内部の陰圧が高まり一～二分ほど続く［Fox, Wolff & Baker, 1970］。男性が射精すると、膣内に分泌された子宮頚管粘液が精子をとらえ、子宮内で高くなった陰圧が粘液に捉えられた精子を、頚部そして子宮へと吸い込む力になる。

いくつかの研究から、精子は膣から子宮頚部や子宮を通過して、卵管まで非常に短時間で運ばれることがわかっている。その速度は、精子の泳ぐ力では説明がつかない。実際、放射性物質でラベリングした無生物の粒子（テクネチウムでタグ付けしたアルブミン）は、子宮口から卵管まで一分ほどで移動した［Kunz et al., 1996］。このことから、精子を子宮へと移動させるには、運動性は不要であることが明らかになった。精子の運動性がこの移動にどの程度関わるのかは、はっきりとはわからない。運動能力がより大きく関係する可能性があるのは、卵管内部に運ばれた後に精子が卵子に近づけるかどうかである［Eisenbach, 1995］。

自然な状況で行なわれた研究から、射精された精子は、女性のオルガスムによって子宮に吸い込まれることが示された［R. R. Baker & Bellis, 1993, 1995］（研究者の解釈を示してから、いくつかの問題点を指摘しよう）。ベーカーとベリスは、「フローバック」という一種の膣分泌物は、通常、セックスを終えた女性から分泌されることを指摘している。射精をともなうセックスの後のフローバックには、精子が残っている。この実験の研究者は、フローバックに含まれる精子の数を（顕微鏡を使って）数え、パートナーが射精したときに対して、女性がいつオルガスムを感じたのかを対比させた。これから、射精の一分前から約四五分後までに女性がオルガスムを感じた場合、フローバックに含まれる精子の数は比較的少なかったことがわかった。これに比べ、女性が射精の一分以上前からオルガスムを感じた場合、フローバックに含まれる精子はもっと多かった。すなわち、女性のオルガスムを受けて子宮内で吸引が起き、精子が吸い込まれたようだった。そのため、フローバックに残る精子の数が減ったのだ。

別の研究は、オルガスムのタイミングに関連しているという次のような興味深い発見をした。すなわち、女性の妊娠願望は、パートナーがオルガスムに達した後に、何度オルガスムに達するかで推測できるというものだ。パートナーより先にオルガスムに達する回数は、妊娠願望を推測する重要な指標ではない。セックスに積極的に励むとか「リードする」ことがあれば、それ以外の推測材料とは関係なく、妊娠願望があると推測できる。積極的にセックスすることで、女性は、パートナーの射精に合わせて自分のオルガスムのタイミングを操れるようになるのである［Singh et al., 1998］。

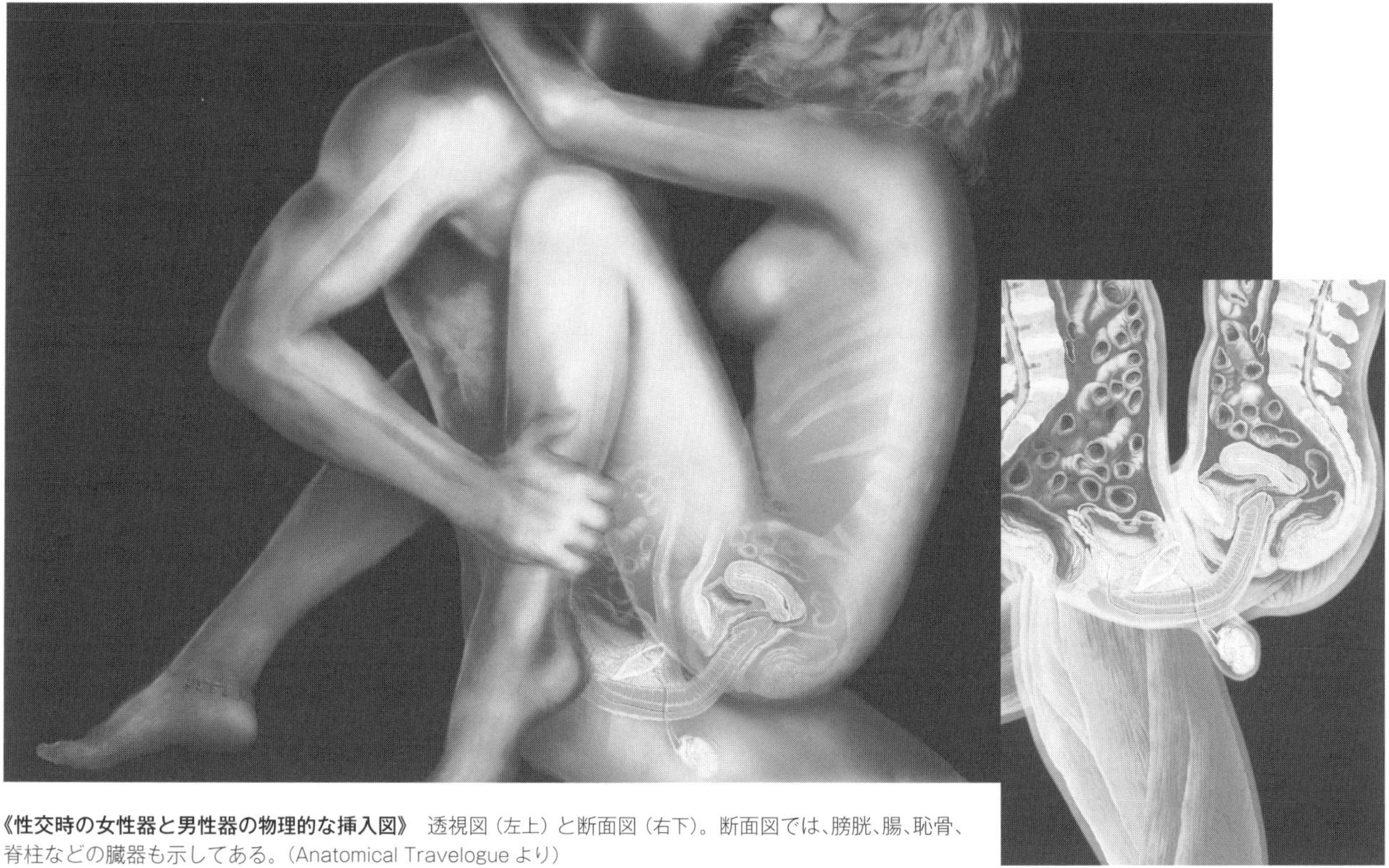

《性交時の女性器と男性器の物理的な挿入図》 透視図（左上）と断面図（右下）。断面図では、膀胱、腸、恥骨、脊柱などの臓器も示してある。（Anatomical Travelogue より）

こうした結果から、男性が射精する前に女性がオルガスムに達した場合、膣から卵巣へと向かう蠕動運動は射精が始まる前に止まり、吸い込まれる精子が減ることを知っておくのは参考になるだろう。

レヴィン［Levin, 2002］は、ベイカーとベリス［Baker and Bellis, 1993, 1995］が報告したフローバックに含まれる精子の減少は、膣のテント化によるものである可能性を示した。テント化すると、子宮頚部の入口に射精された精子が溜まる「空間」ができ、「このため、『フローバック』に含まれる精子の数が少なくなってしまう可能性を減らす」というのである。だが、この場合、男性が射精する一分前までに女性がオルガスムを感じ、すでにテント化が起きている場合のフローバック中の精子の数が、男性が射精した直後に女性がオルガスムを感じた場合のフローバックに残る精子の数よりもはるかに多い理由を説明できない。このテント化概念は、男性が射精する一分前から四五分後までに、フローバックの精子が激減する理由を説明することにはならないと思われる。精子の減少は、テント化よりもオルガスムによる吸い込みのせいだとする方が説得力がある。

ベイカーとベリスの研究には、大きな問題が二つある。一つは、彼らは直接数えるのではなく、高度に複雑な誘導方程式（まわりくどい数式）を使ってフローバックの精子を計算したことだ。そのため、何を数えているのかがわかりにくくなってしまった。もう一つは、女性のオルガスムの前後で精子の測定方法を変えたことは報告しているものの、女性がオルガスムに至る前に射精した場合と比較できるように、精子数の経時変化を示すコントロールデータを報告していないことだ。この二つの問題があるために、「吸い込み概念」は疑わしいものとなった［吸い込み概念についての詳細な批判は、Lloyd, 2005 を参照のこと］。

放射性物質でラベリングした粒子を精子に見立てて使ったところ、複数の研究者が受精に関して注目に値するプロセスを観察した［Wildt et al. 1998］。ラベリングした粒子を子宮頚部の入口に置き、身体にスキャナーをあてて子宮から卵管までの軌道を撮影したところ、二つある卵管に等しく行き着くのではなく、どちらかの一方の卵管に向かう場合が圧倒的に多かったのである。しかも、排卵を控えた卵巣が存在する側の卵管に向かう傾向があることがはっきりした。すなわち、右側の卵巣に成熟した優性卵胞（排卵間近な卵子を含んだ卵胞）がある場合、精子に見立てた粒子は右側の卵管へと移動したのである。

成熟した卵胞が破裂すると、卵管に卵子が放出されるのだが、右に述べたとおり、精子が卵子と出会い、受精するのは、通常、この卵管の中である。したがって、ウィルドットらの見事な研究によって、卵子と精子の接触率が物理的に最大になるメカニズムが存在することが示された。彼らの推測はこうだ。左右どちらかに移動するのは、成熟した卵巣の卵胞がホルモン（プロゲステロンだと思われる）を分泌し、この卵胞に近い方の卵管の平滑筋を局部的に弛緩させて開かせる一方で、他方の卵管は閉じたままだからではないか、というのである。この他方の卵管は、次の月経のときに同じような状態になるのではないだろうか。

ウィルドットらは、一方が有利になることの重要性を、次のように端的にまとめている。

「成熟卵子が存在するのと同じ側に精子が移動することには、生物学的な意味があることが、次のような観察結果から推測された。同じ側に移動する現象が観察された女性が、自然ななりゆきでセックスしたり、受精したことによって妊娠する確率は、〔そうした〕偏りが見られなかった女性よりも、はるかに高かった」。

精子は、卵管峡部、すなわち子宮と卵管との間で受精能を獲得する。受精能は、卵子が卵巣から卵管へと移動するときにあわせて獲得され、もっともよいタイミングで受精できるようになっている。

卵胞から排出された卵子は卵管内にとどまり、およそ二四時間で受精する。人間の場合、卵子が卵胞から排出されるタイミングとセックスのタイミングは正確に一致してはいない。一方、ウサギやネコ、ジュウサンセンジリスといったある種の哺乳類のメスは、交尾して膣が刺激されると、それに反応して複数の卵子を排卵する。このプロセスは「反射排卵」と呼ばれている。これにより、排卵のタイミングと精子の移動が完全に一致するわけだ。これに対して人間の女性の場合、「自然排卵」であることが特徴だ。これは、月経中にホルモンのバランスが自然に変化するためであり、セックスで刺激を受けるかどうかやそのタイミングとは無関係なのである。

排出された卵子の寿命は約二四時間だが、精子は受精能を獲得してから一～四時間ほどしか生存できない。この時間差を克服するために、受精能を得た精子は、射精された精液が溜まったプールから少しずつ放出される。こうして、受精能を獲得した精子が卵子にたどり着き、受精する可能性が高くなるのである。一度に受精能を獲得する精子は、二～一四％だ。このプロセスによって、排卵からセックスまでの間に受精するチャンスが増加する［Singh et al., 1998］。

妊娠に女性のオルガスムは必須ではないことは広く認識されているが、以上の研究が示しているのは、女性のオルガスムが妊娠を促すような肉体的な変化をうまく引き起こしているということである。精子が比較的に少ないなど生理的な条件がよくない場合、こうした変化によって結果は大きく変わってくる。さらに、複数の著者［Thornhill, Gangestad, & Comer, 1995 など］が指摘しているように、女性がオルガスムを感じる（あるいは感じない）こと、そのタイミング、その相手といったことは、妊娠の可能性をある程度左右する場合がある。

6……女性の性欲と月経周期

卵巣と副腎皮質で生産・分泌されるステロイドホルモンは、多数の動物のメスの性行動に必須の役割を果たしている。というのも、ホルモンを作り出す臓器を手術で摘出すると、メスはいっさい交尾をしなくなるからだ。これとは対照的に、こうした「性ステロイド」が人間に大きな影響をもたらすことはない。

それよりも、調整機能として役に立っている。性ステロイドは、確かに性的な反応に影響を及ぼすが、女性にせよ男性にせよ、性ステロイドに依存することはほとんどなく、ホルモンにばらつきがあるか、まったくない場合でも、性的に反応することは可能なのである。

必須の役割と調整機能の違いは、何だろうか？　身近な料理にたとえれば、卵はオムレツにはなくてはならないが、ポテトサラダには趣向を変える素材でしかないということだ。

性ステロイドホルモンの一種であるエストロゲンは、膣上皮の生成を促す。閉経すると、エストロゲンが減少するため膣壁が薄くなり、膣液が減少し、血管作動性腸管ペプチドに誘導される潤滑液が減る［Ottesen et al. 1987］。

統計的に見ると、人間の場合、排卵時期にセックスする人が多い一方、月経前後にも多い。排卵時期に多いのは明らかに適切に機能するからだが、月経前後に多い理由はそれほど明確ではない。その説明として複数の研究者が挙げるのは、排卵時期に禁欲して性欲を抑えていたから、望まない妊娠をする危険性がなくなったからというものだ。あるいはレヴィン［Levin, 2002］が示したように、プロゲスチンやエストロゲンの抗アンドロゲン作用が切れたからである。この値は月経前後に低くなるのである。

アンドロゲンは卵巣と副腎皮質から分泌され、女性の性欲を刺激する作用があるようだ。アンドロゲンは、次のような現象が組み合わさって起きるときに、性欲を一層刺激する場合がある。すなわち、生殖器付近が敏感になる［Salmon & Geist, 1943］。脊髄や脳内の神経に直接働きかけ、酵素がアンドロゲンをエストロゲンに変化させる（「芳香環化」と呼ばれるプロセス）。別の神経伝達物質（たとえばドーパミン、副腎髄質ホルモン、セロトニン。他の神経の働きを強化したり抑制したりする）や**神経修飾物質**（たとえば血管作動性腸管ペプチドやエンドルフィン。神経伝達物質に対する神経の反応を変化させる）を分泌するか、そうした物質への反応を変化させる、などである。

アンドロゲン、エストロゲン、それに芳香環化によって生成されたエストロゲンは、性欲を刺激することがわかっている。ラットを使った実験では、エストロゲンによって生殖器付近の皮膚が敏感になる［Komisaruk, Adler & Hutchison, 1972; Kow & Pfaff, 1973-74］。だが、そうなる正確なメカニズムはわかっていない。アンドロゲンは、クリトリス、陰唇、尿道周囲腺、乳首、骨盤筋を維持させる機能もある［Levin, 2002］。

官能小説や映画、音声などによって主観的にどの程度興奮させられるかは、月経周期を通してそれほどは変わらない。これは、集団レベルで実験的に示されただけでなく、個人レベルでもそうである。集団では、性的に興奮したと自覚した場合の平均値を月経周期全般にわたって比較し、個人の場合は、月経周期のいくつかの時点での値を相互に比較した。また、主観的な興奮度に応じて女性に相対的に順序をつけていくと、月経周期の時点に関係なく一定していた［Meuwissen & Over, 1992］。

このように、妊娠可能な年齢の間は、月経周期を繰り返し、妊娠できるように生殖のための器官を整えておく。これと比べると、ヒト以外の哺乳類はメスの性行動と排卵のタイミングは密接に関連している。ヒトの場合、脳の機能によって非常に複雑な認知力を得て、生殖生理学と性行動との関連はより柔軟かつ臨機応変になっているのである。

第4章　オルガスムは健康にいいのか?

1……医学は女性のオルガスムをどのように扱ってきたか?

古代ギリシアのヒポクラテスの時代からフロイトに至るまで、医師は、治療の一種とされた「医療的なマッサージ」によって、女性や少女をオルガスムに導いていた。表向きは「ヒステリー」の治療であり、この医療マッサージの目的は「ヒステリックな発作」を起こすことにあった。すなわち、呼吸は荒く、脈は速くなり、肌は赤みを、膣は湿り気を帯び、腹部は収縮するという現象が現われることだ。

古代エジプトやギリシアでは、ヒステリーは、性的に満たされないことで子宮が不調になった印だと考えられていた（「hysteria」の語源は、ギリシア語で「子宮」を意味する）。レイチェル・メインズ［Rachel Maines, 1989］は、一九世紀後半には、ヒステリーの治療として電動バイブレーターが使われていたと記している。彼女によると、電動バイブレーターは一八八〇年代に医療機器として取り入れられた発明品であり、これにより医療マッサージがより効果的になったのである。

医療マッサージが診察室から消えたのは、一九三〇年代である。おそらく、ヒステリーが新たな方法で治療されるようになったからである。すなわち、心理療法である。また、物理的な刺激が性的な興奮や快感をともなう大衆文化をイメージさせるようになり、これを恥じた医療機関が治療に使わなくなったからでもある［Blank, 1994］。

何十年もの封印された時代を経て、今や、健全な性はオープンに語られるようになった。医療関係者や研究者がこのテーマに関心を持っているからだけではなく、一般庶民やメディアも、精力や健全な性についてオープンに語るようになったからだ。男性の勃起不全治療にシルデナフィル（バイアグラ）の使用が承認された一九九八年以降、男性の精力に関する研究が増えた。だが、男性の精力に比べて女性の精力についての関心は低く、文献もはるかに少ない。米国国立医学図書館の所蔵文献を検索すると、男性の性機能障害《セクシュアル・ディスオーダー》に関する出版物はおよそ一万四〇〇〇冊がヒットするが、女性の性機能障害《セクシュアル・ディスオーダー》についてはわずか五〇〇〇冊にすぎない。性機能不全《セクシュアル・ディスファンクション》をキーワードにすると、男性に関する出版物は一万七〇〇〇冊が検索されるが、女性に関しては九〇〇〇冊である。

女性の性についての評価が無視されてきたのは、精度が高く信頼できる判定基準がないからだ、という意見がある。すなわち、女性の性的な興奮やオルガスムを判断する特徴的で客観的な反応がない、というわけだ。その一方、男性はペニスが勃起するため、性的な反応が客観的に判断しやすい［Rosen, 2002］。これに加え、この男女のアンバランスは、おそらく健全な性や医薬品業界の研究者に、従来から男性が多いことも一因であろう。

全米保健社会生活調査の疫学データによると、米国で性に関わる問題を抱えているのは、女性は四三％、男性では三一％に上るという［Laumann, Paik & Rosen, 1999］。この数値は、一九九二年に実施された調査に応じた一八～五九歳の女性一七四九人・男性一四一〇人のデータを再分析して得られたものである。何らかの性的な悩み（性欲がない、興奮しにくい、オルガスムを感じない、精力に不安がある、すぐにオルガスムに達してしまう、性交時に痛みを感じる、セックスに喜びを感じないなど）があると回答した女性は、性機能障害があると考えられる。研究者らは、どの程度悩んでいるのかを回答者らに質問してはいないが、これは現在、性機能障害を診断するにあたって重要な情報だと考えられている［K. P. Jones, Kingsberg & Whipple, 2005］。

一九九八年一〇月二二日に行なわれた女性の性機能不全に関する国際コンセンサス開発会議で、性機能障害の定義として「本人が感じる苦痛」が追加された［報告は、Basson, Berman, et al., 2000］。この討論会の研究結果を受け、研究者や臨床医らにとって、女性の反応は、性欲を感じ、興奮し、オルガスムに至るという男性特有の「直線的な」パターンではないこと、さらに、女性の性的な反応は、男性よりもはるかに複雑であることも明らかになった。また、女性の場合、男性以上に、心理社会的な要因が大きくはたらく場合がある。この分野ではさらなる研究が必要だが、現在、女性の性的反応を、男性の場合よりも総体的に捉え、これまで以上に包括的に解明しようとする機運が高まっている。

2……オルガスムが多ければ多いほど、長生きできる

一九七九年から八三年にかけて、デイビー・スミスとフランケル、ヤーネルは、オルガスムの頻度と死亡率との関連について英国で調査を行なった［Davey Smith, Frankel, and Yarnell, 1997］。一〇年後の追跡調査で、頻繁にオルガスムを感じる男性（この調査では週に二回以上）の死亡率は、月に一回以下しか感じない男性よりも五〇％も低いことがわかった。年齢、社会階級、喫煙の有無といったその他の要因を考慮しても、オルガスムの頻度と死亡率は反比例することが、明確かつ統計的に有意に示されたのである。すなわ

ち、オルガスムが多ければ多いほど、死亡率は低くなる。この研究者らは、性行為は男性の健康に予防的な効果があるようだと結論づけた。

中年男性を対象にしたある研究は、オルガスム時に血液中に分泌されるデヒドロエピアンドロステロン（ＤＨＥＡ）ホルモンの量と、心臓病発生率の低下とは、関連性があることを示している［Feldman, Johannes, et al. 1998］。

一九七二年から七五年にかけて、心筋梗塞（心臓の筋肉の血管が閉塞し、筋肉が壊死してしまう状態）で入院していた、イスラエル人女性一〇〇人の性生活について調査が行なわれた。このときに比較した対照群は、それ以外の病気で入院していた女性一〇〇人である［Abramov, 1976］。両群とも年齢は偏りがなかった。患者たちは、性生活に関する五七項目のインタビューを受けた。質問の中には、「不感症」場合や、閉経になった年齢もあった（この調査の「不感症」には、セックスに満足しなかった、性交時にオルガスムを感じず落ち込んだ、相手の病気や勃起不全のためセックスレスだった、というものも含む）。この研究データから、不感症と性的に満足しなかった、不感症と心臓発作の既往歴には、統計的に有意な比例関係があることがわかった。

性的興奮を表に出すことで、ガンのリスクが減る場合があると言われている。その理由は、男女を問わず、性的に興奮したりオルガスムを感じたりすると、オキシトシンとＤＨＥＡの分泌量が増えるからである。ミュレルは、オキシトシンに乳ガンの進行を抑える機能があることを示している［Murrell, 1995］。一つには、発ガン性の遊離基を含む液体が胸部から分泌されるのを抑制する機能である。またギリシアで、男性の乳ガン患者二三人に行なった研究では、成人になってからのオルガスムの頻度と乳ガンの発生率は反比例していた［Petridou et al. 2000］。乳ガン患者二三人は、健康である点を除けば同じ条件にある男性七六人と比較して、平均的にオルガスムの経験が少ないようだった。この研究者らは、テストステロンが、男性ホルモンであるデハイドロテストステロンに変わる機会が減ることが、男性が乳ガンになる傾向を強めているのではないかと推測している。

3……オルガスムは、睡眠・鎮痛・ストレス軽減・前立腺ガン予防に効果がある

生命を脅かす度合いは低いが、オルガスムを感じると眠りやすくなることを示す証拠がある。オルガスムによって、鎮静作用があると考えられているオキシトシンとエンドルフィンが増えるからだ［Odent, 1999］。ある研究は、米国人女性一八六六人の三二％が過去三か月間、眠るためにマスターベーションをしたことを報告している［Ellison, 2000］。

オルガスムとリプロダクティブ・ヘルス（性と生殖の健康）の関係は、二〇一二人の女性を対象として米国で行なわれたレトロスペクティブ研究［過去にさかのぼってデータを収集する研究法］で確かめられている［Meaddough et al., 2002］。これは、性的反応、オルガスム、疼痛性子宮内膜症の罹患率の関連性を検証した研究である。データから、生理中に時々あるいは頻繁にセックスをしていた女性は子宮内膜症になりにくいことがわかった。生理中にほとんどセックスをしない女性と比較した場合、こうした女性の多くは生理中にオルガスムを感じると回答する傾向があった。研究者らは、生理中のセックスとオルガスムには、子宮内膜症の予防効果がある可能性を結論で示している。

別の研究者らは、一八五三人の妊婦を対象に、性交の頻度やオルガスムの有無などセックスについて聞き取り調査をしている［Sayle et al., 2001］。対象者は、二八週目前後の妊婦だった。その後、妊娠後期あるいは出産後にフォローアップの聞き取り調査が行なわれている。オルガスムを感じる性交、オルガスムを感じない性交、性交をともなわないオルガスムがあったと回答した女性は、妊娠後期に性行為を一度もし

なかったと回答した女性と比較して、臨月出産となった傾向があった。この研究者らは、妊娠後期に性行為を続けると、早産予防になる可能性があるとしている。

エリソンは、オルガスムは苦痛を抑える可能性があることを報告している［Ellison, 2000］。この研究では、過去三か月間にマスターベーションをしたという約一九〇〇人の米国人女性のうち、九％が生理痛が軽くなることを、その理由として挙げた。エヴァンスとコーチは、片頭痛に悩む女性八三人を対象にした研究［Evans and Couch, 2001］を行ない、オルガスムによって、半分以上の女性にある程度の鎮痛効果が確認できたと報告した。オルガスムによる片頭痛の軽減は、医薬品による治療ほど確実でも効果が大きいわけでもないが、オルガスムの方が鎮痛効果が早く現われる。

さらに別の研究では、膣を自分で刺激すると、実験による痛みの限界値が大幅に上がることを示している［Komisaruk & Whipple, 1984; Whipple & Komisaruk, 1985］。痛みの限界値は、痛みを感じるまで指先を徐々に圧迫していき、痛みを感じた時点の強さで測定した。膣前壁に圧迫を加え続けたところ、痛みの限界値は五〇％以上も上がったのである（すなわち、鎮痛作用があった）。膣後壁に同様の圧迫を加えたところ、明らかな鎮痛効果はなかった。二つ目の研究では、快感を感じるように膣を刺激するよう被験者に指示し（単に圧力をかけ続けるのではない）、再び指先の痛みの限界値を測定したところ、生殖器全体を刺激した場合は大きな鎮痛効果があった［Whipple & Komisaruk, 1988］。どちらの研究でも、自ら刺激してオルガスムを感じた場合、痛みの限界値は最大（一〇〇％以上）に達した。痛みの限界値は上がっても、触れられたことがわかる限界値の変化には関係がなかった。こちらの値は、手の甲にそっと触れられたことがわかるかどうかで測定された。これらの結果から、膣を自分で刺激すると、感覚が麻痺するのではなく、痛みを和らげる効果があることが示されたのである（すなわち、触れられたとわかる感覚には影響しないが、痛みを抑える効果があるのだ）。

セックスとオルガスムは、ストレスを軽減させることがわかっている［Charnetski & Brennan, 2001］。セックスもそうだが、それ以上に、オルガスムによってオキシトシンが増加するからだ。オキシトシンが増加すると、ストレスが軽くなり、ストレスへの反応も変化することがわかっている。オルガスムが緊張を和らげるのは、オキシトシンによって身体が熱くなり、リラックスしたように感じるからだ［Weeks, 2002］。二六三二人の女性を対象にして米国で行なわれた別の研究では、マスターベーションをした女性の三九％が、その理由としてリラックスすることを挙げている［Ellison, 2000］。

男性が長期間にわたって頻繁に射精をした場合、前立腺ガンの発症率が低くなるという証拠が、二つの研究から明らかになっている。オーストラリアで、七〇歳以下の二〇〇〇人以上を対象に聞き取り調査が行なわれ［Giles et al., 2003］、二〇代、三〇代、四〇代の頃に平均して週四回以上射精をしていたと答えた人は、週三回以下の射精しかしなかったと答えた男性よりも、前立腺ガンを発症するリスクが明らかに低かったのである（三分の一ほど少なかった）。前立腺ガンとセックスをした相手の人数とは関係がなかった。これは、感染という要因では、この差を説明できないことを示している。分析の際、この研究者らは、性交による射精とマスターベーションによる射精の回数を合算していた。研究者らは、この効果がホルモン要因によるものだという可能性も指摘しているが、前立腺ガンの発症と特定のホルモンとの関連性は示されていない。この研究で観察された効果のメカニズムは、まだ解明されていない。

米国で行なわれた研究［Leitzmann et al., 2004］では、四〇〜七五歳の五万人以上の男性を対象に質問票による調査をしたところ、射精回数が比較的多い（月に二一回以上と、七回以下とを比較した）場合、前立腺ガン全般（限局性のガン［最初に発生した臓器以外には拡がっていないガン］と進行性のガンを合わせたもの）のリスクの低下に効果があった。性交とマスターベーションによる射精頻度は合算されている。ホルモン濃度と感染のそれぞれのメカニズムが影響する可能性を検討したことに加え、この研究者らは、射精によって発ガン性物質が前立腺から一掃され、射精することで精神的ストレスが軽減し、前立腺に分布する神経から分泌される前立腺細胞の刺激因子が減少するからではないかと推測している。

4……オルガスムと「腹上死」

性交中の死亡事件を科学的に再検討した論文はいくつかあるが、男性に焦点をあてたものばかりで、女性に関する論文はほとんど存在しない。

ある検察医によると、「腹上死」の後には、「死亡者は、通常、既婚者である。酒を飲み、たらふく食べた後、いつもとは異なる場所で、配偶者以外の相手と一緒にいた」というワンパターンの文言が続いているという［A. W. Green, 1975］。ガーナーとアレン［Garner and Allen, 1989］は、この状況を「愛の果ての死」と表現し、ある研究を引用している。その研究では、二〇件の腹上死のうち、一四件は配偶者以外の相手との性交中に起きているが、こうした事件は五五五九件ある突然死のうちのわずか〇・三％を占めるにすぎなかった。彼らが引用する別の研究では、「性交による急性冠不全▼があるのは事実だが、割合としては、心臓病の持病のある対象者五〇〇人のうち三人に発生しているにすぎない」という検察官の判断が記されている。また、「腹上死が稀なケースであることは明らかで、心臓病の持病があり、二〇年以上連れ添った妻と自宅の寝室でセックスをしていた中流階級の中年男性が腹上死したという報告は、それ以上に稀だ」と結論づけている。

もっと最近の研究では［Safi & Stein, 2001］、執筆者らは、性交中に心拍数と血圧が上昇すれば、「不安定なアテローム性プラーク▼が破れるか腐食するかして、結果的に血栓や動脈閉塞を引き起こす」ことがあると警告する。しかし、彼らは一七〇〇人以上の患者を対象にした調査を引用し、「性行為がＭＩ（心筋梗塞）を引き起こす行為となりうるのは、患者のうちわずか一・五％にすぎない」とした。彼らの結論は、「性行為によって起きる確実なリスクは、きわめて低い。一〇〇万人の健康な人びとに一人の割合だ。心臓病のリハビリと運動を行なえば、セックス中に狭心症の発作が起きるリスクを抑えることができる」としている。

こうしたさまざまな研究をまとめると、この章で取り上げた疑問に対して説得力のある回答を得ることができる。つまり、オルガスムは健康によいのだ。心臓病の持病を持つ少数の男性（おそらく女性も）を除けばの話であるが。

▼急性冠不全　心臓の冠動脈が、心筋の活動に必要な酸素量を充分に供給できず、急激に虚血状態におちいる疾患。
▼アテローム性プラーク　大動脈などの比較的太い血管にできる脂肪性物質の沈着物。

第5章　性的な機能障害には、どのようなものがあるか?

1……まず、「健全な性」とは?

世界保健機関（WHO）の作業部会会合が、二〇〇二年にジュネーブで開催され、セックス、セクシュアリティ、健全な性に関連する現実的な定義を作成した。それらの定義は、オルガスムに関する何らかの問題が起きた場合など、性に関わる課題について議論する際に役に立つ背景となる［以下の定義は、すべて下記から引用した。http://www.who.int/entity/reproductivehealth/topics/gender_rights/defining_sexual_health.pdf］。

セックスについて、この作業部会に参加した複数の人びとが次のように書いている。

「〔セックスとは〕生物学的な特徴について述べたものである。これによって、女性であるか、男性であるかが決まる」（この生物学的な二つの特徴は、他方を排除するものではない。というのも、両方の性を自認する人もいるからだ。だが、こうした特徴によって、人間を男性と女性に分ける傾向がある。多くの言語では、一般的には、セックスという言葉は「性行為」を意味するものとして用いられている。しかし、セクシュアリティや健全性について議論する場合、専門的にはこの定義の方が好ましい)。

セクシュアリティは、「一生涯にわたる、人間であることの中心的な側面である。これにはセックス、性自認とその役割、性的指向、性欲、快楽、愛を確かめる行為、妊娠が含まれる。セクシュアリティは、思想や空想、希望、信念、姿勢、価値観、行動、実践、役割、関係性の中で育まれ、表現される。セクシュアリティにはこうしたすべての側面が含まれるが、すべての側面が育まれ、表現されるわけではない。セクシュアリティは、生物学的、心理学的、社会的、経済的、政治的、文化的、倫理的、法的、歴史的、宗教的、超自然的なものなど、さまざまな要素が相互に絡み合って影響を受ける」。

健全な性とは、「セクシュアリティに関連して、身体的・感情的・精神的・社会的に充足した状態を指す。単に、病気でないことや機能不全でないこと、無気力でないことを意味するだけではない。性的に健全であるとは、性行為や性的な関係性に前向きで、尊重する姿勢で臨むことであり、快感のともなう、安全な性行為をすることである。強制でも、蔑むものでもなく、力づくでもない。性的に健全であり、それを維持するには、すべての人の性に関する権利が尊重され、擁護され、実現されなければならない」。

性的に満足しなかったり、性機能障害であったりしても、必ずしもその男性あるいは女性が「機能不全」であることを意味するわけではない。「機能不全」は医学症状を表わす語であり、治療可能なものである。男女の性機能不全や性機能障害は、現在、欲求・興奮・オルガスムという「性的反応周期」の三つの様相別に定義されている。性交疼痛障害もオルガスムに含まれる。ほとんどの女性は、この直線モデルに該当しない。女性の性的反応周期は、一つだけではないからだ。それでも、男性と女性には共通点もある。その主な症状は、(1)性欲の低下、(2)精神的に充分興奮しない、あるいは生殖器が興奮した状態にならない(結果として、男性の勃起不全、女性の膣潤滑不全が起きる)、(3)オルガスムの減退(男性であれば射精が早すぎる、遅すぎる、痛みをともなう、射精に至らない。女性であればオルガスムが弱まる、感じるのが遅い、感じたことがない）、（４）性交疼痛障害（女性の報告例が多いが、男性にもある）である［Plaut, Graziottin & Heaton, 2004］。

過剰な性欲は稀ではあるが、男性でも女性でも例はある。主な症状としては、性欲が強すぎる、想像して興奮する、「セックス中毒」あるいは性的衝動がある、または、性欲を感じているわけでも想像して興奮しているわけでもないのに、生殖器が常に興奮した状態になって手に負えないといったことだ。女性の持続性性喚起症候群▼（ＰＳＡＳ）が説明されたのは、ごく最近のことである［Plaut, Graziottin & Heaton, 2004］。

性機能障害や性機能不全を診断し、治療するには、それまでの性行為の経験、病歴、心理的な経験、社会経験、追加の健康診断、推奨される臨床試験などの情報が必要になる。医療従事者や患者が必要だと考えた場合は、専門医に照会するのもよいだろう。治療法を決める際には、当事者やそのパートナーが積極的に関わることが必要だ［詳細は、Hatzichristou et al., 2004; Plaut, Graziottin & Heaton, 2004 を参照のこと］。

性に関わる問題を考えるにあたっては、そうした問題は男性にも女性にも起こりうること、いくつになっても起こりうること、同性のパートナーを好むのか、異性のパートナーを好むのか、本人が健康であるか、持病があるか、能力の低下があるかどうかといったことも関係するということを覚えておくべきだ［Whipple & Brash-McGreer, 1997］。

2……男性が抱える問題

セクシュアリティは、生物的・心理的・社会的なプロセスが複雑に絡み合って形成される。男性の場合、勃起や射精といった性的反応の生理的な側面を理解するには、対人関係や個人の内面的な要因、文化的な要因を考慮する必要がある。性機能に関わる問題とは、生来型なのか獲得型なのか、全般型なのか、状況型なのかのいずれかである。病因（原因と発生源）としては、臓器である場合も、心理的なものである場合もある。両方に起因することも、原因不明の場合もある。本人やパートナーのニーズや優先順位にも配慮しなければならない。そうしたものは、文化・社会・民族・宗教・出身国などが要因となって変わるだろう。性的な問題を抱えている男性やそのパートナーは、その問題に最適な治療を選択する必要がある。だが、その選択をする前に、セクシュアリティに関する情報や、二人の問題に適したすべての治療法について など適切な知識を得るべきだ。当事者とそのパートナーは、最初から最後まで治療に関わる必要もある [Lue et al. 2004]。この章で用いる男性の性機能不全の定義は、二〇〇三年六月に開催された「第二回勃起不全・性機能不全に関する国際会議」（その後、「性機能に関する国際会議」に改称）で、ルーらが行なった報告に拠っている。

本章で取り上げる性機能障害の多くは、それ以外の機能障害を併発しており、個別に治療することはできないことを頭に入れておく必要がある。また、男性の性機能不全には、伝統、民族性、社会経済的な状況、本人やパートナーの意向、予測される効果、精神状態なども考慮した上で、さまざまな治療法を検討しなくてはならない [Lue et al. 2004]。

勃起機能不全

フーゲル・マイヤーらが、勃起機能不全（ＥＤ）の有病率について、一九九三〜二〇〇三年までの間に、

▼持続性性喚起症候群（ＰＳＡＳ）　性的なことと関係のない状態で、女性の性的興奮が始まり止められなくなるという症候群。一日に数百回もオルガスムを持続的に感じることがあり、日常生活が困難になったり、衰弱状態に陥ったりする。近年、医学的に確認され、注目されている。

さまざまな国で行なわれた二四の研究をまとめている［Fugl-Meyer et al. 2004］。四〇歳未満の男性の有病率は一～九％、四〇～五九歳では二～九％という結果から、二〇～三〇％という高い数字もあった。六〇～六九歳では二〇～四〇％という結果が多かった。七〇代・八〇代の男性の場合は五〇～七五％に分散していた［Lewis et al. 2004］。

ルーらによると、ＥＤは「ペニスが充分に勃起せず性行為を満足に行なえない、または勃起が続かないという状態が、継続的または繰り返し起きる能力の低下として定義される」［Lue et al. 2004］。勃起困難がＥＤとして診断されるには、継続的あるいは繰り返し起きることが必要であり、一般的には、診断を得るまでには三か月かける必要があるとされている。トラウマや手術を受けてＥＤになった（前立腺全摘手術など）という場合は、三か月以内で診断が下される例もある。

ＥＤの診断は、多領域にわたる治療を行なう専門医が下すべきである。ＥＤの疑いがあると診断された患者は、それまでの病歴、セックスの経験、心理的な経験、社会経験、健康診断、検体検査を受けることだ［Lue et al. 2004］。専門医は、内分泌物や循環器に問題はないかどうか、糖尿病かどうか、心臓血管系の異常の有無、肥満、喫煙や飲酒の習慣、薬物乱用癖があるかどうか、人間関係、うつ、その他の精神的・性的な問題といった要因を診断する必要がある。

抗高血圧薬、向精神薬、不整脈治療剤、抗アンドロゲン、ステロイドといった処方薬や市販薬はＥＤの原因となることがある。医薬品が処方されたら、治療の前あるいは並行して、性心理のカウンセリングを受けることが望ましい。たとえば、米国性教育者カウンセラー療法士協会認定のセックス・セラピスト（認定セックス・セラピストのリストはウェブサイト［www.aasect.org］を参照のこと）などである。ＥＤの原因がわかれば、複数の治療法が考えられるが、それは本書の目的ではない。単にシルデナフィルを処方されるだけでは、一般的に、ＥＤの診断や治療としては充分だとは言えない。

早漏

五つある記述的研究▼によれば、早漏の有病率は九〜三一％だ［Lewis et al. 2004］。ルーら［Lue et al. 2004］によると、「早漏は、次の三つの本質的な基準に基づいて定義されている。（a）すぐに射精する。（b）コントロールできない。（c）本人あるいはパートナーの精神的苦痛」。すぐに射精するとは、セックスが始まってから射精するまでが二分未満の場合で、早漏だと診断されることがある。診断の際は、射精を遅らせたりコントロールしたりできないこと、その状態に大きな苦痛を感じることも考慮する必要がある。早漏のサブタイプとしては、生来型か獲得型、全般型、状況型、別の性に関わる問題、とりわけEDと同時に起きるものがある。ルーら［Lue et al. 2004］は、「早漏の男性の約三〇％は、同時にEDも発症している。典型的には、完全に勃起しないうちに射精する」と指摘する。早漏は、パートナーの女性の性に関わる問題、とくに無オルガスム症（オルガスムを感じない）や性交疼痛障害に関係していることもある。その場合は、セックス・セラピーの受診を検討するのがよいだろう。

EDと同じく、早漏を発症した男性も、病歴やそれまでのセックスの経験、健康診断、悩みや人間関係について相談するべきだ。生来型の早漏である男性に対しては、現在、「未認可」の選択的セロトニン再**取り込み**阻害剤（SSRIs）、局所麻酔、ホスホジエステラーゼ5型（PED-5）阻害剤（シルデナフィル系）で治療が行なわれている（「未認可」とは、薬が特定の患者に提供される場合と、米国食品医薬品局に認可されていない場合に用いられる）。早漏が獲得型か、状況型である男性は、薬物療法あるいは行動療法の一方または両方を受けるが、本人とパートナーの意向によって決定される［Lue et al. 2004］。一般的に、行

▼**記述的研究**　疾病などの現象を、時間／場所／人の軸で捉え、その変動を詳細に記述する研究法。

動療法としては「ストップ・スタート法」や圧迫法がある。どちらの方法も、根底には早漏が起きるのは男性がオルガスム前の興奮に充分に集中できていないからだという考えがある［Semans, 1956; Masters & Johnson, 1970］。しかし、これらの治療法を評価するのに必要な長期的なデータはまだ得られていない［De Amicis et al., 1985］。

男性のオルガスム障害

器質的な要因や心因的な要因は、どちらも男性のオルガスム障害の原因となりうる。ルーら［Lue et al., 2004］によると、オルガスム障害には、「遅漏から、射精不能、無射精症、**逆行性射精**までに及ぶ、さまざまな機能障害」が含まれ、「内科疾患や、射精をコントロールする器官、精管または膀胱頚部に至る末梢交感神経、骨盤底につながる体性遠心性（**随意筋**へ伝える）神経、ペニスにつながる体性**求心性**（皮膚からの感覚を受ける）神経などを治療する薬物療法や外科手術なども、遅漏、射精不能、無オルガスム症の原因となることがある」。

男性のオルガスム障害の診断には、通常、四種類の神経生理学的な検査が行なわれる。四種類とは、外陰部の体性感覚誘発電位、運動誘発電位、仙骨の反射弓検査、交感神経性皮膚反応である。四つの検査のそれぞれが、ペニスを刺激して勃起させ、オルガスムを感じさせ、射精に至るという一連の流れの中で、特定の運動性が機能しているかどうかをチェックする［McMahon et al., 2004］。オルガスムや射精を経験したことがない男性は、身体的に排出できなかったり、精神的なプレッシャーで射精できないことがある。オルガスムや射精がたまにしか起きない男性の場合、精神的なプレッシャーから射精できなかったり、ペニスの感覚が麻痺（異常感性）したりする。これは老化による求心性の陰茎神経（感覚）が退化することと関わりがある［McMahon et al., 2004］。治療としては、合併症状の治療と行動療法がある。

男性のオルガスム障害の一つである精神的な射精不全は、加齢とともに増える（他の性機能不全と同じ）[Feldman, Goldstein, et al. 1994]。射精不全は、文化や信条、無意識に感じる敵意、抑えつけてしまう怒り、充分に興奮しない状態、相手のいるセックスよりもマスターベーションの方を好む性向、妊娠させてしまうことの恐怖、性感染症の恐れなどが影響する場合がある［Perelman, 2001］。

持続勃起症

ルーらが指摘したように、「持続勃起症は、比較的に稀である」［Lue et al. 2004］。「それは好ましくない勃起と定義されるが、性欲や性的興奮とは関係がなく、四時間以上も続く」。持続勃起症には三種類あり、併発することもある。まず低血流性、すなわち虚血性（血流が充分でない）の持続勃起症がもっとも多い。ペニスが萎縮せず、無酸素状態（血液が充分な酸素を細胞に供給しない）になるため、治療しなければ、最終的に海綿体組織が壊死することもある。次に高血流性、すなわち酸素が充分に供給される持続勃起症はそれほど多くないが、外科治療や骨盤の外傷により起きる場合がある。三つ目は再発性、すなわち断続的に起きる持続勃起症で、鎌状赤血球病の男性に多い。断続的な持続勃起症は高血流性だが、低血流の無酸素状態となる場合もある［Lue et al. 2004］。

初期の持続勃起症であれば、水を浴びたり、氷をあてたりすれば効果があることもある。運動や排尿もよい。虚血性の持続勃起症と診断された場合は、なるべく早いうちに皮下注射をしてペニスから血液を抜き、圧力を下げることが重要だ。その他の持続勃起症には薬物治療でよい。

ペロニー病

ペロニー病は、獲得型の白膜障害だ。白膜とは、**陰茎海綿体**を包む硬い結合組織の被膜で、陰茎海綿体が血液で膨張したときにペニスを硬直させる膜である。ペロニー病は、白膜の線維組織にしこりができてペニスに痛みを感じ、勃起の際に変形するのが特徴だ。ペニスが曲がって挿入しづらくなり、勃起しづらくなる場合もある［Lue et al. 2004］。専門医には、勃起できるかどうか、勃起が続くかどうかといった個人的な状態も含めて知らせておく必要がある。ほとんどの男性にとっては、知識を得て、安心することが充分な治療となる。

性欲障害

「第二回 勃起不全・性機能不全に関する国際会議」の報告書には、男性の性欲障害が含まれていなかった。この性機能障害を、性機能不全とみなしてよいのかどうかということが未解決の問題として残った。ちなみに、米国精神医学会の『精神疾患の診断・統計マニュアル（ＤＳＭ―Ⅳ）』［American Psychiatric Association, 1994］では、性機能不全として扱われている。このＤＳＭ―Ⅳは、精神科医と精神分析医が診断に用いる「バイブル」である［Maurice, 1999］。ある研究によると、女性の三三％、男性の一六％が、過去一二か月間のうちの数か月以上もセックスに関心がなかったと回答している［Laumann et al, 1994］。これを裏づける研究結果は、これ以外にもある［たとえば、Frank, Anderson & Rubenstein, 1978］。

性欲障害は、二つに分類できる。性欲減退障害と性嫌悪障害だ。前掲のＤＳＭ―Ⅳによると、性欲減退障害の診断基準は、「持続的あるいは反復的に性的な想像をせず、性欲がない状態。そうした想像をしたり性欲を感じたりすると、激しい嫌悪感や対人関係に問題を起こす」ことである。性嫌悪障害の診断基準は、「（ａ）性行為の相手と生殖器を接触させることを継続的または極度に嫌い、避けること。この結果、激しい嫌悪感や対人関係に問題を起こす。（ｂ）こうした障害は、別の精神疾患を発症している際に限って起きるものではない」。

ここでは、性欲減退障害を中心に検討する。医学的には、性欲減退障害が他の性機能に関わる問題から区別されることは多くない。性欲障害が明らかになる一例として、パートナー関係である二人が、それぞれ性欲を感じるものの、程度が異なる場合がある。この状態を「性欲不一致」という。だが、これは本当に性機能不全なのか、それとも性機能障害なのだろうか？　性欲不一致が問題となって、カップルや一方の当事者が専門医に相談する場合がある。相談を受けた専門医は、それが生来型なのか、獲得型なのか、状況型なのか、全般型なのかを判断する必要がある。

男性の性欲障害は、年齢とともに増える傾向にある。もっとも可能性の高い原因は、絶望・不安、性腺機能低下症（男性更年期を含む）、高プロラクチン血症（プロラクチンというホルモンが過剰に分泌される）だ［Plaut, Graziottin & Heaton, 2004］。性欲減退とホルモン量を結びつける証拠は、手術や薬による去勢、加齢、性機能低下によるアンドロゲンの減少といったものが多い［Maurice, 1999］。男性の性欲を左右するホルモン以外の要因としては、結婚生活が退屈、相手に魅力を感じなくなった、慢性疾患がある。

一般的な医薬品には性欲を減退させるものも多い。たとえば、抗アンドロゲン薬、向精神薬、抗高血圧薬、心臓病治療薬（βアドレナリン遮断薬、カルシウム拮抗薬を含む）、テストステロンと結合する薬、シメチジン（消化性潰瘍治療薬）、ジクロフェナミドとメタゾラミド（どちらも緑内障の治療薬）、コレステロール降下剤、プレドニゾンやデキサメタゾンなどのステロイドなどだ［Maurice, 1999］。性欲減退障害の治療を始める前に、個人の病歴や薬歴を考慮しておかなければならない。

ＥＤなど、他の性機能障害のせいであまり性欲を感じない人もいる。テストステロンが少ないからといって、性欲を強めるためにテストステロンを日常的に用いることは禁物だ。テストステロンによる治療には、潜在的なリスクがともなうからである。とくに、発見前の前立腺ガンを悪化させる恐れがある。男性の性欲不全には複数の要因が考えられるため、多領域にわたる治療が行なわれるべきである。

3……女性の性的反応についての六つの誤解

二〇〇三年六月、パリで開催された「性機能学に関する国際協議会」（ＩＣＳＭ：International Consultation on Sexual Medicine）の会議では、それまで当然とされてきた女性の性的反応について、そのいくつかの問い直しを行なった［Basson, Leiblum, et al., 2003］。以前は当然とされてきたが、この会議以降、疑問視されるようになった点をまとめてみる。

その一、「身体的な性の問題と精神的な問題は分けることができる」。

女性の性機能障害には、精神的・個人的・生物学的・器質的な原因など複数が関わる場合があり、その影響が常に他と無関係であるとは限らない。

その二、「女性が性的な行為をする理由の第一は、性欲を感じているか、潜在意識でそれを感じているからだ（たとえば、性的なことを考えたり想像するなど）」。

女性は、非常に複雑で多様な理由からセックスしたいと考えるようである。誰かとつきあい始めたばかりの女性は、すでに特定の相手がいる女性に比べて、性的なことを考えたり想像したりするなど、ごく自然に性欲を感じる傾向がある。そうした特定の相手がいる女性がセックスのことを考えるのは稀である。

その三、「性欲を感じてから興奮する」。

女性の場合、性欲を感じる前に興奮することが多い、あるいは、性欲を感じると同時に興奮する。女性がセックスをする動機は、性欲だけではなく、その他にもある。相手と親しくなりたいという気持ちなどがそうである。バッソンやアルトフら［Basson, Althof, et al., 2004］によると、「興奮した結果、性欲を感じる。たとえば、興奮が続き、それに呼応して性欲を感じる。女性の性的反応を想像するにつれて、性欲と興奮が相乗的に強まる」。

その四、「女性が性的に興奮すると、生殖器が充血し、膣が湿り気を帯び、生殖器が収縮したり、うずく感覚が特徴となりうる」。

生殖器が興奮状態となった女性は、自分が興奮していると自覚していないことが多い。身体が興奮していても、その生理的な変化を意識しないことすらある。生殖器が充血し、乳が張っていることに気がついても、そうした変化は膣の充血と関係ないこともある（充血しているかどうかは、膣フォトプレチスモグラフィで測定できる。これは、光源と光検出器を備えた経膣プローブで、膣壁に反射する光量の変化を測定して、膣の血流の変化を測定する）。膣が湿るのは、性的に刺激された場合の一般的な反応で、女性に性欲がなくても、心地よく感じていなくても、そうなる。

その五、「女性の性的反応は、時間が経ち、状況が変わっても一定である」。

女性の性的反応は、一生涯のうちに自然に変化する。性的なふれあい、妊娠、閉経、病状、心理的な要因など、多くの要因に影響される（とくに人間関係の影響が顕著である）。研究から、一般的には、加齢や閉経にともなって性への関心が弱まり、反応も鈍くなることがわかっている。

その六、「女性は性的反応が変化したことを実感すると、落ち込む」。

ほとんどの女性は、セックスに関心を持たなくなり、反応が鈍くなっても、落ち込まない。落ち込んだとしても、たいした問題ではなく、医学的な関連性もない〔Basson, Leiblum, et al., 2003〕

4……女性の性に関する問題

女性の性に関する問題や不安をテーマとする研究は、男性の性に関する問題の研究に大きく遅れをとっており、二分の一か、三分の一程度にすぎない。現在、研究者や医療関係者は、男性と女性の性的反応が大きく異なることを認識するようになってきた。前掲の『精神疾患の診断・統計マニュアル（ＤＳＭ―Ⅳ）』で示された女性の「〔性〕機能不全」の診断区分は、マスターズとジョンソン〔Masters and Johnson, 1966, 1970〕やカプラン〔Kaplan, 1974〕が説明した性的反応の考え方に基づいている。当時としては彼らの業績は、人間の性欲に関してかなり先進的なものだった。だが、生殖器の変化に注目し、その延長として得られた概念が、女性の性に関する問題や機能不全を判断し、対処するのに役に立つかどうかはわかっていない〔Basson, 2001〕。

典型的な事例がいくつか示されているが、そのどれもが女性の性的反応をわかりやすいものではなく、複雑なものとして捉えている〔Whipple, Brash-McGreer, 1997; Basson, 2001; Plaut, Grazziotin & Heaton, 2004〕。女性の性に関する機能を完全に理解するには、その根本にある心理的・社会的、生理的な要素を理解する必要がある。女性の問題に対処する場合、医療関係者は身体に関わる問題だけでなく、感情やそうした不安をもたらす人間関係の状況にも注目する必要がある〔K. P. Jones, Kingsberg & Whipple, 2005〕。男性の場合と同じく、女性の性機能に関する問題には、生来型・獲得型・全般型・状況型がある。その原因は、器質的であったり、心因的な原因、複合的な原因であったりし、原因が不明のこともある。

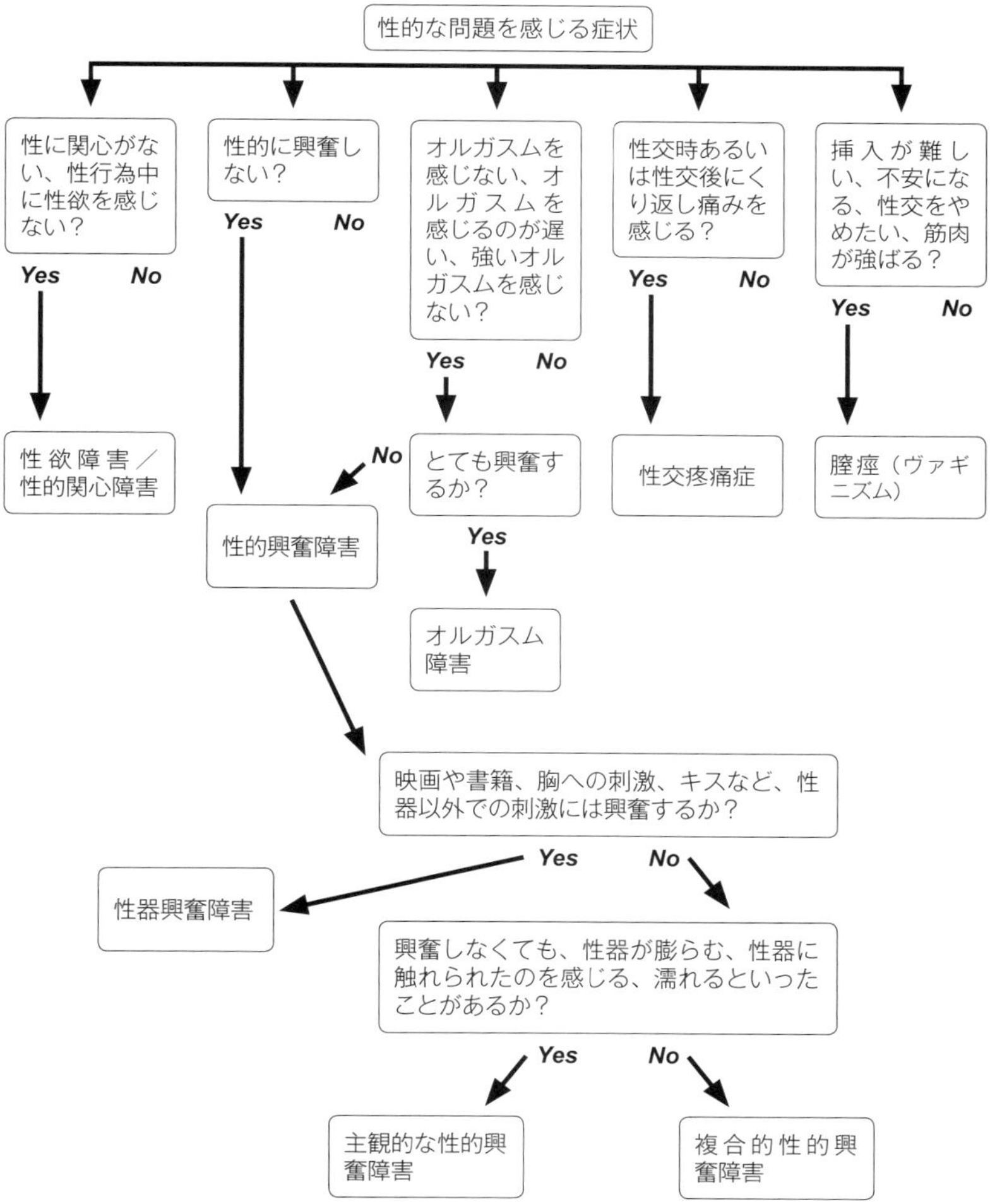

《女性の性機能障害の分類チャート》

（R. Basson, W. C. M. Weijmar Schultz, et al, 2004 の許可を得て掲載）

これから、女性の性機能不全に関する新分類をまとめてみる。これは、前述した二〇〇三年六月のパリでのICSMで示されたもので、この新分類は、前掲のDSM—Ⅳにも、世界保健機関（WHO）の『疾病及び関連保健問題の国際統計分類（ICD—10）』［World Health Organization, 1992］にも、まだ取り入れられていない。

性欲障害／性的関心障害

性欲障害あるいは性的関心障害は、次のように新たに定義されている。

「性的な関心あるいは性欲がない、または減少したこと。性的な想像をしたり、幻想を抱いたりしないこと。反応したいと思わないことである。性的に興奮しようとする動機（ここでは原因／誘引と定義する）がほとんどないか、まったくない。一生のうち、または関係が続いているうちに興味を失う通常の程度を超えているとされる場合」［Basson, Althof, et al., 2004］。

DSM—Ⅳが定める性欲障害は、男性の性欲減退障害である。患者数データからすると、一八〜五九歳の女性の三三％が、性欲減退障害である［Laumann, Paik & Rosen, 1999］。とくに閉経後では、臨症例の四五％に上ることもある［Plaut, Grazziottin & Heaton, 2004］。

性的衝動という言葉は、性的欲求、欲望、欲動、性の衝動、セックスだけに気持ちが向くような性への関心を指す。プラウトとグラジオッティン、ヒートンは、欲望の基本要素として、生物学的な要素、動機となる要素、認識に関わる要素の三つを挙げている［Plaut, Grazziottin & Heaton, 2004］。

生物学的には、性欲はホルモンに影響される。ホルモンは欲望や性的反応の強さに影響を与える。ホルモンによる性欲障害の主な原因としては、低エストロゲン症、アンドロゲン欠乏症候群、高プロラクチン血症、甲状腺機能低下がある。アルコール依存症や喫煙が性機能障害の原因となることがあるのは、ある種の病気の経過や投薬治療と同様だ［Plaut, Grazziottin & Heaton, 2004］。性欲を低下させせうる医薬品としては、選択的セロトニン再取り込み阻害剤、抗高血圧薬、エストロゲン治療、副腎皮質ステロイドがある。手術によって閉経した場合、テストステロン値が急激に低下し、性欲欠乏を引き起こすことがある［Whipple & Brash-McGreer, 1997; Kingsberg, 2002］。

動機となる要素として、女性にとっては愛情行為はとくに重要なようで、性欲が強くなり、性欲を変化させることがある。うつや心配性の情動障害は、性欲を減退させるようだ［Plaut, Grazziotin & Heaton, 2004］。認識に関わる要素は、生物学的な要素や動機となる要素と重なって、性欲を減退させることがある。性欲を自覚するほかに、女性がパートナーとのセックスに同意する、あるいはセックスを始める理由はいくつかある。異なる民族の女性を対象にした研究が北米で行なわれ、そうした理由が検証されている。確認されたものとしては、愛情を表現するため、楽しむため、パートナーに求められたから、緊張を和らげるため、などがある。性に前向きにならない理由としては、パートナーがいない、関心がない、疲れている、パートナーが関心を持っていない、パートナーが疲れている、自分に身体的な問題がある、パートナーに身体的な問題がある、というものが確認されている［Cain et al. 2003］。バッソンやアルトフら［Basson, Althof. et al. 2004］は、女性が興奮する理由や動機をいくつか挙げ、いったん興奮すれば、その興奮が充分長引き、快感となる場合は、性欲を実感することがあるとしている。

複数の研究によって示されていることとして、性的に健常で、とくに特定の相手と長期的な関係を続けている女性は、自然に性的な想像をしても反応しないことが多い［Bancroft, Loftus & Long, 2003］。「第二回マサチューセッツ女性健康調査」では、性欲減退を実感した女性の多くは、既婚者で、精神疾患の症状があり、喫煙者で、閉経していると報告された［Avis et al, 2000］。

認識に関わる要素が性欲に影響を与えることは多い。性欲減退の治療には、通常、認知行動療法、セックス・セラピー、力動的精神療法が行なわれる。広く行なわれているのは認知行動療法だが、その効果を確認する対照臨床試験はほとんど行なわれていない。感覚集中法によるセックス・セラピーは、実証的に有効であるとされているが、われわれの知る限り、力動的精神療法に関する研究はない［Basson, Althof, et al. 2004］。しかし、性欲減退は、生理学的な要素よりも個人的な問題に原因がある場合が多く、薬物治療の前に人間関係や心配事のカウンセリングを考えるべきである。

現在、性欲減退も含め、女性の性機能障害の治療に処方される医薬品はない。効果が期待できる治療法は、現在、治験段階である。エストロゲン療法は閉経による身体的な症状には有効かもしれないが、性欲減退にはほとんど効果がない［Suckling, Lethaby & Kennedy, 2003］。テストステロン療法は、性欲が低下した女性の治療に用いられているが、「未認可」である。性欲減退の治療としてエストロゲンやテストステロンの経口薬を服用する女性もいるが、この治療が認められているのは更年期障害による症状だけである。その他、薬剤師が調合したテストステロンを服用したり、男性用に開発されたテストステロン・パッチやテストステロン・ジェルを使用する女性もいる。米国食品医薬品局（ＦＤＡ）は、こうした治療を女性に行なうことを認めていない。Ｓ・Ｒ・デーヴィスやダヴィソンら［S. R. Davis, Davison, et al., 2005］は、最近の研究で、血中アンドロゲンと女性の性機能は関係がないことを確認している。「アンドロゲン濃度からは、女性の性機能低下を予測できない。デヒドロエピアンドロステロンサルフェイトが低い女性のほとんどで、性機能低下の症状がない」。この研究者らは、この研究結果は、性欲減退障害の薬物治療に使われているテストステロンの有効性を否定するものではないが、彼らのデータがその治療の有効性を補強するものでもないとしている。

プロクター・アンド・ギャンブル社は、二〇〇四年一二月、外科手術によって閉経した女性の性欲減退障害治療のために開発されたテストステロン・パッチ（イントリンサ）の有効性を示すデータを、米国食品医薬品局（ＦＤＡ）に提出した［Shifren et al. 2000; Goldstat et al. 2003］。だが、ＦＤＡの諮問委員会は、イントリンサを承認するには、長期間にわたって安全であることを確認するデータが充分でないとして追加研究を求め、結論が先送りされた▼。

興味深いのは、バイアグラが男性の治療薬として、一九九八年に、わずか六か月の臨床試験で承認されたことだ。ニトログリセリンやよく知られた精力回復剤などと一緒に服用した場合、致命的な副作用が起きる危険性が高くなることが懸念されたにもかかわらず、である［Kingsberg & Whipple, 2005］。これに対し、三年以上も研究を重ねたものの、イントリンサは女性向けの治療薬としては承認されず、長期間の安全性データを求められることになった。この差は、性機能不全治療に、対象が男性か女性かで、二重基準があることを示している。

主観的な性的興奮障害

主観的な性的興奮障害は、以下のように定義されている。

「どのような性的刺激を受けても、性的興奮（性的な興奮と快楽）をまったく感じないか、興奮が大きく減少した症状である。膣の潤滑など、身体的な反応はある」［Basson, Althof, et al. 2004］。

性機能学に関する国際協議会（ＩＣＳＭ）は主観的な興奮障害はないとする女性と比較すると、興奮障害を訴える女性の多くは生殖器がより多く充血することを示すデータを基に、この新たな区分を設けた［K. P. Jones, Kingsberg & Whipple, 2005］。

▼**結論が先送りされた**　二〇一四年一〇月現在、ＦＤＡは認可していないが、欧州医薬品庁（ＥＭＡ）に認可され、ヨーロッパではプロクター・アンド・ギャンブル社より販売されている。

性器興奮障害

ＩＣＳＭは、性器興奮障害を次のように定義している。

「生殖器への性的な刺激に対する興奮が低下した症状。自己申告される症状には、どのような刺激であるかを問わず、性的刺激による外陰部膨張または膣の湿潤がほとんどない場合、および生殖器を愛撫された場合の性感覚が鈍化した場合も含む。生殖器以外を性的に刺激され、興奮を感じることはある」[Basson, Althof, et al., 2004]。

この障害だと診断された女性であっても、性的に刺激されて主観的に興奮することはあるが、生殖器の反応は著しく鈍く、オルガスムも感じない。収縮・膨張・湿潤はないか、ほとんどない。この機能障害の定義は、生殖器の充血や湿潤が、あまりないか、または、ほとんどないという女性の自己申告が基になっている [Basson, Althof, et al., 2004]。この診断は、自律神経に疾患があり、エストロゲンが欠乏して充血が見られない女性に対して下されることが多い [K. P. Jones, Kingsberg & Whipple, 2005]。

複合的性器・性的興奮障害

複合的性器・性的興奮障害の定義は、以下である。

「どのような性的刺激を受けても、性的興奮（性的な興奮と快楽）をまったく感じないか、ほとんど興奮しない症状、および生殖器への性的な刺激に対する興奮（収縮・膨張・湿潤）がまったくないか、ほとんどない症状」[Basson, Althof, et al., 2004]。

ＩＣＳＭは、女性の興奮障害としては、これがもっとも多く見られる症状だとする。また、性欲もないという女性もいる [K. P. Jones, Kingsberg & Whipple, 2005]。「性器興奮障害」とは、どのような性的刺激を受けても、主観的に興奮を感じない点が異なっている。

継続的性器興奮障害

継続的性器興奮障害の暫定的な定義は、以下である。「生殖器が自然発生的に興奮し、わずらわしく、不本意に感じるものである。性的な関心や性欲がなくても、うずく、ずきずきする、脈打つ感覚などの症状がある。通常は興奮していることを自覚し、必ずしも不愉快なわけではない。この興奮は一度以上のオルガスムを感じても収まらず、数時間あるいは数日間、継続する」[Basson, Althof, et al., 2004]。

この定義は暫定的なものであり、この障害はあまりにも理解されていないため、有病率や病因についてさらに調査する必要がある。それでも、かつてほど稀な病気だと受け止められなくなっている。

性嫌悪障害

性嫌悪障害の定義は、「性行為を予測、あるいは試みることに対する強い不安または嫌悪感」である。「臨床医の多くは、自律神経の活性化にともなう極度の不安・パニック症候群を恐怖反応の一形態と捉えている。しかし委員会は、性的な背景を持つ性的な反応であることから、性機能障害として含めて当然だとしている」[Basson, Althof, et al., 2004]。

オルガスム障害

多くの女性が、セックスだけではオルガスムを感じず、クリトリスや膣（Gスポット）への刺激を必要としている［Whipple & Brash-McGreer, 1997; N. A. Phillips, 2000］。そうだとすると、なかなかオルガスムを感じない女性は多いのだろう。女性のオルガスム障害は、次のように定義される。「性的にかなり興奮したと自己申告しても、どのような刺激からでもオルガスムを感じない場合、オルガスムの強さが著しく弱い場合、オルガスムを感じるのが著しく遅い場合である」［Basson, Althof, et al., 2004］。

無オルガスム症は、女性のおよそ二四〜三七％に関係する一般的な障害である［Rosen, 2000］。原発性オルガスム障害の場合、女性はどのような刺激を受けてもオルガスムを感じない。二次性オルガスム障害は、かつてはオルガスムを感じていたものの、その後、無オルガスム症になった、あるいはある一定の状況下に限って無オルガスム症になる場合をさす。ここから、二次性無オルガスム症は、一般型または状況型の二種類に分類される。状況型とは、たとえば、マスターベーションではオルガスムを感じる女性でも、パートナーとでは感じないという場合だ［K. P. Jones, Kingsberg & Whipple, 2005］。

最近、遺伝子的な要因がオルガスムの反応にわずかに関わっていることを示す証拠が発表された。英国で何組かの女性の双生児に「性の悩み」に関して質問をし、それを基に、一卵性双生児と二卵性双生児を比較した。研究者らは、「性交中にオルガスムを感じない」ことには、遺伝的要素が大きいと結論づけている［K. M. Dunn, Cherkas & Spector, 2005］。その根本に、どのようなメカニズムがあるのかは、まだ解明されていない。

ＩＣＳＭがオルガスム障害についての新たな定義を作成したのは、これまでの定義が、「かなり」あるいは「適度に」興奮するという基準を考慮しないことが多かったからだ。現在用いられている定義には、問題なく興奮する女性についての基準も含まれている。無オルガスム症は、当事者の女性がストレスを感じる場合に限って機能障害だとされる。

オルガスムは単純な反応にとどまらない。**反射**的な反応も要素ではあるが、感覚も要素の一つである。

感覚は、嘘偽りのない反応に必要な要素ではない。オルガスムは、さまざまな肉体的・精神的刺激によって引き起こされうる。生殖器を直接刺激することすら必須ではない。女性の精神的（想像によって感じる）オルガスムは、実験研究によって確認されている［Whipple, Ogden & Komisaruk, 1992; Komisaruk & Whipple, 2005］。

精神的な性の問題は、生来型のオルガスム障害を抱えている女性に影響を与えることが多い。生物学的には、年齢を重ねるにつれて、複数の病気を併発し、薬物の副作用が起きやすくなる［Plaut, Graziottin & Heaton, 2004］。

一九七〇年代、オルガスム障害の治療法として、小グループ形式によるものが広まった。「女性にオルガスムを経験させる」（一九七〇年代には、このような言い方がされた）ために、書籍やビデオが開発され、少人数の「オルガスム未経験グループ」で官能的な快感を体験する方法が共有されたのである［Barbach, 1975］。生来型のオルガスム障害を治療するために、女性にマスターベーションの方法が教えられた。メストンとハルら［Meston, Hull, et al., 2004］によると、「オルガスムを感じる女性と無オルガスム症の女性を分けるのは、心理的・社会的な要因のみだという一貫性のある実証的事実はない」。無オルガスム症の治療として、もっとも一般的なものは、認知行動的アプローチ、薬理的アプローチ、システム論的アプローチだ。メストン、ハルら［Meston, Hull, et al., 2004］は、「無オルガスム症の認知行動療法は、姿勢や性に関する考え方に変化を促し、不安を軽減し、オルガスム感覚を鋭敏にし、より満足することに重点を置いている」と指摘している。

女性のオルガスム障害に対処する行動療法としては、すでに述べているとおり、マスターベーションがある。バイブレーターを使う場合と使わない場合があるが、グループで行なっても、個人で行なっても効果があることがわかっている。マスターベーションではオルガスムを感じても、パートナーとでは感じない（感じたいとは思っている）女性の場合、カップル・セラピーが有効な場合がある。その前に、不安、コミュニケーション、信頼、これまでに抱えてきた問題を解決しておくことが必要だ。

その他、よく推奨されている行動療法としては、ケーゲル骨盤底筋体操がある。理学療法やバイオフィードバック法も、こうした療法を正しく行なうために役に立つ［Ladas, Whipple & Perry, 2005］。グレーバーとクライングレーバー［Graber and Kline-Graber, 1979］は、女性の骨盤筋とオルガスムを感じた際の反応の強さが比例することを発見した。レトロスペクティブ研究（被験者に質問をして、過去の出来事を思い出させる研究）を行なった結果、彼らは骨盤底筋が非常に弱い女性は無オルガスム症であることを確認している。

感覚集中療法は、マスターズとジョンソン［Masters and Johnson, 1970］が開発したもので、タッチング療法によって不安を軽減させるものである。心地よくて性的でないもの（たとえば頭部や顔のマッサージ）から、心地よくて性的なもの（生殖器の愛撫）に徐々に変えていくのである。こうした療法は、現在でも広く行なわれている。だが、メストンやハルら［Meston, Hull, et al., 2004］によると、こうした療法によってオルガスム反応が著しく改善したという報告はない。

医療関係者が無オルガスム症の女性に「とくに問題はないと請け合い」、役に立つ情報を提供すれば、それが最善の治療法となることがある。性的に満足するには必ずしもオルガスムが必須ではなく、セックスでオルガスムを感じなくても異常ではないと考えれば、オルガスムに関わる問題に注目するかどうかを検討する必要が出てくる。オルガスムを感じないことで女性が苦痛になるようなら、性に関わる問題として扱えばよい。オルガスムを感じるかどうかは本人次第だと、女性自身が納得することが重要である。オルガスムを感じることができても、オルガスムを感じさせてくれる人は自分以外にいないのである。快感を感じ、満足するかどうかは、女性自身が責任を負うべきことだ。ある実験では、**脊髄**を損傷した女性が参加することになり、この女性の性的反応についてさらに調べることになった〔Whipple, Gerdes & Komisaruk, 1996〕。この女性は負傷してからの二年間、オルガスムを感じたことがなかった。胸部から下を動かすことができず、感覚も失われているので、今後、オルガスムを感じることはありませんと、医療関係者に言われていたからだ。そのため、彼女自身も、どのような刺激でも試してみようとはしなかった。実験では、性的な刺激（生殖器および生殖器以外への刺激）を含めて、一二分間の実験を三度行なったところ、この女性は六度もオルガスムを経験したのである。

疼痛性障害（性交疼痛症と膣痙）

性交疼痛症とは、「部分的または完全な挿入時、もしくはペニスと膣の性交にともなう継続または繰り返し起きる痛み」である〔Basson, Althof, et al., 2004〕。ＩＣＳＭはこの定義を見直し、部分的な挿入時だけでなく、挿入中の痛みも含めることにした。全米保健社会生活調査によると、年間約一四％の女性が性交疼痛症で悩んでいると推定される〔Laumann, Paik & Rosen, 1999〕。中年期以降の女性の場合、性交疼痛障害の主な原因は萎縮性膣炎（細胞の消耗〔萎縮〕を原因とする膣の炎症）である。閉経したオランダ人女性の場合、調査の対象となった女性の二七％は、膣の乾燥、痛み、性交疼痛を訴えた〔Van Geelen, van de Weijer & Arnolds, 1996〕。

性交疼痛症には、心理学的要因や人間関係などが大きな影響を与えるが、これは女性の性機能不全のうち、唯一、器質的な要因が大きな原因となっている〔Anastasiadis et al., 2002〕。効果的な治療を行なうには、その性交疼痛症が生来型なのか、獲得型なのかを見極める必要がある。膣口性交疼痛症（膣へペニスを挿入するときの痛み）の原因は、通常、充分に興奮しないこと、前庭炎（膣の前庭部分の炎症）、外陰**ジストロフィー**（外陰部の異常）、**会陰部**手術、慢性骨盤痛、陰部神経痛などである。膣中部の痛みは、挙筋痛（肛門につながる骨盤底筋の痛み）が原因となることが多い。膣奥の痛みの原因としては、子宮内膜症、骨盤内炎症性疾患、骨盤精索静脈瘤（静脈瘤血管）、癒着、関連する腹痛、放射線治療によるもの、腹部皮神経の絞扼性神経障害などが考えられる［Plaut, Graziottin & Heaton, 2004］。

その他の疼痛性障害として、膣痙《ちつけい》（ヴァギニズム）がある。膣痙は、「女性が望んだとしても、ペニス、指、その他の物体が挿入される際に、継続的または繰り返し困難が生じること。（恐怖性）回避、骨盤筋の不随意な収縮、痛みの予測、恐怖、経験などをともなうことが多い。構造的な異常、その他身体的な異常を取り除くか、解消しなくてはならない」［Basson, Althof, et al., 2004］と定義されている。ＩＣＳＭがこの定義を見直したのは、これまで定義されていた膣痙が文書化されていなかったからだ。協議委員らは、不随意な収縮が起きる場合もあることを追記した。また、膣痙によって、通常、ペニス（またはその他の物体）が完全に挿入されることはなくなるが、膣への挿入は可能であり、不快感や痛みを引き起こすことを記載した［K. P. Jones, Kingsberg & Whipple, 2005］。膣痙は、セックス・セラピーに相談した女性の一五〜一七％を悩ませる障害である［Spector & Carey, 1990; Anastasiadis et al., 2002］。

性交疼痛症や膣痙に関する対照研究は、ほとんどない。そうした機能不全のある女性に対しては、性的な痛みについての多領域的アプローチを行なうのがよい。その際、痛みを感じた経験、感情的あるいは心理的な側面、生殖器切除や性的虐待を受けた経験、粘膜や骨盤底の検査などに留意することが必要だ［Basson, Althof, et al., 2004］。生殖器の検査を行なう際は、配慮を怠らず、痛みを感じる部分について本人と常にコミュニケーションを取りながら進めるべきだ。膣鏡を使った検診が難しい場合や、不可能な場合もあるからだ。

膣エストロゲンや膣潤滑剤を用いれば、膣が萎縮した女性でも、挿入時により大きな快感を得ることができる。萎縮性膣炎や子宮内膜症などの症状の治療にとどまらず、性的な疼痛障害に苦しむ女性には、心理カウンセリングや学びなどが役に立つ場合がある。漸進的筋弛緩法を教えたり、膣拡張器を使用するなどが役に立つこともある。膣に挿入できるようになることを治療目的とする医療関係者は多いが、われわれは、女性本人とパートナーが性的な喜びを得ることの方が基準として望ましいと考えている。

第6章　オルガスムに影響する疾患

性欲を阻害する病状には多くのものがあり、たとえば以下などである［Whipple & Brash-McGreer, 1997; N. A. Phillips, 2000; K. P. Jones et al., 2005］。

（1）頭部外傷、多発性硬化症、精神運動発作、脊髄損傷、脳卒中などの神経疾患。
（2）高血圧、心血管疾患、白血病、鎌状赤血球病などの血管障害。
（3）糖尿病、肝炎、腎臓病などの内分泌疾患。
（4）ガン、退行性疾患、肺病などの衰弱性の疾患。
（5）不安、うつ病などの精神疾患。
（6）過活動膀胱、腹圧性尿失禁などの泌尿生殖器疾患。

本章では、オルガスムに関わる問題の原因となることの多い主要な病気に注目する。一般的に、脳や脊髄、それらに関わる神経に影響するような疾病・負傷・手術であれば、性機能障害を招く可能性がある。さらに、精神的・身体的症状を治療するために用いられる医薬品の多くも性的反応に影響する。生物学的要因と心理的・社会的要因は相互に関連しており、原因を特定できないことが多い。性に関わる問題は、男性にも女性にも起こりうる点に留意することが重要で、慢性疾患や能力の低下の有無、あるいは医学上の問題があるかどうかはまったく関係がない［Whipple & Brash-McGreer, 1997］。

1……糖尿病

男性の場合、糖尿病はずっと性に関わる問題がついてまわるものだと考えられている。ペルシアの哲学者・物理学者・科学者であったアビセンナ（九八〇〜一〇三七年）は、「性機能の衰弱」は糖尿病の合併症だと述べた最初の人物だ。一九〇六年まで、「インポテンツ」は糖尿病の主な症状の一つであると報告されていた［Macfarlane et al., 1977］。一九〇〇年代の初期以降、西洋では性に関する話題がタブーとなり、米国では第二次世界大戦終結後まで、糖尿病と性的能力との関連性は口に出すのもはばかられていた。当時の医師は、糖尿病患者どうしの婚姻や妊娠は避けるべきで、インポテンツは気にしない方がよい、と助言していたほどである［Enzlin, Mathieu & Demytteanere, 2003］。

糖尿病を患う女性の性に関わる問題は、一九二一年にインスリンが発見されるまで取り上げられることもなかった。このとき、インスリンの投与を受けた女性は健康を取り戻し、妊娠も可能になった。それ以降、糖尿病が性に及ぼす影響については、女性よりも男性に関する研究の方が数多く行なわれている。

勃起不全（ＥＤ）は、男性の糖尿病患者に共通する症状で、糖尿病でない男性より五〜一〇年早くＥＤになることがわかっている［American Diabetes Association, 2001］。男性の糖尿病患者のＥＤ有病率は二七〜七一％だと報告されている［Schiavi, Stimmel, et al., 1993］。微細血管（微小血管）あるいは大血管疾患の症状として勃起不全となる場合がある［Maurice, 1999］。オランダでは、神経系の要因によってＥＤが起きるかどうかが研究された［Bemelmans et al., 1994］。この研究の被験者として三つのグループが設定された。糖尿病でＥＤの男性二七人、糖尿病でＥＤでない男性三〇人、糖尿病ではないがＥＤである男性一〇二人だ。神経生理学的評価として、体性神経と自律神経の機能評価がある。この評価は、後脛骨と外陰部の神経、球海綿体筋の**反射**、尿道／肛門の反射における体性感覚誘発電位の潜在時間を測定（神経インパルスの伝達率を測定）して行なう。この研究の結果、糖尿病でＥＤの男性には、感覚性ニューロパシー（神経疾患）の発症率が高い傾向があることがわかった（統計的に有意なほどではなかった）。これに該当する男性に、陰茎海綿体にも作用する薬理試験を行なったところ、血管性ＥＤ（血管に由来するＥＤ）の可能性があることがわかった。三つの群の間に、内分泌（ホルモン）の差異はなかった。著者らは、尿生殖器感覚性ニューロパシーは糖尿病性ＥＤの一因となり、血管障害はその次に重要であるようだと結論づけた。また、糖尿病を充分に管理しなければ、糖尿病性ＥＤにつながることも示された。

「マサチューセッツ男性加齢研究」（ＭＭＡＳ：Massachusetts Male Aging Study）では、糖尿病治療をしたことのある男性の方が、同じ年齢層の糖尿病でない男性よりもＥＤ率が三倍も高いという結果が出た［Feldman, Goldstein, et al. 1994］。糖尿病である男性のＥＤ有病率は年齢とともに高くなり、二〇〜二九歳では九％だが、七〇歳以上では九五％にまで上がる［Vinik & Richardson, 1998］。またこの有病率は、糖尿病を患っている期間、不充分な管理、糖尿病の合併症（大血管疾患、微細血管疾患、ニューロパシーなど）が増えるにつれて高くなる［Fedele et al., 1998］。

スキアーヴィやスティメルら［Schiavi, Stimmel, et al. 1993］は、糖尿病以外の病気に罹患しておらず、糖尿病治療薬を服薬している男性四〇人を調査し、同じ年齢層の糖尿病ではない男性の対照群と比較した。その結果、糖尿病である男性の方が性に関わる問題が多かった（統計的に有意なほどではなかった）。たとえば、セックスやマスターベーションの際のＥＤ、性欲障害、性交の減少、早漏、性的満足の減退などである。

ホスホジエステラーゼ5型（PDE－5）阻害剤（バイアグラなど）を用いた糖尿病EDの治療は、非糖尿病EDほどの効果はない。だが、PDE－5阻害剤は経口で服用でき、使い勝手がよいため、糖尿病EDの患者にもこの治療法が広く行なわれている。ゴールドスタインやヤングら［Goldstein, Young, et al., 2003］は、新たなPDE－5阻害剤であるバルデナフィル（レビトラ）の治験を、糖尿病のED患者で行なった。バルデナフィルはPDE－5阻害剤に選択的に作用し、生物科学的には、バイアグラのようなシルデナフィルタイプの医薬品よりも効果がある。試験管でも、動物実験、人体実験でも、そういう結果が得られている。彼らはバルデナフィルが勃起機能を大幅に改善することを明らかにした。偽薬と比較すると挿入がうまくいき、性交もできたのである。耐容性もよく、副作用も頭痛や顔面の紅潮、鼻づまり（鼻炎）といった軽度のものだけだった。

オルガスムを感じ、射精するのは、通常は勃起しなくても可能だ。糖尿病の男性八〇人を対象にした調査では、二七人がEDを、二五人が性欲減退を報告したが、オルガスム障害を報告したのはわずか五人だった［Jensen, 1981］。この五人のうち、三人は早漏で、二人は遅漏だった。糖尿病の男性は**逆行性射精**となることが多い［Faerman, Jadzinsky & Podolsky, 1980］。これは糖尿病神経障害によって、膀胱括約筋が機能不全となるためである。

糖尿病を患う女性の性機能に関する研究は、ほとんど存在しない。かつて、糖尿病で入院していた女性一二五人と、糖尿病ではない入院患者の女性一〇〇人を対照群として比較した研究が行なわれた。年齢は一八～四二歳だった［Kolodny, 1971］。糖尿病の女性の三五％はオルガスムを感じなかったが、そのうちの多数（九一％）がそれまでにオルガスムを感じたことがあった。これに対し、糖尿病ではないグループで無オルガスム症だったのは六％だけで、かつ、この女性たちは一度もオルガスムを経験したことがなかった。無オルガスム症と糖尿病には関連性が見られたが、年齢、糖尿病の罹患期間、神経障害の程度との関連性はなかった。

この研究では、被験者の糖尿病の種類が明記されていなかった。糖尿病には、インスリン依存型（Ｉ型）と非インスリン依存型（Ⅱ型）という二つの型がある。女性を対象にした以下の研究では、この二つが区別されている。

シュライナー・エンゲルは、一九八三年、糖尿病の型によって女性の性機能に及ぼす影響が異なることを発表した。Ⅱ型の女性は、Ｉ型の女性や比較対照群の女性よりも性機能に関わる問題を多く報告している。この違いは、病気の原因が細胞レベルで異なっているということでは説明がつかない。彼は、高年齢になってからⅡ型の糖尿病になった女性は、生活のさまざまな面で起きる変化をなかなか受け入れることができないことも示している。たとえば性生活における変化などである。

Ｉ型患者の女性四二人を対象にした「構成的インタビュー研究」（自由回答の質問を行なう個別インタビュー）を、対照群（糖尿病ではないグループ）および一九八六年にスウェーデンで行なわれた全国セックス調査の結果と比較したところ、女性のＩ型患者のうち二六％が性欲を減退させ、二二％が膣が湿らなくなり、一〇％がオルガスムを感じなくなったことがわかった［Hulter, Berne & Lundberg, 1998］。女性のＩ型患者のうち、性機能障害となったのは全部で四〇％だった。糖尿病や神経疾患でない年齢層を合わせた比較対照群のうち、何らかの性機能障害を報告したのはわずか七％だけである。

女性糖尿病患者の膣潤滑については、二つの精神心理学的研究が発表されている。一つは、対照群と比べても違いはないとし［Slob et al, 1990］、もう一つは、対照群と比べた場合、糖尿病の女性患者は官能的な刺激を受けても生理的に興奮することはかなり少ないとした［Wincze, Albert & Bansal, 1993］。

女性のＩ型患者を対象にした前記の研究では、Ｉ型患者の外陰部の性感度が主観的に機能不全となるケースは、比較対照群よりかなり多かった［Hulter, Berne & Lundberg, 1998］。また、両手およびクリトリスで測定をした結果、I型の女性は対照群よりも、振動を徐々に強め、それを感じ始めたときの振動レベルがかなり高いこともわかった（鈍いということである）。その他、I型の女性の性機能不全に関連して、便秘、足の発汗の減少、失禁があることがわかった。この研究者らは、多発性神経障害（自律神経系の複合障害）が、女性の糖尿病患者に性機能障害を引き起こす重要なメカニズムであることを示すものだと結論づけた。

糖尿病の女性に起こりうる合併症としては、微小血管や大血管の損傷がある。このため、クリトリスやその他の勃起組織への血流が減少することがある。この分野に関しては、さらなる研究が必要であることは間違いない。

2……多発性硬化症

多発性硬化症（MS）は、若年層に一番多い慢性の神経疾患で、慢性あるいは再発性の神経系に関わる能力の低下を引き起こす。研究者の多くは、MSを自己免疫疾患であるとしている。北米やカナダでは、一〇万人のうち三〇～八〇人が発症するが、これに比べ、日本、アジア地域、アフリカでは五人程度である。ゆっくりと進行する（長期に及ぶ）うちに、神経機能の障害が広範囲にわたって起きる。たとえば、神経伝達細胞、知覚神経、歩行の異常、膀胱機能、腸機能、性機能の障害などである［Noble, 1996］。

MSの男性のうち、二六～七五％が勃起に問題を抱えており、その有病率は年齢、MSの罹患期間、症状の程度などによって異なる［Goldstein, Siroky, et al., 1982; Minderhoud et al., 1984］。さらに、勃起に問題があるかないかにかかわらず、オルガスムや早漏などの射精に関わる問題も報告されている［Schover et al., 1988］。

ステネイジャーら［Stenager et al. 1990］は、ＭＳのスウェーデン人男性五二人のうち三三人に性に関わる問題があったことを報告した。具体的には、ＥＤ、早漏、ペニスで感じる刺激の変化、性欲減退、オルガスム障害である。こうした変化が気になると答えたのは、性行為や性的反応が変わったと回答したうちの四五％にすぎなかった。

これとは別に、三八一人のＭＳ患者（男性一四四人：平均年齢四七歳、女性二三七人：平均年齢四四歳）とＭＳ患者ではない個人二九一人（男性一〇一人：平均年齢五一歳、女性一九〇人：平均年齢四四歳）を対象にした研究がある［McCabe. 2002］。ＭＳ患者ではない男性と比べた場合、ＭＳ患者の男性には、早漏、射精の失敗、性に対する無関心、勃起不全、マスターベーションが困難、興奮を感じない、または興奮しないなどが非常に多かった。ＭＳ患者の女性と患者以外で大きく異なっていたのは、マスターベーションで感じるレベルや、興奮を感じない、または興奮しないという点だけだった。回答者全員について、性的な満足感と人間関係の満足感が強く関連しあっていることがわかった。しかし、性に関わる悩みと人間関係の不満が関連していたのはＭＳ患者の女性だけで、他の対象者ではこの関連性は見られなかった。

しかし、ここに述べた結果が、世界に共通するというわけではない。バレット［Barrett. 1999］は、勃起やオルガスムに悩む男性の文章を引用している。

「私たちは、うまくいくかもしれないが、ダメかもしれないと思いながらベッドに入る。私は、セックスに対する違和感を感じるようになっていた。これ以上ない、すばらしい経験になるかもしれないのに。どうすれば強い快感を感じることができるのかはわかっている。だが、その方法について妻と話すことはない。妻はいつも、私の失敗を自分のせいだと思ってしまう。妻は、私の状態を心配してくれるのだが、よけいに気落ちしてしまう。そして、自然な流れでセックスしようという気持ちを失いつつある」。

ハルターとルンドバーグ［Hulter and Lundberg. 1995］は、ＭＳが進行すると、女性の性機能が変化することを報告している。MSが進行した女性四七人のうち、患っている間は、その六〇%が性欲減退、三六%が膣液の減少、四〇%がオルガスムを感じなくなったと報告した。六二%が生殖器のあたりで感じなくなったとし、七七%が骨盤筋が弱くなったとした。その他の研究を改めて検討すると、女性のMS患者のうち二九〜八六%がセックスへの関心がなくなったとし、四三〜六二%が感じないようになった、一二〜四〇%が膣が乾く、六〜四〇%が**性交疼痛症**、二四〜五八%がオルガスムを感じないようになったことがわかった［Ghezzi, 1999］。性に関わる問題は、初期や軽度のMSでも起きることがある［Lundberg, 1981］。

MS患者の性機能障害は、膀胱機能障害や大腸機能障害と関連性がある［Lundberg, 1981; Ghezzi, 1999］。また、橋病変（小脳と脳の他の部分とをつなぐ脳幹部分の病変）にも関係することがMRI（磁気共鳴画像法）スキャンによりわかっている［Zivadinov et al., 2003］。MRIで撮像された脳幹部分の病変は、無オルガスム症の事例に関してとくに重要なようだ［Barak et al., 1996］。

MS患者の女性一四人の場合、オルガスムを感じづらい、または感じないという報告は、皮質誘発電位（外陰部神経に電気的刺激を加えた反応で、大脳皮質の神経反応を測定する）に異常があるか、電位が生じない点に大きく関わる［Yang et al., 2000］。この反応は、クリトリスから脳に至る感覚経路に問題があることを示唆している［Yang et al., 2000; DasGupta, Kanabar & Fowler, 2002］。ルンドバーグ［Lundberg, 2005］は、膣前壁（**Gスポット**）にもっと刺激を加えて、この不足分を補うようMS患者の女性に勧めている。

MSによる性機能障害に悩む女性にシルデナフィルの効果を確認する実験を行ない、著者らは、神経性の性機能障害の女性患者すべてに有効である可能性は低いとした［DasGupta et al., 2004］。

3……パーキンソン病

パーキンソン病（ＰＤ）は、高齢になるにしたがって増えていく神経疾患で、脳のドーパミン産生細胞（**ドーパミン作動性**細胞）が失われるのが特徴だ。五〇代、六〇代で発症する例がもっとも多いが、年齢に関係なく起こりうる。研究者の多くは、ＰＤは毒性あるいは感染性の環境物質が原因ではないかと推測するが、決定的な証拠は得られていない。一八一七年にジェームズ・パーキンソン氏が紹介した典型的な症状は、現在でも診断の基準となっている［Noble, 1996］。一般的な症状はふるえで、手を膝に置いたときが多い。筋肉の硬直もよくある症状だ。末端部（手首など）や近位（肩など）を動かそうとすると、動かす過程のどの時点においても伸ばしたり、縮めたりしにくくなる。その他、動き始めるのが遅い（動作緩慢）、一つの動作で完結しない（運動機能低下）、反応するまでに時間がかかるなどで、とくにあらかじめ考えていた動作をする際に起きがちである。認知に時間がかかるというレベルから、明らかな認知症まで、神経や心理学的な異常はとくに高齢者ではっきり確認できる。ＰＤ患者には、うつの症状が頻繁に現れる［Noble, 1996］。

健康な被験者に比べ、表面の微妙な質感の違いを見分ける力は、ＰＤ患者では著しく劣る［Weder et al. 2000］。実験用ラットのＰＤと「知覚欠如」症候群はよく似ている。「知覚欠如」症は、外側視床下部で細胞含有ドーパミンの経路を切断すると起きる。この症候群の特徴は、体性感覚刺激にうまく反応できないことだ［Marshall, Turner & Teitelbaum, 1971］。

同年代の対照被験者と比べた場合、ＰＤ患者には明らかに膀胱障害・大腸障害・性機能障害が見られた［Sakakibara et al. 2001］。ある研究によれば、より重いＰＤ患者の方が性機能障害の割合が高いというわけではなかった［Koller et al. 1990］。研究対象となった女性の八〇%は、ＰＤだと診断される前と比べて性交為の回数が減ったという。著者らは、ＰＤ患者の女性の七一%で性的関心が弱くなり、六二%で性欲が減退したことも示している。さらに、膣が乾くとした女性は三八%に上り、無オルガスム症の回答も同程度にあった。若年層の女性を対象にした結果でも、同様の結果が得られた［Wermuth & Stenager, 1995］。

ブロナーら［Bronner et al. 2004］は、ＰＤ患者七五人（女性三二人、男性四三人）について、発病前後の性機能について調査した。女性からは、興奮しにくくなった（八八%）、オルガスムを感じなくなった（七五%）、性欲が薄れた（五七%）、性的な満足を感じなくなった（六五%）などが報告された。男性からは、勃起障害（六八%）、性的な満足を感じなくなった（六五%）、早漏（四一%）、オルガスムを感じなくなった（四〇%）が報告された。男性の二三%と女性の二二%で、発病前に抱えていた性機能障害と罹患中のセックスレスに関連性が見られた。

ドーパミン**作動薬**はドーパミン産生細胞の効果を再現あるいは増幅させるもので、これを治療に用いると性機能が改善する場合がある。一例として、ウイッティら［Uitti et al. 1989］は、五五歳の未婚で処女だった女性のケースを報告している。この女性はＰＤだと診断された直後から、ドーパミン作動薬であるレボドパとカルビドパを、それぞれ五〇〇ミリグラム、五〇ミリグラムずつ組み合わせて毎日服用するようになった。「彼女は、自分の生殖器に執着するようになった。仰向けになって、性交中であるかのように腰をリズミカルに上下に動かすようになった。生殖器を隠さずにすることもあった。服用量を減らすと、この性的な執着は徐々に薄れていった」。

ＰＤかつ勃起不全の男性一〇人を対象にした実験で、被験者は五〇〜一〇〇ミリグラムのシルデナフィル（バイアグラ）を受け取り、二か月を越える期間で八回の性行為をするときに服用した。男性たちは、性的に満足し、性欲・勃起能力・勃起持続に関して全般的に状況が改善し、オルガスムを感じたと報告している［Zesiewicz, Heilal & Hauser, 2001］。だが、これは「**非盲検**」**試験**で、研究者と被験者の両方がどの医薬品を服用するのかわかっていた。研究者も被験者もどの医薬品（または偽薬）を服用するのか、最後に明かされるまでわからないという、**二重盲検**とは異なる。こちらの方法であれば、評価を検証する際にバイアスを排除することができる。ツェシヴィッチとヘイラル、ハウザーは、実験で用いた医薬品の効果と比較するために、別のグループに偽薬を投与したのかどうかを報告していない。

第7章　年齢とオルガスムは関係するのか？

1……いくつになっても、セックスを楽しむことができる

高齢者であっても、適度に健康で、相互に関心を持ち合うパートナーがいれば、かなりの高齢になっても性的関係を楽しむことができるはずだ［Scura & Whipple, 1995］。

しかしながら、セックスを楽しむことは無理だ、関心がないはずだなど、高齢者に対する烙印、虚像、マイナスの社会的イメージは、高齢者自身にも受け入れられてしまっている［Woods, 1984］。高齢者自身が社会のイメージを受け入れているため、性欲を感じたりセックスをしてしまったりすると、自分は「いやらしいジイさん」であり「いやらしいバアさん」だと思ってしまうことがある［Whipple & Scura, 1989］。だが、性に関心を持ち続ける高齢の市民として、自分自身をもっと適切に受け止めるべきであり、周囲の人びともそうするべきである。

ブリックとルンキスト［Brick and Lunquist, 2003］は、中高年の男女を対象にした性教育のワークブック

を作成し、すばらしい提案を行なっている。彼らは、性的関心と後半の人生について、次の八つの原則を示した。

（1）性的関心は、肯定的で人生を前向きにとらえる力である。
（2）高齢者は尊敬されるべきである。
（3）高齢者が性的な言葉に嫌悪感を持たないかどうかは、個人によって異なる。
（4）高齢者には、性に関して再び前向きになるようなストーリーを描く力がある。
（5）高齢者には、共有し、学びあうべき「教訓」がたくさんある。
（6）高齢者が新たな発見をするために、正確で詳細な情報と資料を与えられるべきである。
（7）ゲイ、レズビアン、バイセクシュアル、トランスジェンダーの人びとの存在が認識されるべきである。
（8）期待に応じて臨機応変に行動することは、健全な個人、健全な性の基本である。

これまでの研究から、人生後半の性生活を予測するのに総合的に最適な指標は、中年期にどの程度の性行為を行なうかであることが明らかになっている［Knowlton, 2000］。性的関心と年齢に関する研究の多くは、オルガスムを明確に取り上げていない。デナースタインら［Dennerstein et al., 1999］は、中年期の女性の性機能に何が影響を与えるのかについて調査を行なった。被験者はオーストラリア生まれの女性四二八人で、調査開始時には四五〜五五歳だった。六年間にわたって、毎年、評価が行なわれた。この研究者らは、（調査を行なっていた期間が）長期化するにつれて、大きく減少した要素がいくつかあったと報告している。たとえば、パートナーを求める感情、出産に対する義務感、セックスの回数、性欲だ。その一方、膣の乾燥、性交疼痛症（性交中に感じる膣の痛み）、パートナー側の問題など、調査期間で大幅に増加した要素もあった。

中年期以降の男性一〇八五人を対象にした「マサチューセッツ男性加齢研究」（ＭＭＡＳ）によるデータを分析したところ、九年間にわたり、あらゆる性機能が経時的に大きく変化していることがわかった。ただし、マスターベーションによる射精回数は例外で、変化は見られなかった［Araujo, Mohr & McKinlay, 2004］。もっとも多かったのは、年齢とともに性機能が低下したというものだ。たとえば性行為の回数は、四〇代の男性では月に一回、五〇代で月に二回、六〇代で月に三回も減っている。月ごとの勃起の回数は、四〇代、五〇代、六〇代で、それぞれ三回、九回、一三回も減っている。この研究では、オルガスムの回数については言及していないが、多くの男性は射精とオルガスムを同じものだと見なしているようだ。

2……高齢者の調査で明らかになったこと

全米退職者協会（ＡＡＲＰ）が、性的な態度や性行動について一九九九年に行なった調査によると、夫に先立たれる女性の割合は、六〇〜七四歳で五〇％、それ以上高齢になると八〇％だった。一方、七五歳以上で独り身の男性は、わずか二〇％にすぎなかった［Jacoby, 1999］。高齢の女性は、パートナーがいないために、性的な発言や行為などが妨げられている可能性がある。パートナーを失った女性の多くは、親しみを込めたキスやハグがないことを残念だと考えている。

もう一つ、この調査で明らかになったのは、高齢になるにつれて病気が増え、慢性疾患が進行する結果、性機能に悪影響が及ぶ場合がある点だ。医薬品による治療を受けると、多くの場合、性機能に弊害がもたらされる。高齢者は、処方薬や一般薬の最大の消費者である［Jacoby, 1999］。すなわち、多剤治療（複数の医薬品を使用すること）を行なうために、この年齢層の性機能に有害な効果がもたらされているおそれがある。

調査に応じた人びとは、晩年の性行為に影響を与えうる心理的・社会的な問題についても報告している。退職すると、自分の役割や家計の状況が変わり、年齢のせいで何かを失い変化することに不安や落ち込みを感じ、晩年の性に関する個人的・宗教的・道徳的な信念などのすべてが、性機能に影響を及ぼす［Jacoby, 1999］。

二〇〇四年、四五歳以上の成人一六八三人を対象にして行なわれたＡＡＲＰ調査では、性的関心や生活の質に影響を与えるような態度やその他の要因について調査された［Jacoby, 2005］。その結果、性的能力を増進させるために治療を受けた男性の数が、先の調査から二倍に増えたことがわかった。一九九九年には一〇％だったが、二〇〇五年には二二％になっていたのである。こうした男性の大半（六九％）は、治療によって性的な満足感が増したと回答している。女性は年齢層に関係なく、パートナーが医薬品を使ったことで自分たちの性的満足感も増したと報告している。

ＡＡＲＰの二〇〇四年の調査の結果からわかった重要な点は、精力増進剤は性欲には効果がないということである。薬を使用していた男性の四二％は使用を止め、その約半分は効果がなかったと回答している［Jacoby, 2005］。こうした医薬品（たとえばシルデナフィル〔バイアグラ〕）の有効性は、性的に興奮しているかどうかによって変わる。この医薬品は、興奮することによってペニスに放出される**神経伝達物質**の効果を増大させ、勃起を強化するからだ。性的に興奮しなければ、こうした神経伝達物質は放出されず、強化されるはずの環境が整っていないということになる。この場合、薬が勃起の役に立つことはない。また、こうした医薬品は性機能に影響を及ぼすような感情面での問題には効果がない。したがって、人間関係に関わる潜在的な問題が大きく影響し、薬が効かないという結果を招くことになる。

二〇〇四年に行なわれた研究では、一九九九年の調査に比べて、三割ほど多くの女性がマスターベーションをしていると報告している。二〇〇四年には四五～四九歳の女性の約半分、七〇歳以上の女性の約二割がマスターベーションをしていると報告した。「大半の女性は、七〇歳を超えた女性でも、自分を性的に刺激することは、年齢を問わず、性的快感を得るために重要だとＡＡＲＰに話している」[Jacoby, 2005]。満たされた性的関係があるという回答は、四五歳以上の五六％から寄せられたが、それがもっとも重要なわけではない。「気力、健康、友人や家族との親密な関係、安定した生活、精神的な満足、パートナーとのよい関係はすべて、性的なつながりを充実させることよりも重要だった」[Jacoby, 2005]。パートナーのいる男女の大半（六三％）が、性生活に関して「とても満足」あるいは「まあまあ満足」だと答えている。別の研究では、近年、セックスを満足させるものとして、女性は次の三つを挙げている。セックスの前にパートナーと気持ちを通い合わせること、セックスの後に親密さを感じること、愛されていると感じること [Ellison, 2000] である。

3……女性における年齢とオルガスム

複数の研究から、女性は加齢によって閉経した後、多くて五〇％の人にある共通した性的な変化があったことがわかった [Sherwin, 1993; Bachmann, 1995]。レバインは、これを次のようにまとめている [Levine, 1998]。

（1）膣液の分泌に時間がかかるようになった。
（2）女性あるいは男性が、性交の際に痛みを感じるほど膣液が減った。

（３）外陰部、クリトリス、胸、乳首などを刺激されても、性的な反応が弱くなった。
（４）それまでは愛撫されると性的に興奮していたが、愛撫に集中できなくなった。
（５）性欲の減退、または心地よくなるためには、パートナーとのセックスやマスターベーションが必要だと思わなくなった。
（６）性的な想像や執着をしなくなった。

バッハマンとレイブラムは、閉経に関する研究で、加齢とともにオルガスムが継続しなくなり、強度が減ることがあるとしている［Bachmann and Leiblum, 2004］。膣の乾燥は性交疼痛症の原因となり、高齢の女性に共通して見られる症状である。これは、時間をかけて女性を興奮させ、市販の水溶性潤滑剤を使うなどすれば治癒しうる。局部用の膣エストロゲンを、クリーム、リング、坐薬などで使えば、性交疼痛症を軽減することができる。

閉経に関わる内分泌腺の原理はよくわかっていない。通常の月経周期と閉経との境目では、卵巣で個々のホルモンが生成される割合は減少する。エストロゲン、エストラジオールとエストロンの生成は、それぞれ約八五％、五八％も減少する。卵巣で生成されるアンドロゲン、アンドロステンジオンとテストステロンは、それぞれ約六七％、二九％が減少する。プロゲステロンは激減で、九九％も減少する［Longcope, Jaffee & Griffing, 1981; Levine, 1998］。

卵巣ホルモンの生成が年齢によって減少する結果としては、主に、骨盤の血流の減少がある。女性は六〇代になると、陰毛が薄く、硬くなり、大陰唇、小陰唇、クリトリスのふくらみがなくなり、性的に興奮しても陰唇の色が変化しなくなる［Masters & Johnson, 1966］。膣表面が平坦になり、厚みがなくなる。膣の奥行きも浅くなり、膣壁も弾力を失う。生化学的にも酸性度が低くなり、膣内細菌叢が変化する。子宮も思春期以前の大きさに戻る。六〇歳になってもオルガスムを感じれば膣は収縮するが、直腸は閉経前の女性のように収縮することはないようだ。こうした変化に共通する症状として、外陰部痛（外陰部の慢性的な痛みで焼ける感じ、突き刺すような痛み、炎症など）、性交疼痛症、性交後の出血、性交後の尿路感染、膣炎がある［Levine, 1998］。

4……男性における年齢とオルガスム

四〇～五〇歳の男性は、一般的に性欲が減退し、勃起が弱くなる。ＥＤ治療を始める年代としては、五〇代後半が多い［Levine, 1998］。スキアーヴィやシュライナー・エンゲルら［Schiavi, Schreiner-Engel, et al., 1990］は、四五～五四歳と五五～六五歳の男性が夜に勃起する頻度が減り、持続する時間が短くなることを指摘している。この研究によれば、この年代の生殖機能は低下する。六〇歳では、勃起に自信を持てない人は三〇％に上る［Feldman, Goldstein, et al., 1994］。四〇～七〇歳の男性一二九〇人を対象に、ＥＤについて調べたところ、完全な機能不全が一〇％、どちらかというと機能不全としたのが二五％、機能不全はほとんどないとしたのが一七％だった［Mulhall & Goldstein, 1996］。

老いた男性にとっての利点として報告されたものの一つは、人生で初めて射精をコントロールできたということだ。その他の利点としては、確実に硬く勃起するわけではないかもしれないが、性交には充分だという点だ。おそらく、大きくならない結果、異性同士のカップルであれば膣の摩擦が減少し、膣液もそれほど必要としないだろう［Levine, 1998］。

ウィップルは報告書を要約し、老いとともに男性に起きうる変化について、次のように説明している［Whipple, 2005］。

（1）ペニスを勃起させるにはより時間がかかり、今まで以上に直接的に刺激する必要がある。
（2）勃起しても、以前ほど硬くならない。
（3）精液の量が減り、射精の勢いもなくなる。
（4）以前ほど射精したいと思わなくなる。
（5）不応期（射精後、性的刺激に反応しない時間）が長くなる。

テストステロン量は、朝が一番多い。朝のセックスは、別の時間帯よりも望ましいとする研究者もいる[Levy, 2002]。テストステロンがこれに関わっているのか、あるいは、一日のリズムを左右したり、性欲に影響を与えたりする生理的な要因の一つにすぎないのかは不明である（副腎コルチコイド・ホルモンも、朝が一番多い）。

医薬品の中には、高齢の男性に効くものがある。バイアグラ、シアリス、レビトラなどが処方されることが多いが、これらにしても万能薬というわけではない。このうちのどれかを試してみた男性の約半数が一年後には服用をやめてしまう。問題は、医薬品の効果についての情報が不充分なこと、パートナーとのコミュニケーションが充分でないことである[Goldstein, 2002]。ウィップルは、パートナーが男性の診療に付き添って治療法を一緒に選択すれば、その治療法に従う気になるのではないかと報告している[Whipple, 2002, 2002a]。

5……高齢層に増加しているＨＩＶ感染

多くの社会で、高齢者はセックスに関心がなく、ＨＩＶ／エイズに感染する危険はないと考えられている。通常は、血液バンクが設定する年齢制限のせいで献血できないため、その際にＨＩＶ検査を受けることもできない［Scura & Whipple, 1995］。さらに、高齢者は、自分たちの行為によってＨＩＶに感染することはないと考えがちだ。コンドームを使う高齢者がほとんどいないのは、避妊について考えていないからだ。

じつは、米国では、エイズ陽性の診断を受けているのは、二四歳以下よりも五〇歳以上の方が多いのである。一九九一年には、米国のエイズ患者の一〇％以上が五〇歳以上だった［Centers for Disease Control, 1991］。二〇〇三年になると、ＨＩＶの診断を受けた人の二三％が四五歳以上で、エイズ診断を受けたこの年齢層の三〇％は、異性間のセックスで感染していた［Gottesman, 2005］。

6……性の喜びを得ることは、高齢者にも若者と同じくらい多数ある

では、高齢者が健全な性を維持するには、どうしたらよいのだろうか。ウォーキングと同じで、セックスはマラソン選手のようなスタミナを必要としない。とはいえ、ある程度の健康は必要である。原則は「使わなければ、ダメになる」である。生理的なメカニズムは明らかでないが、セックスレスが長期化するとＥＤになるようだ。閉経後も性的な行為に積極的な女性（パートナーとであれ、自分一人であれ）は、積極的でない女性よりも膣液を多く分泌し、膣組織も弾力がある。また、バランスがよく、脂肪分を控えた食事をし、適度に運動することも効果がある。健康は自己イメージをよくし、気力も上がる。喫煙者の男性は、そうでない男性よりもＥＤになりやすい。さらに、喫煙者は動脈硬化になるリスクも増える。動脈硬化になると血流が減るため、ＥＤや膣液の減少も招く。慢性的にアルコールを摂取したり薬物を乱用したりすると、ＥＤに関わる精神的・神経的な問題の原因となる。肝臓障害がある場合はとくにそうであ

る〔Whipple, 2005〕。

高齢者のカップルを対象に行なった性欲に関するインタビューを基に、ウィップルは、男性も女性も若い頃に比べて、性的に興奮するまでに時間がかかることを発見した〔Whipple, 2005〕。高齢者のカップルは、もっと前戯をする方がよく、愛撫や抱擁、キスなど（アウターセックス）（膣への挿入のない性的な刺激）で性欲が満たされることを理解する必要がある。病気であったり、疲れていたりすると、カップルの一方あるいは双方の性的反応が悪くなり、アルコールや鎮痛剤その他の薬物を摂取すると性欲が減退し、官能的に振る舞えなくなることも認識しておくべきだ。

性の喜びを得るためにできることは、高齢者にとっても、若者の場合と同じく多数ある。マスターベーション、夢想、「アウターセックス」は、そうしたものの一つなのである。

第8章 オルガスムをめぐる快感と満足

1……「目標指向型」と「快楽指向型」

オルガスムとは、性的なコミュニケーションの究極のゴールなのだろうか？

答えは、ノーである。すべての人がそう考えるわけではないだろう。われわれは、性欲と性に関わる表現行為を包括的なものとして捉えている。これは、オルガスムを究極のゴールとしないアプローチである。

文化的に見ると、かつて、セックスは子づくりのためだという考え方が支配的だった。現在は、多くの社会で、セックスは子づくりのためだけにあるのではなく、喜びであり、身体的・精神的な健康であり、満足を得るものだという考え方に変わっている。性欲を持ち、快感を味わうことは、生活の質の向上であり、一人ひとりの成長であり、充実感を与えるものとなりうる［Whipple & Gick, 1980］。性欲を包括的なものとして捉える場合、その対象は存在全体であって、単に生殖器とその機能を指すのではない。性欲は、人を成り立たせるあらゆる本質を含んでいる。生物的・心理的・感情的・社会的・文化的・精神的なものまで、すべての本質なのである。すべての人に、自らの性欲をこうしたあらゆる側面において表現する力がある。その際、必ずしも生殖器に結びつけなくてもよいのである［Whipple, 1987］。

性的な表現には、一般的に二つの考え方がある［Timmers, Sinclair & James, 1976］。もっとも浸透しているものは、性欲を直線的で「目標指向型」と捉える考え方である。いわば、階段を上るようなものだ。階段の一段目は、触れることである。キス、愛撫がこれに続く。異性カップルの場合は、膣とペニスが接触し、性交がその後に来る。最上段はオルガスムである。セックスがオルガスムで終わらなければ、一方あるいは双方ともに満足しないだろう［Whipple, 1987］。

もう一つの考え方は、「快楽指向型」であり、円のイメージである。円の周辺にあるそれぞれの表現方法は、それ自体で完結するものとされる。キス、手をつなぐ、愛撫、オーラルセックス、その他のテクニックがそれぞれで完結し、本人あるいはカップルにとって、それだけで満足のいくものとなる。型どおりに言えば（ステレオタイプによる限界は認めるが）、男性は目標指向型で、女性は快楽指向型の傾向がある［Whipple, 1987］。

2……「快感」と「満足」は異なる

歴史的に、満足感が、性機能や性機能障害の診断基準とされてこなかったことは、念頭に置いておくべきである。一九九八年、女性の性欲に関わる多領域の専門家が世界中から集まり、ある分類体系案を作成した。この案は、米国精神医学会の『精神疾患の診断・統計マニュアル（DSM－Ⅳ）』［American Psychiatric Association, 1994］、世界保健機関の『疾病及び関連保健問題の国際統計分類（ICD－10）』［World Health Organization, 1992］の枠組みを基礎としながらも、それにとどまらないものだった。この専門家グループは、

『女性の性機能不全に関する分類（ＣＣＦＳＤ）』［Basson, Berman, et al. 2000］を完成させた。従来の分類に比べてはるかに優れていたが（器質的な機能不全、心因性の機能不全、個人的な悩みを取り入れ、その他の分類方法に見られていた異性愛的な偏見を排除した）、このＣＣＦＳＤにも重大な欠点がある。主なものは、「満足度」が結果の評価基準とされていないことである。一九九八年、多領域にわたる専門家がこれを含めるよう提言したにもかかわらず、である。

二〇〇一年発行の『ジャーナル・オブ・セックス・アンド・マリタル・セラピー（セックス・セラピーと結婚セラピー・ジャーナル）』特別号に掲載された三七の解説で多くの専門家が指摘したとおり、ＣＣＦＳＤの問題点は、性機能の三段階パターンに基づいていることである。この三段階パターンは広く用いられているものだが、性欲、興奮、オルガスム（この順序である）という男性的な直線モデルを基礎としている。だがこれでは、女性の性的な経験を表現できない場合がある。女性は、性欲がなくても性的に興奮し、オルガスムを感じ、満足したり、オルガスムに至らなくても性欲を感じ、興奮し、満足したりすることがあるからだ。性的には満たされたものの、性的反応モデルの直線的な段階を踏んでいないからとして、その女性が性機能障害だとされるべきではない［Sugrue & Whipple, 2001］。

女性に寄りそい、女性の性についての悩みに関わる医療関係者の多くが、女性の性行為は、オルガスムに至る／至らない、膣液を分泌する／しないという以上に、はるかに複雑だと報告している。女性の性行為には、自尊心、身体的な表現、人間関係、快感、満足感、その他の多くの変数が関わっている。医療を提供する側もそれを利用する側も、女性には多様な性欲と性的な快感があることを認識しておくべきだろう［Whipple, 2002b］。

スグルーとウィップルは、女性の性行為を生物社会学的に理解し、女性の性欲を「治療要」とせず、女性の――男性のではなく――性行為を反映させた分類体系を作り上げた［Sugrue & Whipple, 2001］。

・オルガスムを感じるかどうかに関係なく、快感を感じ、満足することができる。
・性的な喜びを感じ、満足したいという願望あるいは感受性がある。
・痛みや不快感を感じることなく、身体が刺激（充血）に反応する。
・適切な状況であれば、オルガスムを感じることができる。

これらや、これらとよく似た記述が正常な性機能の特徴だとみなされれば、いずれかが欠けたり、異なっていたりすれば、性的に満足しないということになる［Sugrue & Whipple, 2001; Whipple, 2002b］。男性の中には、快感や満足感が重要で、そのためには、必ずしもオルガスムを感じなくてもよいとする人もいる［Whipple, 2002b］。

二〇〇三年にパリで開催された「第二回 勃起不全・性機能不全に関する国際会議」（その後「性機能に関する国際会議」に改称）を基にした報告の一つは、次のようなことを述べている。「女性の性行為には、興味、そうしたいという思い、興奮、オルガスム、性行為の喜び、その後の満足感といったことが含まれている」［S. R. Davis, Guay, et al., 2004］。このように、性的関係においては快感と満足感が重要であるという点が徐々に認識され、受け入れられつつあるようだ。

第9章 いかなる神経の働きによって、オルガスムに達するのか?

脊椎動物が進化するにともなって、二つの総合的なシステムが発達した。一つは、短時間で情報を伝達する神経系であり、もう一つは、伝達には時間がかかるが、長期(一生涯のこともある)にわたる情報伝達のための内分泌系である。どちらのシステムも化学信号を利用する。神経系は**神経伝達物質**と**神経修飾物質**を、内分泌系はホルモンである。本章では神経系を取り上げる。

向精神薬は神経系に影響を及ぼすため、これを服用することによって、オルガスムの発現に神経伝達物質がどのような役割を果たしているのかがわかってきた。神経系の働きを理解することが、オルガスムと調合薬その他の薬物の相互作用を理解する鍵である。

1……細胞と神経伝達物質

神経伝達物質を合成するのは、**中枢神経系**(CNS。脳や**脊髄**など)のニューロン(神経細胞。**細胞体**と、「**軸索**」と呼ばれる神経細胞から突起して長く伸びていく**神経線維**)と、中枢神経系の外にある神経節(神経細胞体の集合体）である。神経節の例として、**自律神経系**がある。これは「不随意」神経系とも呼ばれ、内臓を刺激し（内臓に軸索を伸ばすなど）、心拍や血圧、胃液分泌、発汗、エピネフリン（アドレナリン）分泌などをコントロールする。

神経伝達物質が機能する範囲は、かなり特定されており、限定的である。心臓に軸索を伸ばす神経節性のニューロンは、心筋細胞に神経伝達物質を送るが、肝細胞には送らない。同様に、脳内で大脳皮質ニューロンに軸索を伸ばす視床ニューロンは、皮質ニューロンの働きを調整するが、脳の他の部分にあるニューロンの働きは調整しない。このように限定的にしか伝達しないのは、神経回路の「配線」によるだけではなく、化学信号（神経伝達物質）の範囲が限られているせいでもある。

神経伝達物質は、ニューロンからニューロンへと伝達される化学的な情報伝達物質で、ニューロンの軸索の末端から、「シナプス」と呼ばれる特殊な構造へ放出される。シナプスとは、情報伝達をするニューロンとニューロンの間にある、極小の空間のことである。シナプスの反対側にある受け手側には、神経経路上にある次のニューロンがあり、シナプスに放出された神経伝達物質に反応して活発に作用したり、抑制的に作用したりする［Bloom, 2001］。

ニューロンは、シナプスを経由して情報を伝え、また受け取る。ニューロンが興奮したり、一瞬で活性化したりすると、軸索上のニューロンから軸索末端に電気刺激（「活動電位」）が送られる。通常、こうした電気刺激が近接する細胞に伝わることはなく、その代わり、軸索末端からシナプスに化学物質（神経伝達物質）が放出される。「シナプス前細胞」から放出された神経伝達物質の分子は、シナプスの反対側にある受け手側の「シナプス後細胞」を、刺激あるいは抑制する。これは主に、シナプス後細胞にあるアンテナ状繊維（樹状突起）という**受容体**か、シナプス後細胞の細胞体に直接働きかける神経伝達物質の効果として起きる。特殊な非シナプス性の結合部を通って非神経細胞に神経伝達物質を放出する軸索もある。

こうして、筋細胞を収縮させる、唾液腺から分泌させるといったことが起きるのである［Davenport, 1991］。

活動電位は「興奮分泌連関」と呼ばれるプロセスを経て、化学信号に変換される。神経伝達物質は、通常、アミン（エピネフリンやセロトニン）やアミノ酸（グリシンやＧＡＢＡ）のような小さな分子である。これらの分子は微細なシナプス小胞の軸索末端に蓄えられる。軸索が活性化すると（電気化学的なインパルスを帯びるなど）、小胞が軸索末端の細胞膜と結合し、ニューロンの外側に向かって開き、蓄えていた中身――大量の神経伝達物質――をシナプスに放出する。放出された神経伝達物質は、特定の受容体、すなわちシナプス後細胞の特定の位置に存在する複合タンパク構造体を見つけて、結合する［Kenakin, Bond & Bonner, 1992］。神経伝達物質が、シナプス後細胞の細胞膜にある特定の受容体に結合すると、そのニューロンでは急速な化学反応が起きる。これによって、シナプス後細胞に新たな神経インパルスが発生するか、生化学的な変化が連続して起きる。この変化によって、受ける刺激に対して、シナプス後細胞がどの程度興奮するか、反応するかが変わってくる。どれくらいの間反応するのかは、一定ではない（神経伝達物質は、活動電位を刺激あるいは抑制し、ニューロンを活性化させ、神経修飾物質は、神経伝達物質に対するニューロンの反応を変化させるものである）［Girault & Greengard, 1999］。

神経伝達物質は「ファースト・メッセンジャー」とも呼ばれている。ファースト・メッセンジャーが、シナプス後細胞の細胞膜にある受容体と結合すると、この化学結合によって別の物質である「セカンド・メッセンジャー」が活性化される。結果としてこの活性が起きるには、以下の四つの分子が順次関わることが必要となる。四つとは、（1）神経伝達物質（ファースト・メッセンジャー）、（2）特定の神経伝達物質の受容体、（3）「膜結合性タンパク質」（Gタンパク質）、（4）シナプス後細胞にある酵素（セカンド・メッセンジャーを合成する）である。特徴的なセカンド・メッセンジャーとしては、環状ヌクレオチドである環状ＡＭＰ（ｃＡＭＰ）と環状ＧＭＰ（ｃＧＭＰ）がある。

セカンド・メッセンジャーは、細胞に連続した変化をもたらす。変化が起きるには、別のタンパク質をリン酸化（リン酸塩を加える）する「キナーゼ」という酵素が関わる。リン酸化反応が起きると、ニューロンで起きるさまざまなプロセスも変化する。たとえば、細胞膜におけるイオン（「イオン束」）の動きが変化する、細胞の遺伝構造（ゲノム）が特定のタンパク質（酵素、受容体）の合成速度を変化させるなどだ［Girault & Greengard, 1999］。「興奮」性神経伝達物質（グルタミン酸塩）はシナプス後細胞を刺激して、活動電位の発生速度を早める。一方、「抑制」性神経伝達物質（グリシンとＧＡＢＡ）は、その発生速度を遅くする。その他の神経伝達物質（エピネフリン、セロトニン、ドーパミン）は、シナプス後細胞を興奮あるいは抑制させる。どちらに機能するかは、どの神経系に放出されるかによって異なる。矛盾した効果――同じ化学物質が正反対の働きをする――が起きるのは、神経伝達物質がさまざまな受容体に結合するからだ。それぞれの受容体は、生成されるセカンド・メッセンジャーのレスポンス・メカニズム（あるいは「エフェクター」メカニズム）との関係によって、受け取った情報を異なる方法で解釈するのである。

ニューロンが情報を伝達するのは、別のシナプス後細胞にだけではない。自らの神経伝達物質が自己の細胞膜上にある「自己受容体」に働きかけるなど、自らの活動を調整することもある。その細胞自身の神経伝達物質によって活性化される場合、自己受容体が引き起こす反応は、シナプス前細胞のどの細胞膜に存在するかによって異なってくる。細胞本体や樹状突起（細胞体樹状突起自己受容体）の細胞膜に存在する場合は、ニューロンの発火頻度が下がるという反応になり、軸索末端（軸索自己受容体）の細胞膜に存在する場合は、末端から放出される神経伝達物質が抑制される。

2……受容体と神経伝達物質、そして医薬品による影響

神経系に存在することが特定された神経伝達物質と神経修飾物質の数は、三〇年間で激増した。現在、五〇は下らないと考えられている。神経伝達物質が働きかける受容体は、それ以上に増えている［J. R. Cooper, Bloom & Roth, 2003］。神経伝達物質は、一種類の受容体だけに働きかけるわけではない。すべての神経伝達物質に、明らかに独特な受容体のサブタイプと結合する能力が備わっている。その中には、二つの受容体サブタイプとしか結合しないものがある。抑制神経伝達物質のグリシンがそのタイプだが、一方、セロトニンやノルエピネフリンなど一〇を超える受容体サブタイプに働きかける。向精神薬が作用する部位にも受容体が存在する。

神経伝達物質が、複数の異なる受容体サブタイプを活性化させられるとしても、神経伝達物質と受容体との相互作用はきわめて特定的である。薬理学の祖の一人パウル・エールリヒは、薬物と受容体の相互作用を、鍵と錠の関係に比較して見せた。受容体が、自身と結合する**リガンド**（リガンドとは、受容体と結合する物質——神経伝達物質あるいは薬剤——を指す一般的な用語）を特定的に選択することを譬えて見せたのである。鍵の形状が少しでも異なれば錠を開けることができないように、リガンドの化学構造がわずかに異なるだけでも、受容体を活性化させることはできないのである。

リガンドの構造が変化しても、受容体と結合する場合もある。だが、結合によって起きるはずのその後の一連の細胞変化は起こらない。そうした場合、リガンドは、受容体遮断薬（あるいは受容体**拮抗薬**）として機能する。通常の神経伝達物質の効果を発生させず、活性化したその他の神経伝達物質の分子が、その受容体に結合することを妨げるということである。先ほどの譬えを用いれば、鍵が壊れ、錠の中で引っ

かかったようなものだ。壊れていない鍵を差し込んでも、錠を開けることができないようにしてしまったのである。受容体遮断薬が壊れた鍵というわけである。

神経伝達物質は、さまざまな受容体サブタイプの錠を開けるマスターキーのようなものだ。医薬品は、いくつかの受容体サブタイプに効く神経伝達物質の機能を再現することができるが、それ以外の受容体サブタイプには効果がない。薬理学研究にとってとくに有益なのは、一つの受容体サブタイプにだけ神経伝達物質の機能を再現するもの（特定作用薬）か、特定の受容体サブタイプに作用する神経伝達物質の機能を選択的に遮断するもの（特定拮抗薬）である。こうした医薬品は合鍵のようなもので、いくつもある受容体サブタイプの一つにだけ作用するのである［Neubig & Thomsen, 1989］。

神経系の化学伝達には、複数の神経伝達物質が使われ、それぞれが複数の受容体サブタイプに作用する。スタールによると、この結果、選択され、増幅されるのだという［Stahl, 1999］。たとえば、セロトニン受容体群（「群」とは、特定の神経伝達物質に結合する一連の受容体サブタイプを指す）は、神経伝達物質の一つであるセロトニンだけに反応するが、セロトニンの受容体サブタイプは豊富に存在するため、受容体の情報伝達が増幅されることになる。神経伝達物質は、シナプス後細胞に近接し、明確に区切られた間隙に放出される。通常、そのシナプス後細胞には特定の受容体のサブタイプが一つか二つしかなく、生理学的な状況では、特定の神経伝達物質に対応するすべての受容体が同時に活性化することは、まずない。

これは、血液に医薬品が投与された場合と対照的だ（全身に投与された場合など）。この場合、ほぼすべての神経伝達物質の受容体のサブタイプ群が、例外なく、かつ同時に医薬品にさらされることになる。たとえば、一部の抗うつ剤はシナプスからの**再取り込み**を妨害するため、すべてのシナプスでセロトニン濃度が高くなる（通常の変化では、神経伝達物質を放出したニューロンが再取り込みをするため、神経伝達物質の分子は、その一部がシナプスから除去される。取り込まれなかった分子は、酵素によって破壊される）。このような状況では、ほぼすべてのセロトニンの受容体サブタイプが活性化され、生物学的な反応に関わることがある（再取り込み阻害については後述する）。望ましい効果――抗うつ効果など――をもたらす特定の受容体サブタイプを区別して特定するには、特定の作用薬や拮抗薬を使い、目的の効果をもたらす受容体サブタイプを特定する研究が必要になる。

医薬品の効用を分析するのは、さらに複雑だ。すでに述べたように、神経伝達物質は異なるサブタイプに反応して、正反対の効果をもたらすこともあるからだ。興奮させるにしろ、抑制するにしろ、細胞内部の化学経路によって反応が異なる。このように、どの神経伝達物質に反応するかによって分類されるだけでなく、受容体は、リガンド開口型イオンチャネル受容体か、Gタンパク質結合型受容体のどちらかの「スーパーファミリー」に割り当てられる。どちらも神経細胞膜に存在しているが、構造と作用メカニズムが異なるのである。

リガンド開口型イオンチャネル受容体はタンパク質であり、イオン――帯電分子――が通過する細胞膜上の小孔（イオンチャネル）を囲んでいる。これらの受容体が長いタンパク質の鎖となり、バッグの持ち手のように、イオンチャネルを囲む細胞膜を貫く――あるいは輪をかける――ように見えることから、「膜貫通」タンパク質と呼ばれている。この膜貫通タンパク質は、受容体である。リガンドがこの受容体と結合すると、タンパク質を変形させ、イオンチャネルを大きくも小さくもし、特定のイオン（K^+，Na^+，Ca^{2+}，Cl^-など）を細胞に出入りさせたり、させなかったりする。このように、これらの受容体の役割は、チャネルを経由したイオンの輸送を調整（開閉）することだ。細胞内外にこうしたさまざまなイオンが常に集合していれば、細胞は、信号（シナプス入力）を受けたときに対応することができるのである。

このスーパーファミリーの受容体は、イオンチャネルの周囲に五つの特別なタンパク質領域を持つ。チャネルは短時間（一〇〇〇分の数秒）で開閉し、イオンは細胞膜上のチャネルを通過して出入りする。また、細胞の興奮度は瞬時に変わる。

Ｇタンパク質結合型受容体には、七つの膜貫通領域がある。これが円形に並んで中心的な核となり、ここで神経伝達物質が結合する。このファミリーに属する受容体は、すべて酵素に働きかけてセカンド・メッセンジャー（ｃＡＭＰを形成するアデニル酸シクラーゼ酵素など）を作り出すＧタンパク質に結合する。これらの受容体は「代謝調節型受容体」とも呼ばれ、リガンド開口型イオンチャネル受容体よりも作用の効果が現れるまでに時間がかかる（数秒から数分かかることもある）。Ｇタンパク質結合型受容体が活性化すると、一連の細胞変化が起きる。この変化は、ゲノム効果や非ゲノム効果などのさまざまな過程に関わり、影響を及ぼす。これらの経時変化はすべて異なっている［Nestler & Duman, 1998］。

神経伝達物質には、両方の受容体に作用するものもある。たとえば、アセチルコリンは「ニコチン」性受容体と呼ばれるリガンド開口型イオンチャネル受容体にも、「ムスカリン」性受容体と呼ばれるＧタンパク質結合型受容体にも作用する。セロトニンは、一四種の受容体サブタイプに作用するが、そのうちの一三種類はさまざまなＧタンパク質受容体で、残る一つは５－ＨＴ３受容体だ。この受容体は、K^+が細胞膜を透過するチャネルを開閉させる（セロトニンの化学名は５ヒドロキシトリプタミンであり、略して「５－ＨＴ」）。

医薬品が、一種類の受容体サブタイプにだけ作用することは、ほとんどない。一つの受容体ファミリーにだけ作用することも稀で、通常は複数の受容体に作用する。たとえば、「特異な」抗精神病薬であるクロザピンは、少なくとも九種類の受容体に作用するため、これの生物学的な効果と特定の受容体の作用を関連づけるのは難しい。そのため、研究者はさまざまな医薬品から得られた結果を比較して、特定の受容体が一定の作用をもたらす際に果たしている機能とを結びつけるしかない。

精神病治療に用いる向精神薬が有効か否かは、神経伝達物質によって活性化される脳内受容体に作用するかどうかにかかっている。神経伝達物質（内因性リガンド）の効果を受容体に再現する医薬品（外因性リガンド）は「**作動薬**」という。モルヒネはアヘンの作動薬であり、アヘン剤受容体と結合して強力な鎮痛効果をもたらす。脳は、アヘンに似た独特の化学物質――エンドルフィン（内因性モルヒネに由来する）――を作り出す。もともとは内因性物質と定義され、モルヒネと同じ薬理学的な性質がある。

その他の物質もアヘン剤受容体と結合するが、行動反応につながる一連の変化を引き起こすことはない。そのため、そうした物体はアヘン拮抗薬といい、アヘン作動薬から受容体を守る役割を果たす。拮抗薬は医療で広く利用されている。その一例は、ヒスタミンの反応を阻害する医薬品だ（ヒスタミン受容体遮断薬または抗ヒスタミン剤）。これには、花粉やほこりなどのアレルギー物質が引き起こす厄介な症状を和らげる効果がある。

3……神経作用を調整すると、オルガスムにどのような影響を与えるのか？

オルガスムは、特定の作動薬や拮抗薬の影響を受ける。たとえば、ブスピロンは、セロトニン1A受容体に作用する作動薬で、オルガスムをはじめとして、人間のいくつかの性的反応を促す［Norden, 1994］。ヨヒンビンは、アルファ2型アドレナリン受容体のサブタイプの拮抗薬だ。これは、**アドレナリン作動性ニューロン**（ノルエピネフリンを合成して活用するニューロン。この神経伝達物質にちなんでノルアドレナリンともいう）のシナプス前末端にあり、これらの自己受容体に作用するノルエピネフリンの抑制機能を遮断する。抑制機能を遮断する結果、ヨヒンビンは、ニューロンのノルエピネフリン放出を増やす。これには、催淫効果がある［E. Hollander & McCarley, 1992］。

多くの場合、医薬品は、受容体に直接作用するのとは別のメカニズムによって性的反応に影響を及ぼす。

たとえば、アンフェタミン（オルガスムの発現を促すという報告がある）は、神経末端からドーパミンを放出する［Kall, 1992］。したがって、クロルプロマジンやハロペリドールといったドーパミン受容体拮抗薬（「精神安定剤」）に、オルガスムも含めたさまざまな性的反応を弱める副作用があるのも、もっともなことである［Shen & Sata, 1990］。

男女どちらのオルガスムにも影響を及ぼす多くの医薬品は、シナプスに存在する神経伝達物質の分子の数に影響するか、神経伝達物質がシナプスに長くとどまるようにする。こうした医薬品は酵素を分解するか、再取り込みすることによって、神経伝達物質の働きを止めるという一般的な生化学プロセスを妨げる。神経伝達物質の分解酵素は通常、限られた対象にしか効果がない――すなわち、ある特定の分子だけを分解し、他の分子は分解しない。たとえば、モノアミン酸化酵素はノルエピネフリンやセロトニン、ドーパミンといったモノアミンだけを分解する。こうした分解酵素を阻害する医薬品は、シナプスの神経伝達物質を作用させ続けることによって、シナプス後細胞に変化をもたらし、間接的に影響を与える。

神経伝達物質の機能に影響を及ぼすもう一つの医薬品群は、特定の再取り込み阻害剤である。モノアミンなどいくつかの神経伝達物質は、シナプスに放出されるとすぐ元のニューロンに戻り、いずれ再度活用されることになる。シナプスから神経伝達物質が取り除かれて、その作用を終わらせるのが、この再取り込みのプロセスなのである。再取り込みのプロセスでは、一連の変化が生じる。たとえば、神経伝達物質は、エネルギーを供給する酵素の働きによって細胞膜上の運搬体タンパク質と結合する。この運搬体タンパク質が、その神経伝達物質をシナプス前細胞に戻す。神経伝達物質と運搬体タンパク質との結合を妨げる医薬品は、シナプスに神経伝達物質を長時間滞在させたままにすることで、その神経伝達物質の効果を増幅させるのである。まさしくこのメカニズムによって、選択的セロトニン再取り込み阻害剤（ＳＳＲＩｓ）が抗うつ作用を発揮し、無オルガスム症を引き起こすのである［Mitchell & Popkin, 1983］。

性的反応を強める娯楽用の麻薬の一部には、セロトニン以外の神経伝達物質の再取り込みを阻害するものもある。たとえば、コカインはドーパミンの再取り込みを妨げるため、シナプス後ドーパミン受容体に長く作用し続ける [N. S. Miller & Gold, 1988]。ドーパミン受容体の中でも、D2受容体に分類されるものを活性化させると、社交的になる、性行動が活発になる、性的刺激に対する情動的反応が強くなると思わせるような精神状態がもたらされる。

性的反応に影響するそれ以外の医薬品は、神経伝達物質そのものではなく、セカンド・メッセンジャーを長く作用させる。シルデナフィル（バイアグラ）は、セカンド・メッセンジャーであるｃＧＭＰの効果を長引かせることによって、ペニスの勃起を促す。ｃＧＭＰは、神経伝達物質である一酸化窒素の働きによって生成され、シルデナフィルは、ｃＧＭＰを分解するホスホジエステラーゼ５型酵素の作用を阻害するのである [Boolell et al., 1996]。

第10章　オルガスムを左右する神経化学物質

射精を導くための神経伝達物質のいくつかは、多くの脊椎動物において化学的に類似している。進化という点から見れば、大きく変化することなく残っているということだろう。

種にかかわらず射精に不可欠なのは、二つの神経伝達物質、ドーパミンとセロトニンのようである。この二つの物質は、人間の男性と女性のオルガスムや、動物のオスとメスの性行動を調整しているようでもある。

1……性行動の〝引き金〟となるドーパミン

人間だけでなく、すべての哺乳類・爬虫類・鳥類のオスの性行為を促すドーパミン

ドーパミンには、男性に性行為を促す機能があるが、人間だけではなく、他の哺乳類・爬虫類・鳥類についても同じである。げっ歯類▼の場合、ドーパミン作動性緊張が増すと、性的興奮や射精が促されるとい

う証拠が数多くある［Melis & Argiolas, 1995］。実際、ドーパミンを介して効果がもたらされる医薬品は、性行動にも効果的であることが、ドーパミンが神経伝達物質であるとわかるよりも前、すなわち、ノルエピネフリンの前駆体でしかないと考えられていた頃から示されていた。

ソウライラックとソウライラックは、一九五七年、アンフェタミン（その後、ドーパミンを分泌することがわかった薬物）が、オスのラットの射精を促すことを報告した［Soulairac & Soulairac, 1957］。射精に必要なピストン運動の回数は三三％減少したが、射精回数は三〇％も増えたのだ。ドーパミン作動性緊張の増加によって、射精が促されることが繰り返し確認されたのである。射精に至るまでの挿入の回数（膣にペニスを挿入するピストン運動の回数）は、射精の「しきい値」［射精するのに、もっとも少ないピストン運動の回数］を示すものだが、ドーパミン前駆体、**作動薬**、ドーパミン分泌物質、ドーパミン**再取り込み**阻害物質などが多いと、このしきい値が低くなることがわかっている（こうした物質には、Dアンフェタミン、アポモルヒネ、ペルゴリド、N－nプロピル・ノルアポモルヒネ、リスリド、LY163502などがある）。

オスのラットの性行動からドーパミンが果たす役割を研究しようという動きは、パーキンソン病の患者にドーパミン前駆体であるLドーパを投与したところ、勃起や性行動につながったという報告に端を発する［Bowers, Van Woert & Davis, 1971］。その数年後、この確かな「催淫」効果がラットで確認された［Tagliamonte, Fratta & Gessa, 1974］。

しかしメスの場合、ドーパミンは性行動に対して、正反対の二つの作用をすることがわかった。薬理学実験によって、ドーパミンは女性の性的興奮やオルガスムを促す効果があることがわかっている［Uitti et

▼**げっ歯類**　物をかじるのに適した歯と顎を特徴とし、現在の哺乳類でもっとも繁栄している。リス、ネズミ、ヤマアラシなど。

al. 1989; Shen & Sata, 1990]。ところがメスのラットの場合、ドーパミン作動薬は、発情行動（交尾）にさまざまに影響を及ぼすのである。ドーパミンを減少させたり、ドーパミンの効果を中和させたりする薬物に関する報告から、ドーパミンには主にラットのロードシス（臀部が上がって膣が開き、ペニスの挿入を促す）を抑制する効果があることがわかったのである。だが、性行為をあまり受け入れないメスのラットに少量のドーパミン作動薬を投与すると、ロードシス行為を促す効果があるとした研究者もいる［概要については、Melis & Argiolas, 1995 を参照のこと］。

これらの明らかな矛盾は、ドーパミン作動性の刺激が、ラットに二つの異なる影響をもたらすことから理解できる。すなわち、運動感覚を刺激すること、そして感覚刺激に対する感度を鋭くすることだ。交尾の際、オスのラットが乗駕▼している間、メスは脊椎を反ってじっとしている。挿入が終わると、メスはオスからすばやく離れる［Komisaruk & Diakow, 1973］。発情期のメスの特徴は、懸命に走り回ることであるため、走り回ろうとする性質と、じっとしていようとする性質とが、激しく対立することになる。おそらくこの対立が、突然走り出し、突然止まるというメスの交尾の特徴となって現れるのだろう［Komisaruk, 1971］。動き回るように刺激するというドーパミンの効用を阻害する薬品を投与すると、交尾できるように強制的にメスをじっとさせるという交尾反応が強化される［Everitt, Fuxe & Hokfelt, 1974; Herndon et al., 1978］。逆に、ドーパミン作動薬は運動を促すため、オスが乗駕できるようにメスがじっとすることはなくなり、交尾が妨げられる［Caggiula et al., 1979］。

その一方、ドーパミン作動性の刺激を受けると感覚刺激に敏感に反応するようにもなり、ドーパミン系を阻害すると「知覚欠如」の症状が見られるという実験結果と矛盾しない［Marshall, Turner & Teitelbaum, 1971］。このように、ドーパミン作動性の刺激に対する反応は、運動性が高まるのと感覚が敏感になるという二つの効果のバランスが、個体によって異なることに左右されるようだ。感覚の敏感さが、運動反応よりも強く現れると、オスの乗駕によって刺激を受けたメスはじっとするという交尾反応が強くなる。あるいは、運動刺激が強ければ、メスはオスが乗駕できるようにじっとしてはいない。こうした正反対の効果から、メスの場合、ドーパミンがどのように効果を及ぼすのか予測がつかないことが説明できる。

ドーパミン作動薬が、人間の男性とオスのラットの性行動に及ぼす作用については、それぞれの結果が類似していることから、人間とラットの神経系と神経回路が似ていることが推測できる。これは、核と脳のつながりという点で、哺乳類のドーパミン作動系の構造がよく似ているという観察結果と一致する[Bjorklund & Lindvall, 1984]。

げっ歯類のオスの性行動を基礎づける神経伝達物質については、さまざまな方法で研究が進められてきた。たとえば、下部神経の異なる部位を破壊（損傷）する、脳の特定の部位に作動薬や拮抗薬を注入する、眠っていない動物の脳に局所的に放出され、短時間で変化する微弱な神経伝達物質を、パルス・ボルタンメトリーや微小透析といった最新の手法によって測定するなどだ［論評としては、Mas et al., 1990; Pleim et al., 1990; Melis & Argiolas, 1995 を参照］。

ドーパミンが性行動に及ぼす影響を調整する脳構造

ラットを使った研究によって、ドーパミンが性行動に及ぼす影響を調整する脳構造が、部分的に明らかになった。

D1、D2作動薬であるアポモルヒネの混合物を、前脳の内側視索前野に注入すると、射精の回数が増え、交尾するラットが四〇％も増えた。アポモルヒネを、脳の別の部分——側坐核または線条体（被殻と

▼乗駕　動物の交尾行為で、オスがメスの背後から乗ること。

尾状核が存在する脳の皮質領域）の別の部分――に注入しても、効果は見られなかった。ハロペリドールのようなドーパミン**受容体**の拮抗薬を内側視索前野に注入すると、挿入と射精の回数が五〇％も減るという逆の効果が現れた［Melis & Argiolas, 1995］。交尾中のラットの場合、微小透析やクロノアンペロメトリーによって、内側視索前野でドーパミン作用が活性化していることが検知されている。クロノアンペロメトリーとは、行為中に脳のいくつかの領域に分泌される特定の神経伝達物質の量と、その経時変化を測定する高感度の手法である［A. G. Phillips, Pfaus & Blaha, 1991］。ラットの内側視索前野に、アポモルヒネを注入すると勃起する［Melis & Argiolas, 1993］が、線条体や側坐核といった前脳のその他の部位に注入しても勃起しない。一方、交尾中のオスのラットの側坐核では、内因性ドーパミンが大きく活性化したことが観察された。研究者は、交尾による報酬効果と、中脳辺縁経路から側坐核に放出されたドーパミンによって調整された射精に関連していると解釈している［Pleim et al., 1990; A. G. Phillips, Pfaus & Blaha, 1991］。

ドーパミンは、射精を促し、性的満足をもたらす神経作用に関わるだけでなく、ラットでも人間でも勃起を促し、実際に勃起させる。こうした効果があるのは、Ｄ２受容体が介在するからである。混合物（Ｄ１－Ｄ２）あるいはＤ２作動薬（アポモルヒネ、ブロモクリプチン、リスリドなど）を全身投与すると、勃起が促されるが、Ｄ１作動薬だけではこの効果は生じない。去勢したオスでは勃起が起きないことから、アポモルヒネのようなドーパミンの作動薬を使って勃起させるには、アンドロゲンを投与する必要がある。とはいえ、テストステロン（男性ホルモンの一種）や、その他の二種類のステロイドホルモン（エストラジオールとジヒドロテストステロン）の混合物を投与すれば、再び勃起するようになる［Melis, Mauri & Argiolas, 1994］。

Ｄ２シナプス後受容体は、ドーパミンの作動薬に反応して勃起を促すが、これが存在するのは内側視索前野と**視床下部室傍核**である［Buijs et al., 1984; Lindvall, Bjorklund & Skagerberg, 1984］。

視床下部室傍核へと伸びるドーパミンの軸索は、Ａ－14ドーパミン作動性細胞群と呼ばれるニューロンの集合体から出ており、不確帯視床下部回路を構成する。ラットの場合、この軸索は前脳領域（視床腹部）から出て視床下部に伸びている。視床下部室傍核では、Ｄ２受容体はオキシトシン合成ニューロンに存在している［Buijs et al. 1984; Lindvall, Bjorklund & Skagerberg, 1984］。

こうしたデータから、オスのラットの場合、ドーパミンには性行動に関して三つの重要な機能があり、解剖学的に特異なドーパミン作動系で機能しているらしいということがわかった。

一つ目の機能は、勃起には、オキシトシン系につながる不確帯視床下部にあるドーパミン作動性成分（前脳視床腹部に存在する）が影響するようだということ。

二つ目は、射精のしきい値、射精潜時［挿入から射精までの時間］、射精後挿入間隔［射精後、次の射精に至る挿入までにかかる時間］など、交尾行動のいくつかの要素を、内側視索前野が調整していること。

三つ目は、中脳腹側被蓋領域（Ａ10領域）から側坐核や辺縁皮質への投射が、射精の報酬効果と関連している可能性があるということだ。

ドーパミンが男性のオルガスムや射精に関わっていることには、充分な根拠があるものの、解明が必要な点も残っている。たとえば、霊長類以下を対象にした研究から、内側視索前野はオスの性行動に不可欠であることを示す有力な証拠が得られている。内側視索領域が損傷すると、オスのラットは交尾行動を取らない［Larsson & Ahlenius, 1999］。この領域にアンドロゲンを注入すると、去勢したラットでも交尾行動を取るようになる［Maralí, Larsson & Beyer, 1977; E. R. Smith, Damassa & Davidson, 1977］。アレチネズミの場合、射精後、視索前野ニューロンはＦｏｓタンパク質（神経活性化の指標となる）を発現する［Heeb & Yahr, 2001; Simmons & Yahr, 2002］。だが、ホルステージら［Holstege et al. 2003］は、ＰＥＴ▼（ポジトロンＣＴ）を使った実験を行ない、射精中、人間の男性の内側視索前野が活性化しないことを発見した。アレチネズミのオスと人間の男性のデータが明らかに異なったのは、PET法の解像力や感度など技術的に限界があったせいかもしれないが、大脳化（脳の複雑化）のプロセスに原因がある可能性も残っている。大脳化とは、霊長類以下の哺乳類では皮質下構造（内側視索前野など）に集中していた機能を、人間では大脳皮質が担うようになったプロセスをいう。

2……性行動に〝歯止め〟をかけるセロトニン

セロトニンが増えると射精しづらくなり、おそらく性欲も抑制される

ドーパミン以外に性行動を調整するものとしては、セロトニンがある。セロトニン作動性ニューロンは、B1からB9までの九つの神経細胞群に分類され、主に脳幹の橋（小脳と脳の他の部分とをつなぐ脳幹）と中脳に存在している［Frazer & Hensler, 1999］。ドーパミン作動性ニューロンが局在しているように、人間のセロトニン作動系の神経構造は、他の哺乳類の構造とよく似ている。

セロトニン作動系が、男性の性行動を大きく抑制することを示す薬理学的な証拠は多い。パラクロロフェニルアラニン（pCPA）のような薬物は、（セロトニンの合成を阻むことによって）脳のセロトニン量を減らし、性行動を促す。とくに、交尾経験がないか、去勢したラットに少量のテストステロン（男性ホルモンの一種）を投与すると、そうした効果が出る［論評については、Hull, Muschamp & Sato, 2004 を参照のこと］。これに比べ、セロトニン前駆体である5－ヒドロキシトリプトファン（5－HTP）をラットに投与してセロトニン量を増やすか、脳に直接セロトニンを注入すると［Hillegaart, Ahlenius & Larsson, 1991］、射精に必要なピストン運動の回数が増え、射精までの時間も長くなる［Ahlenius & Larsson, 1991］。こうした発見に

一致するが、人間の男性の場合、**選択的セロトニン再取り込み阻害剤**（ＳＳＲＩｓ）を服用すると、シナプスにおけるセロトニン量が増えて射精が妨げられ、おそらく、性欲も抑制される。ラットにフルオキセチンのようなＳＳＲＩｓを頻繁に投与すると、性行動を抑える効果がある。だが、突発的に投与しても効果はない［Cantor, Binik & Pfaus, 1999; Mos et al., 1999］。

さまざまなセロトニン作動薬を用いた研究から、男性の性行動の抑止効果を緩和するのは、シナプス後セロトニン2受容体であることがわかった［Haensel, Rowland & Slob, 1995］。こうした結果に一致するが、テストステロンを投与したオスのラットのセロトニン１Ａ受容体（シナプス前受容体であり、抑止効果がある）を、８－ＯＨ－ＤＰＡＴのような特定の作動薬で刺激すると、セロトニンがシナプスに放出されなくなり、射精が促される［Ahlenius & Larsson, 1991］。

この効果は、セロトニン１Ａ受容体が**細胞体**の細胞膜および**セロトニン作動性**ニューロンの樹状突起にあるために、セロトニン作動性が弱まったことが原因のようである。これから、セロトニン１Ａ受容体がシナプス前受容体であることがわかる。セロトニンがシナプス前受容体を刺激すると、ニューロン発射が抑制され、セロトニンの放出が少なくなる。結果として、シナプス後セロトニン受容体を阻害するのと同じ効果が得られる。しかし、セロトニン１Ａ受容体がすべてシナプス前受容体であるわけではない。８－ＯＨ－ＤＰＡＴによる効果の一部は、側坐核にあるシナプス後受容体によって調整されているからだ［Fernàndez-Guasti et al., 1992］。

これらの結果から、セロトニンは、生殖器を刺激して起きる射精からオルガスムまでを抑制する機能が

▼ＰＥＴ（ポジトロンＣＴ）　高精度の体内ＣＴスキャン装置。「陽電子放出断層撮影」の略で、放射性の薬剤を体内に取り込ませ、放出される放射線を特殊なカメラでとらえて画像化する。

あることがわかるのである。

「早漏」は、セロトニンが不足しているからか？

オルガスムや射精は、通常、交尾中に一定の時間をかけて生殖器を刺激しなければ起こらない。この時間は、種によって差があり、また同じ種であっても個体によって異なる。このため、雄ヒツジやウサギの場合は「早漏は通常のこと」とされ、挿入とほぼ同時に射精する（約一秒）。その一方、ネズミや人間の場合は、抑制効果が強く、生殖器をかなり刺激しなければ抑制効果を克服できない。

抑制が強いのは、おそらく、生殖器からの神経インパルスに、セロトニンが影響を及ぼしているからである。雄ヒツジやウサギには、生殖器を抑制するセロトニン作動性がないのだと結論づけたくなってしまう。だが、種によって射精潜時や、射精からオルガスムに至るまでに必要な刺激が異なるのは、セロトニン作動系と、それを抑制するドーパミン神経系などの他の系とのバランスが多様だからであろう。

「射精のしきい値」となっているのは、ドーパミン系である。同じ理由から、早漏の経験がある男性は、セロトニン作動性が比較的に弱いと思われる。一方、無オルガスム症の人は、セロトニン作動性が比較的に強い。逆に、ドーパミン系が弱ければ、同様の効果をもたらす場合がある。セロトニン作動薬は、雄ヒツジやウサギの射精を遅らせるのかどうか？　こうした動物の本来のセロトニン作動性が、ネズミや人間と比べて弱いのかどうか？　ドーパミン作動性の強弱が逆の場合も、同じ状況になるのかどうか？　などが解明できれば、興味をそそられるものとなるだろう。

3……人間のオルガスムの神経の働きを単純なモデルにすると

アルフレッド・ノース・ホワイトヘッドの「単純さを求めよ、だが確信はするな」という言葉を念頭に置きつつ、男女のオルガスムに関わる神経伝達物質のモデルを示したい。それは、簡素化されてはいるが、オルガスムに影響するさまざまな医薬品の効果を理解するのに、役立つ枠組みとなる。

ドーパミンは、人間にオルガスムを感じさせる重要な神経伝達物質であることを示す証拠は多い。前述したように、前駆体（Lドーパ）、作動薬（アポモルヒネ）、ドーパミン放出物質（アンフェタミン）、ドーパミン再取り込み阻害剤（コカインあるいはブプロピオン）を投与すると、男性でも女性でもオルガスムが促される。一方、オルガスムを弱める多くの抗精神病薬や抗うつ剤には、シナプス後受容体D２とD４を阻害するという共通した性質がある。

ドーパミン作動性ニューロンが、脳や投射される部位の神経構造に分布していることはよく知られている。ほとんどのドーパミン作動性ニューロンの細胞体は、脳幹、とくに中脳にあり、ここから三つの線維系が前脳へと伸びている。この線維系は、中脳上部（A10、A８）と黒質（A９）の腹側被蓋領域を三つの前脳領域でつないでいる。すなわち、以下である。

（１）尾状核と尾状核被殻（新線条体）。
（２）辺縁皮質（帯状皮質、内嗅皮質、内側前頭前皮質）。
（３）皮質下の辺縁構造（側坐核、扁桃体、隔膜、嗅結節）。

D２とD４シナプス後受容体のどちらも、オルガスムに必須であるようだ。この二つの受容体のサブタイプのいずれかを阻害する薬剤は、オルガスムも抑制するからだ。中脳皮質神経路と中脳**辺縁系**神経路からなるドーパミン作動性ニューロンの細胞体は、もともと腹側被蓋野に存在する。

この脳領域は、男性が射精すると活性化することが、ＰＥＴによって測定されている [Holstege et al. 2003]。女性がオルガスムを感じると、側坐核の投射対象領域が活性化することがｆＭＲＩ▼（**機能的磁気共鳴画像法**）によって測定されている [Komisaruk, Whipple, Crawford, et al., 2002, 2004]。二つの薬理学的・解剖学的研究によって、ドーパミン系が人間のオルガスムに大きく関わることがはっきりと示された。

とはいえ、ドーパミン作用を強める医薬品（作動薬、放出物質、再取り込み阻害剤）を突発的に投与し、それ以外の要因がなければ、オルガスムがもたらされることはごく僅である。例外となりうるのはコカインで、循環する血液に短時間で入り込むと「コカイン・ラッシュ（陶酔感）」を引き起こす場合がある。この感覚は、生殖器を刺激することで感じるオルガスムと似ているという報告もある。

神経生理学的研究から、ドーパミンは興奮性の神経伝達物質というよりも、感覚入力の**神経修飾物質**として機能することがわかっている。ドーパミン作動薬がオルガスムをもたらさないのは、おそらく、ドーパミンが「オルガスム発生のスイッチを入れない」ためである。それよりもドーパミンは、感覚的な刺激に対して敏感に反応させるように働き [Antelman & Rowland, 1977]、生殖器の刺激やその他の性的な刺激によって生じた感覚的なインパルスを流入させたり、増やしたりして、報酬－快感という辺縁系回路を活性化させる。

最近の研究はこの考え方を支持している。こうしてヘイグマンら [Hagemann et al. 2003] は、勃起不全のある男性が、性的に刺激的なビデオを見ると、ドーパミン作動薬であるアポモルヒネが前頭葉と吻側前帯状皮質で活発に反応することを発見した（ＰＥＴで測定された）。彼らは、アポモルヒネが、性的な刺激を受けた脳を強く反応させると結論づけている。

セロトニンは、オルガスムの抑制に重要な役割を果たす。セロトニン作動性を強めるあらゆる抗精神病薬や抗抑うつ薬は、セロトニンの再取り込みを阻害し、無オルガスム症をもたらす傾向がある。オルガスムは、セロトニンとセロトニン2受容体の相互作用によって抑制される。シプロヘプタジンのような物質が発見されたことによって、分子レベルでのプロセスが、オルガスムの抑制に重要であることが確認された。この物質は、セロトニン2受容体に対するセロトニンの作用を抑制し、抗うつ剤によるオルガスムの抑制効果を一瞬で中和する。「規則を証明する例外」は、ネファドゾンを使ったことで発見されている。これは他のＳＳＲＩｓと異なり、オルガスムを抑制しない。ネファドゾンは、セロトニンの再取り込みを抑制するだけでなく、セロトニン2受容体を阻害することもある。そうして、蓄積されたセロトニンの効果を中和し、オルガスムを抑制させないようにするのである。

さらに、通常、内因性セロトニンはオルガスムを強く抑制するため、オルガスムをもたらすにはセロトニンの作用を一時的に弱める必要があると思われる。実際、ブスピロン（セロトニン1A自己受容体の作動薬）[Zifa & Fillion, 1992] は、シナプスに放出されるセロトニンを減少させることで、オルガスムを促す効果があるようだ。

セロトニン作動性ニューロンとドーパミン作動性ニューロンは、解剖学的に重要な作用を及ぼしあっている。セロトニンは、さまざまな部位でドーパミン作動性ニューロンを強く抑制する。一部のセロトニン作動性線維は、中脳腹側部のドーパミン作動性ニューロンを刺激する。こうしたドーパミン作動性ニューロンは、線条体・辺縁系・皮質領域へ**軸索**を伸ばすが [Jacobs & Azmitia, 1992]、そうした領域に入り込んだセロトニンは、ドーパミン作動性ニューロンを発火させないことがある。

セロトニンは、ドーパミン作動性ニューロンにあるシナプス前セロトニン受容体を介して、ドーパミン

▼fMRI（機能的磁気共鳴画像法） 体内スキャン装置ＭＲＩを利用して、人間や動物の脳や脊髄の活動に関連した血流動態反応を視覚化する方法。

の放出を抑制することがある［Alex et al. 2005］。この（軸索間接続を経由した）シナプス前抑制によるプロセスは、大脳基底核で詳しく研究されており、トゥレット症候群や強迫神経症を解明するセロトニン・ドーパミン障害理論の基礎となっている。こうした障害に見られる身体的なチック障害や突然の強迫観念（「精神的なチック障害」）は、セロトニン系よりも、ドーパミン系の方が一時的に過剰になるためだと考えられる。

これを、オルガスムに当てはめると、セロトニンが過剰になると、オルガスムに至るまでに時間がかかる、あるいは無オルガスム症になるという傾向が起きる。これと対照的に、ドーパミン作用がコントロールされずに過剰になると、早漏となる場合がある。この点から、セロトニンを強めるか、ドーパミン作用を抑えれば、早漏の治療が可能だといえるのである。

第11章　投薬によるオルガスムへの影響

キンゼイらは、一九五三年、性的興奮とオルガスムには、神経系全体、すなわち全身が関与すると述べている［Kinsey et al., 1953］。

これは、誇張のように聞こえるかもしれないが、ｆＭＲＩ［Komisaruk, Whipple, Crawford, et al., 2002, 2004］やＰＥＴ［Holstege et al., 2003］などを使った脳活動に関する近年の研究から、男女を問わず、オルガスムの最中は、脳構造の大部分が活性化されることがわかってきたのである（活性化しない部分もある）。

このことから、オルガスムに関わる神経回路は複雑であることと、**神経伝達物質**や**神経修飾物質**の多くが関与しうることがわかってきた。オルガスムに関わる神経回路が複雑であるために、シナプス伝達に影響を与える医薬品は神経回路の微調整に大きな影響を及ぼす。多くの医薬品が性的反応を改善させることなく悪化させてしまうのは、このためである可能性がある。一般的に、医薬品に由来する性機能障害は、抗精神病薬や抗うつ剤などの処方薬や、アヘン、アルコール、コカインなどの過剰摂取によって起きる。

一九五〇年代以降、多くの医学的な報告によって、医薬品の服用（医薬品・薬物・薬草など）と性的反応の変化が関連づけられてきた。向精神薬が性的機能を損なうことは、早くから明らかになっている。まず、これについて検討する。

この検討には、歴史的に意義があるだけでなく、無オルガスム症をもたらす作用を検証することによって、人間のオルガスムの生化学的な基盤を理解するにあたり、これらの医薬品が、他の医薬品よりも参考になるという点で検討に値する。

1……精神安定剤と抗精神病薬の影響

抗精神病薬と性的反応

精神安定剤（広義の抗精神病薬）は、一九五〇年代、アンリ・ラボリが手術を控えた患者に、抗ヒスタミン作用のあるクロルプロマジンを処方したときに、偶然発見されたものである［Laborit & Huguenard, 1951］。彼は、クロルプロマジンには、周囲への関心を失うなどの精神的な作用があることに気がついた。この発見を受けて、同僚だったジャン・ディレイは、これに抗精神病薬の効果があるかどうかを試してみたところ［Delay, Deniker & Harl, 1952］、クロルプロマジンは、抗精神病の効果が非常に大きいことがわかったのである。

その後、広く使われるようになり、精神病、とくに統合失調症の治療に大変革がもたらされることになった。クロルプロマジンには、統合失調症の「陽性症状（攻撃的な姿勢、妄想、幻覚）」を抑制する効果がある。これは、抗ヒスタミン作用が弱いせいではなく、シナプス後ドーパミン**受容体**の作用を弱めることによる効能である。

クロルプロマジンは、精神病に効果的な医薬品の生産に道を開いた（図表《抗精神病薬と性機能障害》に、

《抗精神病薬と性機能障害》

種類	一般名	商標	性機能障害
フェノチアジン	クロルプロマジン	ソラジン	++
	フルフェナジン	プロリキシン	++
	チオリダジン	メレリル	+++
ブチロフェノン	ハロペリドール	ハルドール	+
ジベンゾオキサピン	ロキサピン	ロキシタン	++
抗精神病新薬	クロザピン	クロザリル	0／+
	オランザピン	ジプレキサ	0／+
	リスペリドン	リスパダール	+

0：影響なし　＋：軽度に影響あり
＋＋：強めの影響あり　＋＋＋：かなりの影響あり

欧米で広く使われている抗精神病薬と、それぞれの性的反応に関する効果を示した)。まもなく、クロルプロマジン――その後、他の抗精神病薬にも――には、運動や筋肉の働きに重大な副作用をもたらすこと、パーキンソニズム（パーキンソン病に似た症状）や遅発性ジスキネジア（ゆっくり発症する運動障害）などを引き起こすことがわかった。こうした医薬品による筋固縮・運動失調・無動は、神経遮断とみなされ、「神経安定剤」という用語は、ラボリとユーグナード［Laborit and Huguenard, 1951］によって、望ましくない運動作用を引き起こす抗精神病薬を指すものとして作り出された。この作用は、線条体で、D2受容体が阻害されることで生じる。線条体は、運動をコントロールし［D. Hartman, Monsma & Civelli, 1996; Jentsch & Roth, 2000］、錐体外路運動系（運動皮質に由来する錐体運動系または皮質脊髄運動系とは区別される）の一部である。この線条体は、中脳黒質にあるニューロンから伸びている**軸索**である黒質線条体路を経由してドーパミン線維の入力を受ける［Bjorklund & Lindvall, 1984］。

抗精神病薬によって発生する性機能障害

抗精神病薬を投与された患者は、性機能障害を訴えることが多いのだが、最初はこれを深刻に受け止めない。男性は、勃起や射精に問題があると訴えることがほとんどだ。たとえば、ある研究では、チオリダジン（メレリル）を投与された患者の半数が、射精に問題があったと報告している［Kotin et al., 1976］。勃起障害などの性的な副作用には、線条体やドーパミン受容体に作用する医薬品のせいではないものもある。勃起や射精に関わる末梢神経系や**脊髄**に存在する、ムスカリン性コリン（アセチルコリン）受容体とαアドレナリン（ノルエピネフリン）受容体が阻害されたために起きる場合もあるからだ。無オルガスム症、性欲の変化、性的快感などは、精神安定剤を投与された男性でも女性でも確認されている［Ghadirian, Chouinard & Annable, 1982; Shen & Sata, 1990］。

オルガスムに現われる副作用は、クロルプロマジンやチオリダジンなどの効果の弱い精神安定剤（**コリン作動性**受容体にはほとんど作用しない）でも、フルフェナジンやハロペリドールなどの強力な抗精神病薬（コリン作動性受容体に強く作用する）でも観察されている。抗精神病薬が線条体ではなく大脳辺皮質に作用するために、無オルガスム症になるようだ。大脳辺皮質は、ドーパミン作動性ニューロンが投射する別の部位である［Bjorklund & Lindvall, 1984］。大脳辺皮質に投射するドーパミン作動性ニューロンの**細胞体**は、「腹側被蓋領域」という中脳の別の部位（黒質ではない）に存在する。その軸索は、中脳**辺縁系**のドーパミン経路となる。

精神安定剤が、重大な副作用をもたらすことが懸念されたため、黒質線条体（「運動」）路ではなく中脳辺縁系（「抗精神病」）で、ドーパミン作用を選択的に阻害する抗精神病薬が求められるようになった。黒質線条体路ではなく中脳辺縁系路に効果があるような合成薬が複数作り出され、「非定型」の抗精神病薬として知られるようになった。非定型の抗精神病薬は確かに精神病には効果的だが、神経遮断（パーキンソン病など）には効果がない。とくに有望なのは、クロザピンという非定型の抗精神病薬で、好ましくない運動作用を引き起こすことなく、精神病の治療に効果がある［Stahl, 1999］。

クロザピン（クロザリル）は複雑な医薬品で、少なくとも九つの受容体に作用する。それでも抗精神病作用があるのは、ドーパミン作動系に選択的に作用するからのようだ。クロザピンは、Ｄ２受容体よりもＤ４受容体とより親和する。Ｄ４受容体はＤ２受容体と似ているが、神経系では異なる領域に分布している。Ｄ４受容体は、辺縁皮質（前頭皮質と帯状皮質）に存在し、線条体にもわずかに存在する。クロザピンがパーキンソン病に効果がないのは、このためである［Pilowsky et al., 1997］。この医薬品は、辺縁系でドーパミン効果を阻害し、統合失調症の陽性症状を緩和する一方で、男性にも女性にもオルガスム障害をもたらす。

こうした観察結果をまとめると、辺縁系のＤ４受容体は、オルガスムに関わっていると言ってよい。クロザピンが引き起こすオルガスム障害は、少なくとも男性の場合、従来の抗精神病薬を使って観察された障害よりはるかに弱い。このため、アイゼンバーグやモダイら［Aizenberg, Modai, et al., 2001］は、統合失調症の男性のオルガスム障害は、従来の抗精神病薬を投与された比較対照の患者よりも軽かったという結論を得た（一か月後のオルガスムの回数とセックス中のオルガスムの頻度で測定した）。同様にヴィルシングら［Wirshing et al., 2002］は、男性患者の場合、ハロペリドールやリスペリドンを投与した患者より、クロザピンを投与した患者の方が、オルガスム障害がはるかに少なかったと報告した。

抗精神病薬による性的倒錯者への治療

患者も臨床医も、性的反応障害は、抗精神病薬による望ましくない副作用であることを理解している。

それでも、この副作用がある種の性に関わる問題の改善に役に立つ可能性がある。抗精神病薬は性欲を抑え、オルガスムを遅らせたり、感じなくさせることから、「過剰性欲」の人の治療に用いられる場合があるのだ。

このように抗精神病薬が、さまざまな性的倒錯症のある男性被験者の行動を、抑制したことが報告されている（『精神疾患の分類と診断の手引』〔DSM-IV-TR, 2000〕によると、性的倒錯とは「人間以外の対象物〔糞便愛好、フェティシズム、服装倒錯的フェティシズム〕、苦痛や屈辱〔性的サディズム／マゾヒズム〕、子ども〔小児性愛〕、その他の見知らぬ人〔窃視症、窃触症、露出症〕に対する性的な幻想や衝動、行動が「特徴的な」精神障害である）。抗精神病薬の中には、早漏治療に有効なものもある。早漏とは、射精やオルガスムのしきい値が非常に低い症状をいう。

抗精神病薬がオルガスムに影響するメカニズム

抗精神病薬は、オルガスムを妨げるだけでなく、脊髄と末梢部位でコリン作動性受容体とアドレナリン作動性受容体を遮断し、勃起や射精を妨げる〔Stahl, 1999〕。これは、脳内で作用することによって、オルガスムという知覚体験を妨げるのとは、別の効果である。医薬品がオルガスムに及ぼす影響から、この独特の精神状態をもたらす生化学的なメカニズムを理解する鍵を得ることができる。

無オルガスム症の原因となる抗精神病薬には、ドーパミン受容体のサブタイプであるＤ２（通常の抗精神病薬によって遮断される）やＤ４（非定型の抗精神病薬によって遮断される）を遮断するという共通の効果がある。大脳辺縁皮質（内側前頭前皮質および帯状皮質）でＤ２とＤ４受容体を遮断すると、統合失調症の陽性症状（幻覚・妄想）を抑えるが、通常のオルガスムも妨げる。オルガスムと幻覚が無関係でないということから、どちらのプロセスでも、ドーパミン受容体を持ち、ドーパミン入力を受ける同じニューロンが活性化することが示唆される。二つの効果がまぎわらしいために、これらのプロセスに異なる効果があるような医薬品を開発することは難しい。

このことから、無オルガスム症は、黒質線条体のドーパミン系（黒質にあるニューロンは、ここで線条体へと軸索を伸ばす）で作用する定型の抗精神病薬のせいで、神経が遮断されるという運動作用とは関係がないようだ。さらに、クロザピンのような非定型の抗精神病薬——錐体外路運動系に作用しないもの——は、オルガスムに対して通常の抗精神病薬ほど深刻な影響を及ぼさない［Aizenberg et al. 2001; Wirshing et al. 2002］。

このように、**ドーパミン作動性**の中脳皮質系と中脳辺縁系がオルガスムの発生に果たす役割には充分に根拠があるように思われるが、説明を要する不可解な現象はまだ残っている。たとえば、ドーパミン受容体は抗精神病薬が投与されてから数時間後に遮断されるが、無オルガスム症になるのはさらにその数日後である。統合失調症の陽性症状の改善についても、効果が現われるまでに時間がかかるという同じような現象が見られる。

抗精神病薬が効果を発揮するまでに時間がかかることから、複数の研究者が、ドーパミン受容体が初期効果に反応して二次的に再編成されるからではないかと提起した。ドーパミン受容体が受容体ニューロンの細胞膜上で再編成されるのは、シナプスで放出されたドーパミンが変化し、生理学的に順応するからかもしれない。これは、神経伝達物質によって発生する「刺激」の強度にも影響を及ぼす。このように、シナプスにとどまるドーパミンが多くなりすぎると、その代わりとして受容体の数が減る。これは「ダウンレギュレーション」と呼ばれている。逆に、ドーパミンが枯渇したり、**拮抗薬**（抗精神病薬など）によって受容体への作用が阻害されたりすると、その代わりとして受容体の数が増える「アップレギュレーション」が起きる。ドーパミン受容体のアップレギュレーションは、抗精神病薬がドーパミン作用を阻害し続けるために起き、おそらく、精神病や性的反応にこれらの医薬品が作用する際にも何らかの影響している。だが、近年の発見によって新たなことがわかった。それは、こうした医薬品による精神病や性的反応への効果として見られる主な変化は、受容体のアップレギュレーションやダウンレギュレーションのせいではなく、Ｄ２またはＤ４受容体が遮断されたせいだということである［Kapur & Mamo, 2003］。いくつかの比較対照研究をメタ分析した結果、定型の抗精神病薬でも非定型の抗精神病薬でも、精神病を速やかに改善させる効果があることがわかった。実際、ハロペリドール、オランザピン、偽薬の効果を比較する二重**盲検試験**の対照研究でも、抗精神病薬の効果は最短二四時間ではっきりと現われた。ドーパミン作用あるいはＤ２受容体、Ｄ４受容体を遮断すると、瞬時に抗精神病の効果が発揮されるということなのだ［Kapur, 2004］。適切な質問と慎重な調査を行なえば、ドーパミン作用を遮断した場合に、オルガスムや性機能に対する初期の効果がわかるはずである。

抗精神病薬がオルガスムに及ぼす影響は、プライマリ効果（受容体遮断）あるいはセカンダリ効果（受容体のアップレギュレーションまたはダウンレギュレーション）のいずれによるかにかかわらず、ドーパミンは、必須とまでは言えないとしても、オルガスムを感じるために重要な情報伝達物質であることは間違いない。

下垂体前葉ホルモンの血液分泌が増えることも、抗精神病薬がもたらす無オルガスム症や性機能障害の説明となりうる。血液分泌の増加は、定型および一部の非定型の抗精神病薬（リスペリドンなど）に反応して起きる。プロラクチンのプラズマレベルが高ければ、男女を問わず性的反応が抑制される。クロザピンはプロラクチンレベルを上げないが［Melkersson, 2005］、オルガスム障害を誘発することはわかっている。したがって、プロラクチンを増加させるプロセスは、この障害の主要な原因ではない。

2……性的反応に悪い影響をもたらす抗うつ剤

うつ病と性機能障害

うつ病患者の多くは、性機能障害を患っている［Segraves, 1992, 1993］。実際、一九世紀のフランスの精神科医ピエール・ジャネは、性機能障害はうつ病の症状だと考えていた。うつを患っている間の性機能障害の仕組みは明らかではなく、うつに特有な無快感症（快感を感じないこと）の一症状であることもある。もし、うつと性機能障害が関連していれば、うつを効果的に治療することが、性生活の改善につながることが期待できる。

一九五〇年代、効果の高い抗うつ剤が初めて治療で用いられるようになった。抗うつ剤がセクシュアリティに与える影響を知るには、唯一あった実例か、いくつかあった逸話的な報告しかなかった。それでも、そうした報告は、その後に行なわれた研究によって裏づけられている。すなわち、抗うつ剤はオルガスム障害を治療するのではなく、むしろ悪化させたということである。

ハリソンらは、男女のうつ病患者の性的反応に抗うつ剤が及ぼす影響について、誰よりも先に体系的な研究を行なっている［Harrison et al., 1986］。研究では、偽薬、三環形抗うつ剤イミプラミン（トフラニール）、そして非可逆性モノアミン酸化酵素（ＭＡＯ）の阻害剤であるフェネルザイン（ナーディル）の効果が比較された。この研究では、性機能を評価するために考え出された質問票が使われた。性機能が著しく低下したと答えた患者は、イミプラミン投与では三〇％、フェネルザイン投与では四〇％であったのに対し、偽薬ではわずか六％だった。報告された主な問題として、性交でもマスターベーションでも、オルガスムを感じられないというものがあった。この結果は、幅広く行なわれたさまざまな報告や研究によって裏づけられている［たとえば、Baier & Philipp, 1994; Lane, 1997］。だが、抗うつ剤に反応して性機能障害になった患者の割合は、用いられた手法によってかなりのばらつきがあった。

抗うつ剤は、作用に関わる化学的なメカニズムと化学的な構造に関わるメカニズムによって、ＭＡＯ阻害剤、三環形抗うつ剤、選択的セロトニン**再取り込み**阻害剤（ＳＳＲＩｓ）の三つに分類することができる。性的反応に対するこれら三つの効果が異なるように、それぞれの薬学的な特性も異なるため、分けて論じることにする（図表《抗うつ剤と性機能障害》は、欧米で使用されている抗うつ剤と性的反応に対する効果を示している）。

モノアミン酸化酵素阻害剤

モノアミンは化学物質で、アミノ基（「アンモニア含有」群のことで、窒素と水素からなる）を一つ含む。モノアミンは酵素によって分解され、モノアミン酸化酵素（ＭＡＯ）によって非活性化される。ＭＡＯ阻害剤は、酵素の分解作用を妨げる。また、シナプスにおいて、モノアミン――ノルエピネフリン、ドーパミン、セロトニン――の酵素分解を妨げるため、シナプス後細胞でこれらの神経伝達物質が増え、効果が持続する。ＭＡＯ阻害剤は、治療に用いられた最初の抗うつ剤である。もともとは、結核予防薬として試されていたもので、抗うつ効果の発見は偶然だった。

フェネルジン（ナーディル）など初代のＭＡＯ阻害剤はすべて、ＭＡＯと不可逆的に結合するため、その酵素の機能は半永久的に妨げられた。このため、どの受容体においてもノルエピネフリンが増加するという困った事態が起きた。ノルエピネフリンによって高血圧が促されるような受容体でも増加したために、重大な合併症につながることもあった。とくに、この薬を投与された患者が、チラミンが多く含まれる

《抗うつ剤と性機能障害》

種種	一般名	商標	性機能障害
三環形抗うつ剤	アミトリプチリン	エラビル	＋＋
	クロミプラミン	アナフラニル	＋＋
	デシプラミン	ノルプラミン	＋＋
	イミプラミン	トフラニール	＋＋
	ノルトリプチリン	パメロール	＋＋
モノアミン酸化酵素阻害剤	モクロベミド	オーロリックス	0
	フェネルジン	ナーディル	＋
選択的セロトニン再取り込み阻害剤	シタロプラム	セレクサ	＋＋＋
	フルオキセチン	プロザック	＋＋
	フルボキサミン	ルボックス	＋＋
	パロキセチン	パキシル	＋＋＋
	セルトラリン	ゾロフト	＋＋0
非定型	ブプロピオン	ウェルブトリン	＋＋0
	ミルタザピン	レメロン	0
	ネファドゾン	サーゾーン	0
	レボキセチン	エドロナックス	0
	トラゾドン	デジレル	0
	ベンラファクシン	エフェクサー	＋＋
拮抗薬	ブスピロン	バスパー	0

0：影響なし　＋：軽度に影響あり

＋＋：強めの影響あり　＋＋＋：かなりの影響あり

チーズなどを食べた場合だ。チラミンはノルエピネフリンの前駆体なのである。高い割合の男女で、不可逆的なMAO阻害剤を投与されると、無オルガスム症など好ましくない性的な副作用も起きる。

うつの治療が大きく前進したのは、モクロベミド（オーロリックス）のような可逆的MAO阻害剤が利用できるようになってからだ。可逆的な阻害剤には煩わしい高血圧作用がなく、抗うつ効果がある。さらに、モクロベミドによる性機能障害はごく一部（五％以下）にしか起きず、他のMAO阻害剤で無オルガスム症といった性機能障害になってしまった患者にとっては、理想的な医薬品だった［Philipp, Kohnen & Benkert, 1993; Montejo et al., 2001］。ごく一部の男女に、過常な性欲［Lauerma, 1995］や過剰なオルガスムが現われたことは予想外の副作用だった。

MAO阻害剤の多くは、脳内のモノアミンを増やす。一般的に、ノルエピネフリンやドーパミンは性的反応を促すとされる。このことから、多くのMAO阻害剤が引き起こすオルガスム障害は、セロトニン作用が活性化したためと考えられる。他方、セロトニンには、増加したノルエピネフリンやドーパミンが持つ、その他の促進効果を抑制する働きもある。実際、動物と人間に行なった研究から、セロトニン2A受容体を介して作用するセロトニンの場合、正常な性機能を害することがわかっている。

三環形抗うつ剤

三環形抗うつ剤は、もともと、統合失調症の治療に用いる精神安定剤（抗ドーパミンなど）として実験されていたが、よい結果は得られていなかった。だが、抗うつ剤の効果はあることがわかった。イミプラミン（トフラニール）が性機能障害を引き起こすことをハリソンらが発見すると［Harrison et al., 1986］、その他の三環形抗うつ剤もオルガスム障害（オルガスムの遅れや無オルガスム症）の原因となることが報告された。アミトリプチリン、トリミプラミン、クロミプラミン、デシプラミンが、男性にも女性にも無オルガスム症を誘発することが報告された［J. M. Ferguson, 2001］。さらに、こうした医薬品の薬学的な特性は性機能の多くの面に影響を及ぼしている。

三環形抗うつ剤は、末梢神経系（自律神経とその他の末梢神経）や**中枢神経系**など、いくつかの神経伝達物質系を変容させる。モノアミンの再取り込みや、ムスカリン性コリン受容体とヒスタミン受容体も阻害する［Stahl, 1999］。この医薬品を投与されている複数の男性が報告しているように、こうした抗コリン作用によって、勃起や射精に問題が生じるようである［Labbate, Croft & Oleshansky, 2003］。ペニスの**陰茎海綿体**には、コリン作動性の神経が分布しており、ムスカリン性コリン受容体が存在している。この受容体は、三環形抗うつ剤によって阻害されることがある。コリン作動性のベタネコールを処方すると、三環形抗うつ剤（イミプラミンなど）によって勃起や射精の際に生じる問題が改善されるのは、これで説明がつく。他方で、ほぼすべての三環形抗うつ剤がセロトニンを活性化させるため、セロトニン２Ａ受容体を刺激するとオルガスムの実感が弱まる可能性もある。

選択的セロトニン再取り込み阻害剤

数年前まで、うつの原因はカテコールアミン、とくにノルエピネフリンとセロトニンの欠乏だと考えられていた。これは、初期の抗うつ剤――ＭＡＯ阻害剤および三環形抗うつ剤――が、これらの神経伝達物質の濃度を高めるからだ。これらの神経伝達物質、とくにセロトニンがうつに関係していることにはほとんど疑問がないが、現在、うつは神経伝達物質そのものより、その受容体に問題があるとされているようだ［Stahl, 1999］。抗うつ剤は、モノアミンを一瞬で増加させるが、感情面での効果が現れるには時間がかかる。通常は血液中のモノアミンが増えてから二～三週間後だ。ノルエピネフリンとセロトニンが減少すると、シナプス後受容体のアップレギュレーション（数の増加など）が起きるが、これが何らかの方法でうつに関係すると考えられている。自殺者の前頭葉にこの受容体が多量に存在していた証拠から、セロトニン2A受容体が、この過程に関わっていると思われる［Arango, Underwood & Mann, 1992］。これは、セロトニンが活発に作用しなかったためだと解釈することもできる。活発であれば、セロトニン受容体が補完的に多く作られるからだ（アップレギュレーションなど）。酵素分解や再取り込みを阻害してセロトニン量が増えると、受容体が減り（ダウンレギュレーション）、うつが改善する。

初期の抗うつ剤（MAO阻害剤あるいは三環形抗うつ剤）には、厄介な副作用があったため、セロトニン濃度を選択的に上げる医薬品の開発が集中的に行なわれた。こうした医薬品は、選択的セロトニン再取り込み阻害剤（SSRIs）と呼ばれている。フルオキセチン（プロザック）が使われるようになってから、SSRIsはもっとも多く投与される抗うつ剤になった。とくに長期間投与される場合に用いられた。だが次第に、ほとんどのSSRIsがオルガスムまでに時間がかかったり、無オルガスム症になったりする患者の比率を増やすことがわかった［Preskorn, 1995; Rosen, Lane & Menza, 1999; J. M. Ferguson, 2001; Montejo et al., 2001］。一方、性欲や性的興奮にはほとんどあるいはまったく改善効果がなかった（勃起しない、女性であれば生殖器の血管に変化がないなど）。

抗うつ剤がオルガスムに及ぼす作用のメカニズム

性機能障害を引き起こす医薬品の多くはセロトニンを増加させる。その仕組みはさまざまだ。MAO阻害剤は酵素分解機能を阻害することで、三環形抗うつ剤とSSRIsは再取り込みを阻害することでセロトニンを増やす。セロトニン2A受容体は、性機能障害、とくに無オルガスム症に関わっていることが証明されている。この受容体は、セカンド・メッセンジャーが生成される際、その受容体が存在するシナプス後細胞の神経発火を調整する［J. R. Cooper, Bloom & Roth, 2003］。シプロヘプタジン（抗ヒスタミン薬で、強力なセロトニン2型の拮抗薬でもある）がこの受容体を阻害すると、抗うつ剤による性機能障害や無オルガスム症を緩和し、改善させる［Arnott & Nutt, 1994; Woodrum & Brown, 1998］。

セロトニン２A受容体が性的反応（オルガスムを含む）を妨げることは、フェニルピペラジンという医薬品の作用によっても確かめられている。この医薬品はセロトニン２A受容体を強力に阻害する。また、三環形抗うつ剤やＳＳＲＩｓほどではないが、セロトニン再取り込みも阻害することから、セロトニン２型拮抗薬／**選択的セロトニン再取り込み阻害剤**（ＳＡＲＩｓ）と名づけられている。セロトニンの再取り込みが妨げられると、利用できるセロトニンが大幅に増加し、すべてのセロトニン受容体を刺激する。この受容体の一部（セロトニン１A受容体やセロトニン２D受容体）は性的反応を促す。これは、トラゾドン（ＳＡＲＩ群として最初に発見されたもの）が勃起や持続勃起症（苦痛や痛みをともなう勃起が続く）を引き起こすことがあるという説明になりうる［Warner, Peabody & Whiteford, 1987］。新たなＳＡＲＩとして期待されるネファゾドンは、トラゾドン同様、セロトニン２A受容体の強力な拮抗薬だ。薬理学的な特性から、ネファゾドンは重大な無オルガスム症を引き起こさない数少ない抗うつ剤の一つだと期待されている［Montejo et al. 2001; Baldwin, 2004］。だが逆に、突発的な射精を起こす場合がある。

3……性的反応によい影響をもたらす抗うつ剤

早漏や無オルガスム症を改善する抗うつ剤

早漏は、よくある性に関する不満の一つである。Ａ・Ｊ・クーパーとセルノフスキー、コルッシの研究によると［A. J. Cooper, Cernovsky, and Colussi, 1993］、早漏に悩む男性はかなりの割合に上るという。抗うつ剤はセロトニンを活性化させるため、抗うつ剤のオルガスム抑制効果から、そもそも**セロトニン作動性**のオルガスムの抑制メカニズムが存在していることがわかる。この抑制作用は、何種類かの抗うつ剤が早漏を予防することからも確認できる。こうしてＳＳＲＩｓであるフルオキセチン、パロキセチン、セルトラリンは、射精をともなうオルガスムに至る時間を一分以下（早漏だと診断されるおおよその時間）から、二〜六分まで長引かせることができる [McMahon, 1998; McMahon & Touma, 1999a; 1999b]。抗うつ剤によってオルガスムを遅らせることは、早漏の男性だけに起きるわけではなく、性交が始まってから射精に至る時間が比較的長い男性にも起きる。ウォルディンガーとズウィンダーマン、オリヴィエは、パロキセチンが早漏の男性で四二〇％、通常の射精時間の男性で四八〇％も射精に至る時間を長引かせることを発見した [Waldinger, Zwinderman, and Olivier, 2003]。

セロトニン２Ａ受容体に結合したセロトニンはオルガスムを遅らせたり抑制したりするが、そうした作用がどの部位で起きるのかはわかっていない。セロトニン２Ａ受容体は、脊髄から大脳皮質まで、広範囲にわたる中枢神経系に分布しているからである。この神経伝達物質がセロトニン２Ａ受容体を占有すると、ニューロン活動が活発化される [J. R. Cooper, Bloom & Roth, 2003]。すなわち、オルガスムを感じさせるには、こうしたニューロンを阻害することが必要なのである。実際、セロトニン２Ａ受容体を阻害し、セロトニン再取り込みも阻害するＳＡＲＩ、ネファゾドンは、性行為を始める一時間前に投与されると、セルトラリンによる無オルガスム症を改善する。これはおそらく、ネファドゾンがセロトニン２Ａ受容体を占有するためで、この結果、セルトラリンによる阻害効果が抑えられるのだと思われる。

モクロベミド

幸いにも、すべての効果的な抗うつ剤が、性機能障害をもたらすわけではない。各種の抗うつ剤には、性的な副作用をまったく及ぼさないどころか、性的反応を促すものもある。可逆的なＭＡＯタイプＡ阻害剤（モクロベミドなど）は、性的反応を損なわない［Montejo et al., 2001］。逆に、あらゆる性的反応を促す効果があったとする報告は複数あり、モクロベミドを摂取した女性に「過剰なオルガスム」が観察されたという記述もある［Lauerma, 1995 など］。

レボキセチン

この抗うつ剤は、ノルエピネフリンの再取り込みを妨げるため、セロトニンに影響することなくシナプスにおける量が増加する。レボキセチンは、性機能障害を引き起こさないようだ［A. H. Clayton et al., 2003］。

ブプロピオン

この抗うつ剤は、性機能障害をもたらさないとして定評がある。コカインと同じで、これはドーパミンの再取り込みメカニズムを阻害し、シナプスにおけるドーパミンを増やす。二重盲検の対照研究では、偽薬の有無にかかわらず、ブプロピオンを長期間投与してもオルガスムには影響しないことが示された［Segraves et al., 2004］。さらにブプロピオンには、多くのＳＳＲＩｓがもたらす性機能障害を解消する効果がある［Ashton &Rosen, 1998; A. H. Clayton et al., 2003］。ブプロピオンは、他の抗うつ剤（三環形抗うつ剤やＭＡＯ阻害剤など）と同じく、ドーパミンの再取り込みを選択的に妨げることでドーパミン系を刺激するが、セロトニン作動系の作用には影響を与えない。

ネファドゾン

その他の抗うつ剤と比べ、ネファドゾンなどのＳＡＲＩは、セロトニンの再取り込みを阻害する。これによってシナプスにおけるセロトニンを増やす一方で、増えた分のセロトニンがセロトニン２Ａ受容体に作用しないようにもする。多くの対照研究から、この医薬品による性的な副作用が最小であるか、まったくないことがわかっている［Preskorn, 1995; Feiger et al., 1996; Montejo et al., 2001］。ただし、副作用として、突発的な射精を引き起こすことがある。

ブスピロン

この医薬品は、精神安定剤（不安を緩和する医薬品）として用いられ、明らかな抗うつ効果があった。動物の性的興奮に関係することがわかっていたセロトニン１Ａ受容体の拮抗薬として作用する。実際、対照研究では、ブスピロンには他の抗うつ剤が性的反応に及ぼす副作用を中和する効果が確認された［Landen et al., 1999］。

セント・ジョンズ・ワート（西洋弟切草）

この植物には、軽いうつの治療に効果があるようだ［H. L. Kim, Strelzer & Gaebert, 1999］。これに含まれる活性成分ハイパーフォリンは、セロトニンを増やす。ただし性機能に対しては、はっきりした影響はないようだ［Linde et al., 1996; Muller et al., 1998］。

第12章　投薬の副作用を緩和するためには

1……薬剤の切り換えや休薬日

抗精神病薬、そして、とくに抗うつ剤には、性的反応やオルガスムに副作用を及ぼすものが多い。だが、そうした副作用がほとんどない医薬品を選ぶことは、大概可能である。あるいは、望ましくない性的な副作用はあるものの、その医薬品を使えば理想的な効果が期待できるため最適だと患者と医師らが決断した場合、発生した性機能障害を緩和するための対処法もある［D. O. Clayton & Shen, 1998］。

医師はまず、ある一定の期間、その治療を継続するよう勧める場合がある。これは、最終的に患者がその医薬品を受け入れた場合、薬による性機能障害が突然緩和する場合が多いからだ。モノアミン酸化酵素（ＭＡＯ）阻害剤、選択的セロトニン**再取り込み**阻害剤（ＳＳＲＩｓ）を投与されている患者に対しては、医師は継続を勧めてもよい。しかし、三環形抗うつ剤を投与されている場合はそうではない。三環形抗うつ剤による無オルガスム症が突然緩和することはない。

別の方法としては、性機能に対する副作用が軽減すると同時に、効果が続くことを期待して、投薬量を減らすことがある。さらにまた別の方法は、セックスを予定を立てて行なえる患者であれば、「休薬日」を設け、セックスの二、三日前に投薬を休止することだ。この方法は当然、頻繁にセックスする患者には向かない。「休薬日」は、セルトラリン、ベンラファクシン、フルボキサミンなど、「**半減期**▼」の比較的短い抗うつ剤にはとくに有効だ。こうして、ある研究は、セルトラリンの投与を少なくとも四八時間停止したところ、オルガスム障害が改善し、それまで性的な副作用に苦しんでいた患者の八〇％が性的に満足したことがわかった。ただし、この方法は、半減期が四八〜七二時間になるフルオキセチンなどの医薬品には、不向きである［Shen, 1997］。

抗うつ剤を別の抗うつ剤に切り替えることで、望ましい結果が得られる場合がある。三環形抗うつ剤で報告されているように、通常は、同じ種類の別の薬に切り替えることだ。たとえば、イミプラミンからデシプラミンにである［Sovner, 1983］。これ以上に理に適った方法は、オルガスム障害を引き起こす抗うつ剤から、性的な副作用がないことがわかっている抗うつ剤に切り替えることだ。たとえば、ネファゾドン、ミルタザピン、ブプロピオンなどである。この方法も、事例によっては効果がある。複数の研究で、別のＳＳＲＩｓをネファゾドンやミルタザピンに切り替えたところ、性行為（オルガスムを含む）が著しく改善した［Labbate, Croft & Oleshansky, 2003; Baldwin, 2004］。

2……オルガスム障害を緩和する医薬品――薬理学的対抗手段

抗うつ剤の切り替えを決断することは容易ではない。望ましくない性的反応が起きるとしても、抗うつ剤としての効果がある場合などだ。抗うつ剤によるオルガスム障害を緩和する医薬品を求めて、多数の研究や臨床実験が行なわれている。そうした「薬理学的対抗手段」を検証する対照研究はほとんどないが、それでも、事例報告の結果が矛盾しなければ、これらの「対抗手段」の有効性が確認できる。

抗うつ剤が勃起を妨げる場合、シルデナフィル（セックスの三〇分前に服用しておく）は、勃起機能を改善すると報告されている [Ashton & Bennett, 1999; Marks et al., 1999]。シルデナフィルは、酵素ホスホジエステラーゼ5型の阻害剤で、酵素ホスホジエステラーゼ5型は、通常、セカンド・メッセンジャーであるcGMPを非活性化する。cGMPの生成を促すのは、ペニスの平滑筋に放出される情報伝達物質である一酸化窒素だ。通常、cGMPはペニスの細動脈を囲む平滑筋を弛緩させてペニスへの血流を増やし、勃起を促す。シルデナフィルは、酵素ホスホジエステラーゼ5型を阻害することによってcGMPが分解されないようにし、結果としてその作用を補強する。すなわち、平滑筋を弛緩させ、勃起を促すということだ。これは間接的な効果であると言えるかもしれない。末端組織が硬く勃起したという望ましい成果を得たことが、心理的な効果となって現われるということだ。

別の医薬品（ヨヒンビン）は、末梢神経系と**中枢神経系**の両方に作用し、性機能障害を緩和する。もともと、このアルファ2型アドレナリン**拮抗薬**は、勃起機能不全の治療のために用いられていた。その後、これに興奮作用やオルガスムをもたらす作用があることがわかった [Hollander & McCarley, 1992; Jacobsen, 1992]。ヨヒンビンには、ノルエピネフリンの自己**受容体**を阻害する作用があり、これによって、ニューロンからノルエピネフリンが放出されるのを抑制しない。そのため、シナプスにおけるノルエピネフリン量が増える。これによって、男性でも女性でもオルガスムが促される。ヨヒンビンは、セックスの二〜四

▼**半減期**（原注）治療停止後に、血液中の医薬品濃度が、治療中の半分になるまでに必要な時間のこと。医薬品の効果が、測定可能な値の半分になるまでに要する時間を指す場合もある。

時間前に投与されると、このように作用する。

セロトニン2A受容体は、オルガスムの遅れや無オルガスム症を促すことが確実にわかっており、これらの受容体を阻害する医薬品の有効性を試すために使われている。この結果、抗うつ作用があるネファゾドン、ミアンセリン、ミルタザピンは、SSRIsや抗うつ剤ベンラファクシンとの併用によって引き起こされるオルガスム障害を緩和することがわかった [Aizenberg, Gur, et al., 1997; Reynolds, 1997]。抗うつ剤セルトラリンによる無オルガスム症も、性交する一時間前に同じく抗うつ剤であるネファゾドンを投与すれば改善することが報告されている [Reynolds, 1997]。さらに、シプロヘプタジン（強力なセロトニン2A拮抗効果のある抗ヒスタミン剤）がセックスの前に服用されれば、通常のオルガスムを得ることができ、MAO阻害剤、三環形抗うつ剤、SSRIsによって引き起こされた性的副作用が緩和される [Arnott & Nutt, 1994; Woodrum & Brown, 1998]。

セロトニンが性的反応に与える影響を調整するのは、明らかにセロトニン1A受容体だ。この性質から、セロトニン1A受容体は、医薬品を原因とする性機能障害の治療薬となりうる。そうした治療薬の一つとして、セロトニン1A受容体の**作動薬**である精神安定剤ブスピロンがある。ブスピロンは、性欲やオルガスムに及ぼす抗うつ剤の副作用を改善することがわかっている [Norden, 1994]。その他の**神経伝達物質系**にも影響するが、主な効果はセロトニン系を経由してもたらされるようだ。

無オルガスム症に関連してよく知られている、抗精神病薬や抗うつ剤によるもう一つのメカニズムは、ドーパミン作用の阻害や減少だ。**辺縁系**（前頭前皮質、帯状回、側坐核ニューロン）に存在するシナプス後D2受容体は、オルガスムの発生に関わっている。

ブプロピオンにはセロトニン作用がなく、性機能障害を引き起こさない抗うつ剤だ [Montejo et al., 2001]。一方、これがオルガスム [Segraves et al., 2004] と射精を促しうるとする報告もある。ブプロピオン（とくにそのヒドロキシル化代謝物）は、ノルアドレナリンとドーパミンの再取り込み阻害剤であり、この効果が抗うつ作用をもたらす。このドーパミン作用が性的反応を促すようだ。ブプロピオンを長期的に服用すると、性欲・興奮・オルガスムといった性的反応の各段階で改善がもたらされる〔論評については J. M. Ferguson, 2001; A. H. Clayton et al., 2003 を参照のこと〕。アマンタジンなどの他のドーパミン作動薬も、抗うつ剤による望ましくない性的な副作用を緩和すると報告されている。

第13章 ドラッグはオルガスムを高めるのか？

性的反応を高めるために、「気晴らし」用の麻薬が乱用され続けているのは、これらの物質に効果があると広く考えられていることを示している。

これらの薬物がオルガスムに及ぼす影響について調べた研究者らは、使用者たちの経験だけでなく、オルガスムの本質にも焦点を当てている。ここでは、主な「気晴らし」用の薬物とオルガスムに及ぼす効果について改めて確認してみる。

1……マリファナ

マリファナは、大麻という植物から作られる。マリファナとアルコール（抑制薬の一つ）は、もっとも世界的に普及している娯楽用のドラッグと言えるだろう。燻すと化学成分が脳に運ばれ、日常的に摂取する分量で軽い幻覚を起こさせる。マリファナの重要な化学物質は、デルタ9テトラヒドロカンナビノール（ＴＨＣ）である。一回分の分量で幸福感をもたらし、人間関係の緊張をやわらげ、悟りを得たと感じさせる傾向がある。

性的反応に対する即効的な効果は、摂取した人の個性や経験、摂取した状況の社会的な背景、効果に対する期待によって大きく異なる。大半の人は、マリファナによって性行為が、大胆で充実したものになったと述べる。

また、マリファナを吸うと、吸わないときよりもオルガスムが強く、長時間感じることができ、満足のいくものになったという声もある。オルガスムの最中、生殖器あたりの筋肉が収縮するのがわかるなど、末端部分の感覚が鋭くなるという [Kaplan, 1974]。その他、マリファナを吸うとオルガスムを感じるまでに時間がかかるが、感じるときは大きな快感になるという人もいる。

このような事例を中心とした報告とは対照的に、マリファナの常用者には性機能障害が多いという研究データがある。三〇〇四人の成人男女を対象にした、麻薬による性機能障害を分析した最近のデータでは、マリファナとアルコールが性欲を減退させることはないが、それらの摂取と無オルガスム症には明らかに関係があることがわかった [Johnson, Phelps & Cottler, 2004]。性行為への影響は、常習者が「無気力症候群」におちいる結果である可能性がある。マリファナの常用は、全般的に気力を失うのが特徴で、セックスを含む日常生活に影響を及ぼす可能性が高いからである。

2……エクスタシー（MDMA）

一般的には、「エクスタシー」という名称で知られているMDMA（3、4－メチレンジオキシメタンフェタミン）は、アンフェタミンから作り出されるものだが、効きめの実感や身体への影響はアンフェタミンとは異なる。

エクスタシーは、対外的な反応や性的反応に大きな影響を及ぼす。これを娯楽として摂取する人びとは社交的になる、前向きになる、セックスにもいい効果があると述べる。エクスタシーの催淫効果を検証するために、近年行なわれたいくつかの研究では［Zemishlany, Aizenberg & Weizman, 2001 など］、摂取した男女の九〇％以上が、性欲が適度に強くなった、かなり強くなったと回答したことがわかった。しかし、男性の四〇％で勃起が弱くなっていた。通常は、オルガスムに至るまでに時間がかかるが、薬を使わない場合よりは強く、深みのあるものになるという。エクスタシーがこうした効果を及ぼすメカニズムは、よくわかっていない。

3……吸引ガス・ポッパーズ（亜硝酸アミル）

亜硝酸アミルは、揮発性の液体で、狭心症の不快感や痛みを緩和するために使われている。血管拡張作用が強いため、短時間で効果が現れる。製剤としては、使いきりのガラス製の小瓶に入って売られている。吸引するためにガラス瓶を開ける際、ポンという小さな音がする。亜硝酸アミルを使用する人びとは、オルガスムを感じ始めたときに吸い込めば、強く感じるのだと述べる。

生殖器部分の血管を拡張させることが、この効果をもたらす基本的なメカニズムだ。拡張した結果、強く勃起し、より強く感じるようになる。亜硝酸アミルを吸引すると血圧が急激に下がるため、脳内にも直接的な興奮効果があると思われる。性的な場面であれば、より感じやすくなる。亜硝酸アミルを吸引する場合は、シルデナフィル（バイアグラ）を併用しないように注意する必要がある。血圧降下という相乗的な効果があるからだ。

4……アンフェタミンとコカイン

精神刺激薬、とくにアンフェタミンは、二〇世紀後半まで広く治療に用いられていた。現在は、食欲抑制剤（減量目的）としてのみ用いられ、デキストロアンフェタミン（デキセドリン）のような派生物質は、注意欠陥多動性症候群（ADHD）やナルコレプシー（俗にいう「居眠り病」）の治療に用いられている。

精神刺激薬は、娯楽用の薬物として広く使われている。コカインは強力な興奮剤で、スタミナを増強させる（ジークムント・フロイトは、この効果を実感するために自ら実験台となった）[Chiriac, 2004]。コカインを摂取すると感覚が鋭く、陶酔状態になると言われている。得がたいと思わせるほどの高揚感をもたらすために乱用される原因となっている。

アンフェタミンがもたらす精神的な効果は、コカインとよく似ているが、高揚感は若干弱い。コカインもアンフェタミンも、基本的にはドーパミンを活性化させることで作用する。コカインは、ドーパミンの**再取り込み**を阻害し、アンフェタミンは、**神経伝達物質**の分泌を促すような刺激を与え、その取り込みを妨げる。静脈にコカインを注射すると、非常に大きな陶酔感（ラッシュ）を得る（コカイン・ラッシュ）。これをセックスの際のオルガスムと同じだと考える人もいる。

コカインでも、アンフェタミンでも、セックスの前に使うと、オルガスムが促され、より大きな快感を得られるという [N. S. Miller & Gold, 1988; Kall, 1992]。カールは、少なくとも半年間、週に一度以上、アンフェタミンを使った若い男性二九人について調べた [Kall, 1992]。このうちの二七人は、アンフェタミンを使ってからセックスをした経験があった。そして、二一人は強いオルガスムを感じたといい、二三人は性交が長く続いたと報告した。しかし、コカインやアンフェタミンを日常的に使う中毒者は、性機能障害や無オルガスム症になる割合が高い。妄想型統合失調症に似た症状が現れることも多い。

5……ニコチン

喫煙やニコチンそのものが、性的反応やオルガスムに及ぼす影響については、まだ包括的な研究がなされていない。おそらく、ニコチンが著しい影響を及ぼさないからだろう。

ニコチンは、神経伝達物質アセチルコリンと同様の強力な作用を及ぼしうることからすれば、影響を及ぼさないことが意外に思われる。フィッシャーが女性を対象にして行なった初期の研究では［Fischer, 1973］、分析された性的反応のパラメータのほとんどで、喫煙の影響をはっきりと認めることはできなかった。興味深い例外は、喫煙本数と女性が報告したオルガスムの強さとが明確に比例していたことだ。おそらく、ドーパミンに反応する刺激の報酬効果が関わっているのだろう。

第14章　脳活動を低下させる薬物のオルガスムへの影響

脳活動を低下させるさまざまな薬物が、治療や娯楽として使われている。ほぼすべての抑制薬が人間の性的反応に影響を及ぼすが、効果の質には違いがある。その違いは、とりわけ、一回分の服用量、服用頻度、服用される社会状況などによって異なる。

抑制薬は、二つのグループに分類できる。一つは、GABA-A**受容体**（GABA**様作用**を活性化する）に作用し、もう一つは、アヘン受容体に作用するものだ。これは通常、エンケファリン、エンドルフィン、ダイノルフィンといった内因性オピオイド**神経ペプチド**によって活性化される。GABA（ガンマアミノ酪酸）は、おそらく、神経系の中でもっとも一般的な抑制性の**神経伝達物質**だ。**中枢神経系**にあるシナプスの三〇～四〇%で見つかると推定されている [Best, 1990]。抑制性の神経伝達物質は、作用する神経の活動を刺激するのではなく、抑える効果がある。

1……アルコール

アルコールとは、非常に複雑な影響をもたらす薬物である。意外なことに、アルコールはおそらく人間に初めて投与された向精神薬であり、もっとも普及し、娯楽用薬物として乱用されているが、薬理学的にはいまだに充分な解明がなされていない。

これが、多くの神経伝達物質（受容体や酵素も含め）に影響を与えることは間違いなく、ニューロン膜にも非特異性の作用を及ぼす。だが、いくつかのデータから、アルコールはGABA－A受容体を変調させ、これの抑制作用を強くすることがわかっている。さらにアルコールは、別の興奮性神経伝達物質（グルタミン酸塩）の効果も抑える。これは別のタイプの受容体（NMDA〔Nメチル D アスパラギン酸〕）に作用する。それによって、アルコールには、GABA－A受容体を通してニューロンをより抑制するだけでなく、NMDA受容体を通して興奮も抑えるという二重の抑制作用があるのである。

アルコールには催淫効果があるとする民間伝承は多く、一般的にもそう考えられている。だが、アルコールには中枢神経系を抑制する力が強く、セックスの前にアルコールを飲むと、わずかな量であっても勃起に影響する［Wilson, 1981］。催淫剤だとされてきたのは、不安を軽減し、社会文化的な自制を失わせるという事実に基づいており、そのため、**脱抑制**的、すなわち解放的で、一時的に性欲を増加させるものと受け止められるようになったのだ。

だが、アルコールの影響が強くなると、飲んだ人はセックスをうまくできなくなる傾向がある［D. E. Smith, Wasson & Apter-Marsh, 1984; N. S. Miller & Gold, 1988］。セックスに対するアルコールの影響をうまく表現したのは、かのシェークスピアである――「その気は盛んになりましても、力は抜けてしまいます▼」。

大量の疫学サンプルに基づく近年の研究から、男性の場合、アルコールを飲んだ人がセックスすると、オルガスムを感じるまでに時間がかかる、あるいは、感じないことがわかった［Johnson, Phelps & Cottler, 2004］。女性の場合、日常的なアルコール摂取と、オルガスムを感じるような生殖器の刺激には、直接的な相関関係（正相関関係）がある［Fischer, 1973］。別の研究によれば、適度な量であれば、アルコールは女性の性的反応のすべての段階を促すことがある。これにはオルガスムも含まれるが、強くなるのは、性的に興奮したと感じる女性の実感だけである［Malatesta et al. 1982］。

早漏治療として、セックス前のアルコール摂取を勧められていることには理由があるようだ。だが、われわれの知る限り、早漏治療におけるアルコール摂取の有効性を確認する、詳細に計画された研究は存在していない。

2……トランキライザー（抗不安薬）

アルコールと比べ、ベンゾジアゼピン系抗不安薬の効果のメカニズムは、よくわかっている。これらの薬物は、特定の部位（ベンゾジアゼピン部位）でＧＡＢＡ－Ａ受容体と結合し、ＧＡＢＡ様作用を増強する。この相互作用によって、塩素チャネルを通る塩化物イオン（Cl⁻）が増える。これが「過分極化」して、受容体ニューロンを阻害する。阻害することで、ベンゾジアゼピン系抗不安薬が精神を落ち着かせ、痙攣を抑え、苦痛を和らげる効果を発揮する。こうした効果が安定状態をもたらすため、乱用する人も出

▼「その気は盛んになりましても、力は抜けてしまいます」『マクベス』第二幕第三場で、門番がマクダフに言う、「酒を飲むと淫情はつのりもしますが、衰えもします」に続く台詞。

てくる。精神安定効果から予測できることだが、ベンゾジアゼピンは少量でも、不安を抱えている人の社会的、性的なコミュニケーションをスムーズにさせたり、性欲を増進させることすらある［Fava & Borofsky, 1991］。いくつかの研究［Matsuhashi et al. 1984］から、ベンゾジアゼパムは［ベンゾジアゼピン誘導体の抗不安薬］心因性の勃起機能不全を改善させることがわかっており、勃起機能を改善するだけでなく、性的な満足感ももたらす。ベンゾジアゼピンによるこの非抑制効果は、男性でも女性でも報告されており、ベンゾジアゼピンの影響による性的虐待（デートレイプ）を助長する場合もある。「加害者がこうした薬を選ぶのは、すぐに効果が出る上、**随意筋**が抑制されずに弛緩するからだ。また、被害者には、この薬の効果が続いている間に起きたことを忘れてしまうという前向性健忘がもたらされる」［R. H. Schwartz, Milteer & Le Beau, 2000］。一方、不安やパニック障害の治療を目的として大量に服用すれば、長期にわたって性行為を衰えさせる。リチウムとベンゾジアゼピンで治療を受けた双極性障害（躁うつ病とも呼ばれてきた）の患者を対象にした研究では、その半数が無オルガスム症などの性機能上の問題が起きたと報告した［Ghadirian, Annable & Belanger, 1992］。リチウムだけを用いた治療ではこうした報告はなかった。

別の種類の向精神薬（バルビツール酸系催眠薬）の服用に関する事例報告から、同様の状況が浮かんできた。この医薬品は、ベンゾジアゼピンが治療に用いられるようになるまで、鎮痛剤や精神安定剤として処方されてきた。主な効果は鎮痛で、適切な量であれば麻酔効果もある。驚くことではないが、バルビツール酸系催眠薬は性機能障害や無オルガスム症を引き起こす。ＧＡＢＡ－Ａ受容体にはバルビツール酸系睡眠薬だけに作用する**リガンド**部位があり、（少なくとも部分的な）鎮痛効果をもたらすことによって、ＧＡＢＡ様作用を強化する。ＧＡＢＡ－Ａ受容体を強化する調整因子によってＧＡＢＡ様作用が強化される結果、男性でも女性でも性行為が抑制されるようだ。このように、ガバペンチンの投与によって男性被験者一人に無オルガスム症の症状が出たことが報告されている［Brannon & Rolland, 2000］。

3……アヘン(モルヒネ、ヘロイン、メタドン)

アヘンはもともと中毒性がなく、強い鎮痛効果を持つものを作り出すために研究されていた。最近の研究の焦点は、アヘンの乱用性である。一般的に、アヘンは性的反応を鈍らせる。しかし、アヘン製のヘロインを静脈に一気に注射すると、脳内の薬物濃度が高くなり、一時的に強い快感をもたらす。これがオルガスムに似ていると表現されることもある[De Leon & Wexler, 1973; Mirin et al., 1980; Seecof & Tennant, 1986]。

ヘロインによるオルガスムに似た「ラッシュ」(陶酔感)は、脳の腹側被蓋領域を刺激することによって発生する。腹側被蓋領域には、側坐核ニューロンなどの辺縁領域の「報酬中枢」へと伸びるドーパミン作動性ニューロンが存在する。PETによる測定から、腹側被蓋領域は、射精中に活発になることがわかっており[Holstege et al., 2003]、fMRI(**機能的磁気共鳴画像法**)から、女性がオルガスムを感じている間は、側坐核ニューロン領域が活発になることがわかっている[Komisaruk, Whipple, Crawford, et al., 2002, 2004]。男性でも女性でも、アヘンやオルガスムによって、**ドーパミン作動性**の脳活動が活発になることから、オルガスムとヘロインに増強効果があることが説明できる。だが、アヘン中毒は、オルガスムに似た急性効果とは別のメカニズムによるものだ。

ウィリアム・バロウズの小説『裸のランチ』[William Burroughs, "Nakid Lunch", 1959]で、ベンウェイ医師は、この話題に触れてこう発言している。

「すべての快楽が緊張状態から解放されることであるなら、麻薬は精神エネルギーと性的衝動の中枢である視床下部をばらばらに切断することによって全生命過程からの解放をもたらす。私の仲間の学者のなかには(無名のやつらだが)、麻薬の陶酔効果はオルガスム中枢の直接刺戟から出ていると言っている連中がいる。だが、麻薬は緊張、解放、休息の循環を全部停止するという方が理屈にあいそうだ。中毒者のオルガスムは活動しない」〔鮎川信夫訳、河出書房新社、一九八七年〕。

実際、アヘン（モルヒネ、ヘロイン、メタドンなど）を常用すると、あらゆる性的反応が損なわれる。こうした効果は、大概、アヘンが脳と下垂体・生殖腺軸のコントロールを阻害することが原因である［Mirin et al., 1980; Pfaus & Gorzalka, 1987］。それによって、ヘロインは下垂体の黄体形成ホルモン（睾丸のテストステロンの分泌を抑える）分泌を突然抑制し、結果として性行為を損なう。

オルガスムの頻度などセックスに対する同様の抑制効果は、アヘン依存症の治療のためにメタドンを投与された男女でも見られる［Crowley & Simpson, 1978］。逆に、アヘンから離脱する際、「すさまじい勢いで」性欲が急激に強くなるという報告がある［Erowid, 2005］。

最近、アヘン依存症の薬物治療に、ブプレノルフィンが用いられるようになった。これはメタドンやその他のアヘンの場合とは対照的に、テストステロン量を減らすことがなく、性的な副作用をもたらすことも少ない［Bliesener et al., 2005］。

第15章　性感や精力を高めるとされてきた薬草の効果

性欲やオルガスムの増進、性的満足を大きくさせるような物質を求めてきた長い歴史を考えると、現在、そうした性質を持つとされる薬草は数多く存在する。

植物由来成分や薬草を使った「性機能障害」の治療について、ローランドとタイの論評によれば［Rowland and Tai, 2003］、**二重盲検試験**による**偽薬対照研究**で、人間で治験したものはほとんどないことがわかった。だが、客観的な研究によって「媚薬」だと言い伝えられている薬草の一部には、性的反応のある段階には効果があることがわかっている。

薬草の製品に処方箋は不要で、多くの国では食品医薬品機関に規制されておらず、手に入れやすいうえ、場合によっては処方薬よりも安価だ。本章では、二重盲検試験による偽薬対照研究によって人間で治験を行なった薬草の効果だけを取り上げる。

1……ヨヒンビン

ヨヒンビンは、アフリカにあるヨヒンベの幹から採れるもので、勃起に関わる問題の治療薬として、古くから知られている。勃起機能不全（ＥＤ）治療のために初めて治験されたものの一つである。

ヨヒンビンは、アルファ２型アドレナリン抑制因子で、**中枢神経系**にも、末梢神経系にも作用する。勃起に効果があるのは、生殖器組織に分布するアドレナリン**受容体**を阻害することが、一つの要因だとされている［Rowland & Tai, 2003］。

二重盲検の偽薬対照研究では、一日に一五～三〇ミリグラムのヨヒンビンを処方したところ、約二〇％に勃起に大きな効果があり、四〇％が部分的に改善した［Morales et al., 1987; Rowland, Kallan & Slob, 1997］。女性の場合は、それほど明確ではなかったが、抗うつ剤による無オルガスム症が改善したと言える結果が得られた［Segraves, 1995］。また、ヨヒンビンは、ノルエピネフリンの放出を抑制することもないため、「媚薬」効果がある［E. Hollander & McCarley, 1992］。

副作用としては、頭痛・発汗・興奮・高血圧・不眠が挙げられる。ある種の血管障害・神経障害・精神障害のある人には、使用が禁じられている［Rowland & Tai, 2003］。

2……イチョウ

イチョウ（別名、乙女の毛の木）の葉の抽出物には、性的反応を刺激する効果があることが、複数の証拠からわかっている。世界の多くの国で、乾燥させた葉の抽出物を薬局で購入することができる。

イチョウが血管を拡張させるメカニズムは、二つある。一酸化窒素を生成すること、血小板活性化因子を抑制することだ。複数の事例報告から、イチョウは男女を問わず性的興奮を促すことがわかっている。試抽出物に、さまざまな抗うつ剤による性的反応障害を緩和する効果があるかどうかも実験されている。試された抗うつ剤は、選択的セロトニン再取り込み阻害剤（ＳＳＲＩｓ）、モノアミン酸化酵素（ＭＡＯ）阻害剤、三環形抗うつ剤だ［Cohen & Bartlik, 1998］。この研究では、イチョウによって八四％の事例で性機能が改善した。男性（七六％）よりも女性（九一％）の方が効果が大きかった。イチョウは、性欲・興奮・オルガスムに効果があることが記されている。

イチョウの抽出物には、活性薬剤となりうる物質が多く含まれている。フラボノイド、配糖体、ビフラボン、テルペンラクトンなどで、おそらく、神経系にある複数の神経伝達物質に影響を与え、イチョウが認知や記憶に効果的だとされるのも、この物質のせいだろう。男性を性的に興奮させる作用は、陰茎海綿体の血管平滑筋を弛緩させるためだと考えられる。このため、ペニスに流入する血液が増える。効果を及ぼすメカニズムは異なるものの、イチョウの究極的な効果は、ある程度、シルデナフィル（バイアグラ）に匹敵する。一方、女性や女性のオルガスムにどうして効果的なのかは明らかでない。総合的な対照研究が必要だが、イチョウは数少ない催淫性の植物の一つではあるようだ。

注意しておくべき点は、イチョウには「抗凝血」作用があるため、ヘパリンやワルファリン（クマディン）や、アスピリンやその他の非ステロイド系の抗炎症性薬といった抗凝血剤治療を行なっている人には禁じられている。また、ＭＡＯ阻害剤に逆効果をもたらす場合もある。これらの医薬品の投与を受けている人は、栄養補給剤の含有物を確認し、イチョウ成分が含まれていないことを確かめる必要がある。

3……朝鮮人参

古くから催淫薬だとされ、最近の研究で確認されたものとして、朝鮮人参がある［Spinella, 2001］。朝鮮人参の種類には、パナックス属の植物のいくつかの近縁種も含まれている。催淫薬としての評判に加え、朝鮮人参は「適応促進薬」でもあるとされている。心理的・生物学的な適応力を強め、ストレスに耐えられるようにする成分だ［Sirpurapu et al., 2005］。朝鮮人参には、ステロイド、サポニン、「ジンセノサイド」が含まれる。こうした成分は、アセチルコリン、GABA、モノアミン、一酸化窒素、オピオイドに影響を与える。性的反応への明らかな効果としては、性的興奮があり、その一つは、一酸化窒素経路による勃起である。朝鮮人参は、EDなどの一定の性機能障害の治療に関しては、抗うつ剤のトラゾドン▼よりも効果がある。EDの男性に対する全般的な治療効果は、朝鮮人参が六〇％で、トラゾドンは三〇％である［Choi & Seong, 1995］。

4……アルギン・マックス

「アルギン・マックス（Argin MAX）」とは、栄養補助剤《サプリメント》として販売されている商品である。このサプリは男性用と女性用に分かれている。男性用は、朝鮮人参、アメリカ人参、イチョウ、エルアルギニン（アミノ酸）、その他さまざまなビタミン、ミネラルが含まれている。男性への効果を調べた最初の予備研究は、非盲検試験で（調査員も被験者も、偽薬ではなく、このサプリを受け取ったことを認識している）、軽度から中程度のEDである二一人を対象にしたものだった［Ito et al., 1998］。被験者は四週間にわたって服用した。性機能に関する質問票から、八九%がセックスで勃起を維持できるようになり、七五%で性生活全般に対する満足感が増し、二〇%でオルガスムに達する回数が増えたという結果が出た。唯一の副作用は頭痛で、五%だけだった。

その後、二重盲検の無作為な偽薬対照研究（処方する側も、無作為で選出された被験者あるいは偽薬被験者も、サプリと偽薬のどちらを与えられたのかを知らされない）では、軽度から重度のEDである五二人を対象にした［Ito & Kawahara, 2006］。四週間後、このサプリを与えられた被験者の八四%がセックスで勃起を維持できるようになった。これに比べ、偽薬被験者では二四%だった。性生活全般に対する満足感が増したのは八〇%で、偽薬被験者では二〇%、オルガスムが改善したのは三六%で、偽薬被験者では二四%だった。

女性向けのアルギン・マックスも、栄養補助剤《サプリメント》として販売されており、エルアルギニン、朝鮮人参、イチョウ、多種のビタミンやミネラル、ダミアナ（プロゲステロンのような物質で、トゥルネラ・ディフサ（*Turnera diffusa*）という植物に由来する）が含まれている。女性七七人を対象に、二重盲検の偽薬対照研究が行なわれ、三四人にこのサプリを、四三人に偽薬が与えられた。四週間後、サプリを与えられたうちの七四%が性生活全般で満足感が増したと答え、偽薬被験者では三七%だった。また、アルギン・マックス療法のグループでは、性欲が大幅に増し、膣の湿潤が改善し、性交の回数が増え、よりオルガスムを感じるようになったという報告もあった。どちらのグループでも、副作用は報告されなかった［Ito, Trant & Polan, 2001］。

▼トラゾドン　第11章2節の「抗うつ剤がオルガスムに及ぼす作用のメカニズム」を参照。

5……ゼストラ（女性用潤滑剤）

女性の性的快感を高めるための潤滑剤として薬局で多くの製品が入手できる。これまでに研究され、査読誌でその結果が報告されているのは、こうした製品の一つ、「ゼストラ」だけである。

女性用潤滑剤である「ゼストラ」は、天然植物オイルから製造された、女性の性的な快感や興奮を高めるための商品である。外陰部に直接塗って使う。ゼストラには、ルリヂサオイル、月見草油、アンジェリカルート抽出物、コレウスフォルスコリ抽出物、パルミチン酸アルコルビル、DL－アルファ・トコフェロールが含まれている。無作為に抽出された二重盲検、偽薬対照がクロスオーバー研究で行なわれ、この商品の効果と安全性が評価された［D. M. Ferguson et al. 2003］。

研究対象は、性的興奮障害との診断を受けた一〇人と、そうした診断を受けていない一〇人だった。性的興奮障害のグループは、オルガスムの回数が大幅に増えた。その他測定されたすべての変数（性欲レベル・性的興奮レベル・性的興奮レベルによる満足度、生殖器での感覚、性的快感、セックスの充実度）で、ゼストラを塗った方が向上した。そのうちの三人が、ゼストラを塗ってから五～三〇分程度、生殖器が燃えるように感じることが一度ずつあったと報告した。

これまでに述べた植物由来の製品に加え、ムイラプアマ抽出物、ノコギリヤシ、ハマビシ抽出物、マカなども性機能に効果があるように語られるが、いずれも、充分な数の男女の被験者を使った体系的な研究は行なわれていない。

一般的な注意事項として、充分に管理された臨床実験で安全性と効果が示されないうちは、医療関係者も一般消費者も製品を勧めたり、使用したりするべきではない。女性は、男性の臨床実験しか行なわれていない製品を使うべきではなく、逆もまたしかりである。

▼**クロスオーバー研究**（原注）一方のグループに有効成分と推定される物質を処方し、他方のグループに偽薬を処方する。充分な時間をおいてから効果を評価し、二つのグループへの処方を入れ替える。その後、再び充分な時間をおいて効果を測定する。最終的には、研究全般にわたって全参加者が、順番は異なるものの、有効成分と推定される物質と偽薬の両方を与えられることになるというもの。クロスオーバー比較試験、交差試験とも呼ばれる。

第16章 性ホルモンとオルガスムの謎

性行為やオルガスムを含む、あらゆる生殖プロセスは、**中枢神経系**のホルモンの働きに大きく影響される。逆に、中枢神経系は、これらのホルモンを作り出す内分泌腺をコントロールする [Ferin, 1983]。化学分類の異なるいくつかのホルモン（タンパク質、ペプチド、ステロイド）は、人間も含めた哺乳類の性行動を、さまざまなレベルでコントロールしている。

1……いかに性ホルモンは作用しているか？

性行動は、脳下垂体－性腺軸で生成される一連のホルモンの連携作用に左右される [McCann & Ojeda, 1996]。脳下垂体－性腺軸を説明するために、脳の、主として視床下部にある小さなニューロンを取り上げたい [Schally, 1978]。これらのニューロンの**軸索末端**は、通常のシナプスにはなっていないのである。

通常、シナプスとはわずかな間隙であり、機能がある。ニューロンは、ここで**神経伝達物質**を放出し、放出された神経伝達物質は、隣のニューロンを刺激または阻害する。一方、脳下垂体－性腺軸では、ニユーロンの軸索末端は「**門脈系**」と呼ばれる特殊な毛細血管網になっている。この部位で、下垂体と脳が接している。この血管は普通とは異なり、両端に毛細血管床がある。一方は、脳にあって神経末端につながっており、他方は、下垂体ホルモンを分泌する細胞に隣接する脳下垂体前葉にある。その他の血管はほぼすべて、動脈も静脈も、一方の血管の末梢部にのみ毛細血管床がある。この末梢部で、個々の体細胞近くまで血液を運んだり、運び出したりしている。他方の末梢部は、心臓につながって血液を供給したり排出したりしている。これは血管床ではなく、給油口のようなものである。

脳と下垂体前葉をつなぐ門脈系には、独自の機能がある。神経末端から視床下部の毛細血管床に放出された神経化学物質を取り込み、ごくわずかな距離（ミリメータ単位）だけ、性腺の毛細血管床を伝って、個々の下垂体細胞まで直接かつ確実に運搬することだ。このように視床下部下垂体門脈系の構造は非常に効率的で、集中的に存在している（かなり局在しているためだ）神経化学物質を使い、微量の特別な神経化学物質を、それを必要とするわずかな数の下垂体細胞まで直接かつ確実に運んでいる。全身をめぐる血液によって、効果を失ってしまうほど希釈されることがないようにしているのである。

特殊な視床下部神経細胞によって、この門脈系に放出されたある種の神経化学物質とは、デカペプチドだ。その分子は、飾りのついた腕輪のような構造をしており、一〇種のアミノ酸でできている（それぞれが「飾り」になっている）。ゴナドトロピン分泌ホルモン（ＧｎＲＨ）は、視床下部神経細胞で合成されたデカペプチドで、脳下垂体前葉に運ばれる。ここで、ＧｎＲＨは特定の下垂体細胞を刺激し、「ゴナドトロピン」として知られている二種類のホルモンを分泌させる。二種類とは、卵胞刺激ホルモン（ＦＳＨ）と黄体形成ホルモン（ＬＨ）である。

その機能は、生殖腺（睾丸と卵巣）を刺激し、配偶子（精子と卵子）を成熟させ、**性ホルモン**を作り出すことだ。ＬＨは合成をコントロールし、卵子と精子によって生成されたホルモンを血液に分泌する。そのホルモンには、エストロゲン（卵胞ホルモン。女性の性活動、第二次性徴を促進する）、プロゲスチン（黄体ホルモン。女性の性周期、妊娠に関与する）、アンドロゲン（男性ホルモンの総称。性腺と副腎から分泌され、男児に外性器の分化や二次性徴の発現を引き起こし、思春期以降は精子形成を促進する）がある（それぞれに化学的に関連したホルモンがある。たとえば、エストラジオール、エストリオール、エストロンはエストロゲンに関連している。化学構造は微妙に異なり、効能も異なる）。こうしたステロイドは、生殖腺だけではなく、副腎皮質や脳細胞（この場合「神経ステロイド」）によっても生成される。一般的に、女性はエストロゲンを優先的に作り出し、男性はアンドロゲンを作り出すとされているが、どちらの性ホルモンもどちらの性でも作られている。

ホルモンは、異なる細胞メカニズムを経由して作用し、そのすべてに特定の受容体が関わっている[Mendelson, 1996]。ホルモンの中には（ＧｎＲＨなど）細胞膜に存在する**受容体**を経由して機能するものがある。受容体は、通常、セカンド・メッセンジャー（たとえば、環状アデノシン１リン酸。環状ＡＭＰまたはｃＡＭＰと略記される）を通して、細胞内部にホルモンの情報を伝える。こうしたホルモンの作用は、通常、潜時（反応が起きるまでの時間）が短く（わずかに遅れて作用するなど）、作用時間も短い。一方、ステロイドホルモン（テストステロンなど）は細胞内に自由に入り込み、細胞内の受容体と結合する。まずホルモンと結合し、次に細胞遺伝要素（ゲノム）に作用して「転写」と呼ばれるプロセスでＤＮＡの特定の領域を活性化させる。転写によりメッセンジャーＲＮＡ（ｍＲＮＡ）が作り出され、次いで、特定のタンパク質を合成するプロセスに至る。特定のタンパク質とは、酵素・受容体・輸送体や、さまざまな細胞の有効成分兼構成要素である構造タンパク質などである。

ステロイドホルモンのいわゆるゲノム作用が、第一段階であるタンパク質合成に至るには、数分かかる。ステロイドホルモンに対する明確な反応（臓器成長など）が確認されるには、数日を要することがある。

すなわち、テストステロンを投与すると性行動を取るようになり、去勢した動物のオスの前立腺を復活させる。だが、通常これが起きるのは、数日経ってからということである。

人間のオルガスムは、末梢部分（不随意筋や随意筋など）の反応であれ、意識的な体験であれ、比較的短時間の体験にすぎない。平均すると、長くても男性で二五秒、女性で一七秒である［Bohlen, Held & Sanderson, 1980; Bohlen et al., 1982; Carmichael, Warburton, et al., 1994; Mah & Binik, 2001］。どちらのオルガスムも、神経回路が短時間活性化されるために起きる。ドーパミン、セロトニン、ノルアドレナリンなど、多様な神経伝達物質によって、さまざまに異なる神経群が興奮したり阻害されたりする結果である。性腺ステロイドは、潜時が長く、オルガスムの発生に直接には関与しないことがわかっている。だが、性ホルモンが充分に作られない場合（病気のためや、睾丸や卵巣を摘出した後など）、男性でも女性でも無オルガスム症になったり、性欲が減退したりすることが多い。

2……性ホルモンが男性の性行動に及ぼす影響

古代から観察されてきた性欲と睾丸の関係

性行動には、性腺（精巣や卵巣）が重要であることを示す証拠は、古代に行なわれた生物学的観察から得られている。家畜の去勢は古くから行なわれており、その効果も記録されている。人間の去勢については、古代エジプトに文書が残っており、紀元前一五〇〇年の古代メソポタミアのアッシリア法では刑罰として確立していた。

性欲と睾丸が関連していることは、古代においてもよく理解されており、アフリカのキリスト教哲学者であったワレリウスの訓示も、それを裏づけている。ワレリウスは、貞操を守る唯一の安全な方法は、去勢だけだと主張しており、信徒の間では普通に行なわれていた。他には、一部の宦官《かんがん》が性交する能力を維持していたことも古代から知られていた。実際、地中海東部のいくつかの国では、宦官に結婚が許されていた。また、風刺詩人ユウェナリスが明かしたように、古代ローマには、生殖能力のない宦官との性行為を好む女性もいた。

去勢された男性は性行為が減る傾向はあったが、その影響は個人によって大きく異なっていた。年齢や性経験の有無といった要素は、性欲の持続期間（去勢後にどれくらい性欲が続くか）やオルガスムを感じるか否かに影響すると考えられた。

去勢が人間の男性やその他の動物のオスの性行動に及ぼす影響から、性欲と射精オルガスムとは、別のプロセスであることがわかっている。おそらく、脳の別の部位に情報が届くのだと思われる。射精オルガスムは精巣からの分泌に大きく依存しており、動物の場合は、通常、去勢後の早い段階で見られなくなる。多様な性行動の一つひとつが断絶していく点を初めて総合的に研究したのはストーンであり［Stone, 1932］、ウサギを使って実験を行なった。彼は、射精（あるいは射精に関わる行動パターン）は、去勢後すぐに（八〜五三日）なくなってしまう一方、メスに乗駕する、スラストするなどは、数か月間続いたと記録している。ラットの場合、去勢後、最初に消滅する性行動の一つが、射精能力であることはよく知られている［Stone, 1938］。霊長類に関する報告書の多くで、性行為をしたことのあるアカゲザルの成長したオスの場合、去勢すると性行為が徐々に見られなくなることが記されている。最初に見られなくなる行為の一つは射精で、去勢後二〜四週間で減り始める。一方、乗駕はもっと長い間続く［Michael & Wilson, 1973］。

睾丸と性行動が関係していることは、数千年前から記録されていたものの、行動が変わるのは、睾丸で作り出される物質がなくなるためだと認識されたのはずっと後になってからだ。テオフィル・ボルドーは一八世紀に「ホルモン」（当初は「セクレチン」と呼ばれていた）の概念を示したが、最初にホルモンが発見されたのは二〇世紀初め、ベイリスとスターリンによってである［Bayliss and Starling, 1902］。

去勢による実験

睾丸が分泌する物質が、オスの性行動や身体的特徴を維持するために不可欠であることは、ドイツの内分泌学者A・A・ベルトールが、一九世紀半ばに行なった研究によって明らかになった。彼は、内分泌学者の草分け的存在で、雄鶏を去勢するとオス特有の細胞（特徴的なのは頭の鶏冠で、それと喉の肉垂）が退化（萎縮）することを発見した。また、攻撃的な性質やメスに対する性的衝動などの行動も見られなくなった。去勢した雄鶏に精巣組織を移植すると、去勢によって退化した組織が回復しただけでなく、典型的な性行動を再び行なうようにもなった。シュタイナハは、一九一〇年、哺乳類でもこの観察を行ない、子どものときに去勢されたオスのラットに睾丸細胞を移植すると、成熟してから通常の交尾行動を見せるようになったことを報告している［Steinach, 1940］。

こうした研究を人間の男性に行なった勇気ある第一人者は、一九世紀フランスの生理学者ブラウン・セカールだ。ベルトールの雄鶏観察を基に、彼はサルの精巣組織を自分の腕に移植し、健康や性欲にプラス効果があったと主張した。精巣組織が、年配者や虚弱な人を回復させ、性欲も取り戻させるというアイデアを主張していたのは、ロシアの医師セルジュ・ボロノフだ。彼が、サルの精巣組織を使って男性患者数人の加齢と性欲減退を食い止めようとしたことは、よく知られている。ボロノフの手術による唯一の影響は、サルの純潔を確認したことだけだと、皮肉を込めて言われることがあるが、精巣細胞を移植された何人かは性生活によい効果があったと主張した。精巣組織が、性的に活発でない霊長類の性行動を回復させるに充分なホルモンを分泌する可能性を最初に示したのは、トレックである［Thorek, 1924］。彼は、サルの精巣組織を移植した結果、同じ種の去勢した個体の性活動が活発になったことを報告した。

数年後、テストステロン（精巣から分泌されるアンドロゲンの主なもの）が利用できるようになると、シュタイナハが示したように［Steinach, 1940］、アンドロゲンが男性の脳を「性的に刺激」し、人間も含めた多様な種の性行動に関わる要素が刺激されることを確認する研究に結びついた。男性の場合、二〇世紀前半に行なわれた多くの研究で、テストステロンや合成誘導体（プロピオン酸テストステロン、メチルテストステロンなど）を治療に使うと、去勢した、あるいは性機能低下性となった男性の性的反応を強化あるいは回復させることがわかった［Beach, 1948］。だが、こうした研究では、射精オルガスムが起きたかどうかは、ほとんど言及されていない。

テストステロンが男性の性行動を促し、思春期に性に興味を持ち始める直接的な誘因であることは、間違いない。だが、これが人間の性欲にどれほど重要な役割を果たしているのかは解明されておらず、問題も残ったままだ。たとえば、ここに興味深い見解がある。

（1）テストステロンは、性的反応に不可欠ではない。

（2）睾丸以外に、アンドロゲンを分泌する部位（副腎など）がある。

（3）アンドロゲンは、正常な精巣機能のある男性（去勢されていず、通常に機能する生殖腺がある男性）のレベル以上に、性行動を活発にさせうる。

（4）テストステロンは、エストロゲンに変化しうる（「芳香族化」と呼ばれるプロセス。「生体内変化」の一種）。驚くべきだが、これが男性の性行動を刺激する場合もある。

去勢後の性行動——精巣以外で分泌される男性ホルモンと性行動の関係

男性の性行動に、精巣アンドロゲン（精巣から分泌されるアンドロゲン）が必須なのかどうかについては、意見が一致していない。去勢した男性でも、性的反応を経験したことが観察されているからだ。去勢後何年か経ってからでも、オルガスムに至ることとすらある。

人間以外の霊長類でも、去勢が性行動に及ぼす影響は、個体によって大きく異なることが観察されている。フェニックスは、去勢したアカゲザル一〇匹のうち五匹が、手術をした翌年にペニスを挿入したことを発見した［Phoenix, 1973］。ロイは、七年前に去勢したアカゲザルのオスでも乗駕や挿入、射精の停止（射精直後に見られる一時的な性的「不応」期）を見せることがあると報告した［Loy, 1971］。わかりやすい説明の一つは、次のようなものだ。去勢後の性行動の残り方が大きく異なるのは、アンドロゲンやその他、人間や他の霊長類のオスが持つ性行動の刺激ホルモンに対する感応性が、明らかに各個体の遺伝子によってまったく異なるからだ。正常な精巣機能のある男性は、血漿中のテストステロンの濃度が一様ではないが、この差と性行動に見られる個体差との間に関係性はない［Schiavi & White, 1976］。

去勢後の交尾行動を維持したり回復したりするのに必要なアンドロゲンの量は、個体によって大きく異なることが動物実験からわかっているが、これは遺伝的な要因のせいだろう。それによって、去勢後の男性に残っていた性的反応は、わずかな量のアンドロゲンによるものだと考えられ、このアンドロゲンは精巣以外で生成されている可能性がある（精巣外網など）。精巣だけでなく、いくつかの組織や内分泌物、擬似内分泌物（肌や肝臓など。擬似とは「非定型」のこと）でも、アンドロゲンを作ることができる。たとえば、副腎はかなりの量のアンドロステンジオン、とくにデヒドロエピアンドロステロン（ＤＨＥＡ）、硫酸塩を分泌する。どれも、テストステロンよりはアンドロゲンが少ないが、いくつかの種の去勢したオスの性行動を回復する場合がある。去勢したラットの場合、ＤＨＥＡによって射精行動など交尾に関わるあらゆる行動を取るようになった［Beyer, Larsson, et al., 1973］。

脳組織そのものが、ＤＨＥＡや硫酸塩など「弱い」アンドロゲンを作り出すことはよく知られている。

そのため、こうしたホルモンは「神経ステロイド」といえる［Hu et al. 1987］。脳が作り出すＤＨＥＡは、睾丸や副腎によるアンドロゲンの分泌とはまったく関係がない。脳内のアンドロゲンに応答する部位では、脳細胞によって高濃度のステロイドが作り出される。神経ステロイドが性行動に及ぼす役割については、まだわかっていない。

複数の研究者らが、オスの性的反応は、アンドロゲンと無関係だと提唱してきた。彼らは、人間の男性や霊長類のオスは、進化していくうちにホルモン的な要素から徐々に切り離され、同時に、性生活を調整する際には、社会的要因と学習要因がより重要な役割を果たすようになったと主張する。現在は、次のような疑問が解決されずに残っている。

（1）精巣外網が作り出すアンドロゲンは、去勢後の男性が性行動を続けるのに重要な役割を果たすのか？

（2）性行動は、アンドロゲンがまったくなくても継続的に行なわれるのか？

去勢した男性の性機能は、テストステロンによって回復する

オスの性的反応のあらゆる段階が、通常に刺激されるにはテストステロンが重要であることは、多くの研究で示されている。テストステロンの血漿中濃度が低いためにほとんど性行為をしない個体の性行為は、アンドロゲンによって回復あるいは改善する。

一九四〇年代までの初期の研究では、去勢した男性の性的反応を、テストステロンやメチルテストステロンによって改善する治療が行なわれた。そうした研究を考察したものとしては、フランク・ビーチが『ホルモンと行動（Hormones and Behavior）』にまとめている［Frank Beach. 1948］。これは優れた著作で、現在でも通用する重要な報告である。

その後も研究が続けられ、これらの初期の観察結果が確認された。男性の性機能障害を、アンドロゲンで治療するために行なわれている近年の研究が焦点としているのは、睾丸が作り出すのと同じ程度で、かつ、テストステロンの血漿レベルを通常程度に回復させるのに充分な量のテストステロンを、無理なく安全に運ぶ手法の開発である。

「男性ホルモンは、老人も若返らせる?」

アンドロゲン療法は、更年期障害（「男性更年期障害」は死語になりつつある）に効果があるかと問うことには、社会的な意義があるだろう。更年期障害とは、高齢の男性に見られる症状で、気分の落ち込み、ネガティブな考え方、筋肉の衰え、性機能障害などが特徴だ。すでに述べたが、加齢にともなう性腺機能低下症については、一九世紀にブラウン・セカールが精巣の移植実験というよく知られている実験を行なって調べている。高齢者にサルの精巣を移植して若返らせようとしたボロノフの取り組みもある。シュタイナハとペチェニックは、テストステロン療法によって高齢男性の性機能障害を回復させた第一人者だ［Steinach and Peczenik, 1936］。同じ頃、N・E・ミラーは、「性ホルモンは老人も若返らせる」というキャッチコピーを使って、テストステロン・プロピオン酸塩によって高齢男性の性行為を改善させる実験について説明している［N. E. Miller, 1938］。とはいえ、これは偽薬ではうまくいかなかった。

現在、テストステロン療法は、無オルガスム症などの性機能障害を訴える男性の性腺機能低下症の治療として一般的なものになっている。テストステロン代替療法に関する最近の研究は、血漿レベルを通常程度に回復させるのに充分な量のアンドロゲンを、無理なく安全に運ぶ方法、あるいは処方の開発に力を入れている。持続作用（「持続性医薬品」）のあるテストステロンエステルを筋肉に注射すると、血漿中のテストステロン濃度に大きなばらつきが出る。そのため、この治療にはテストステロンの経皮パッチやジェルが用いられるようになっている。これだと、比較的一定した量のテストステロンが血液に入り込む。こうした二つの処方（ＡｎｄｒｏＧｅｌ［Wang et al. 2004］とＡＡ２５００［Steidle et al. 2003］）について、高齢男性も含めた多数の性腺機能低下症の患者で研究された結果、性欲を感じた、勃起した、パートナーと楽しむことができたなど、性的反応のほとんどで改善が見られた。こうした研究から、高齢者に発症する性腺機能低下症の諸症状は、テストステロンによって改善されることが明らかになった。性に関心がなくなった、楽しめなくなったという症状も改善されている。

だが近年、米国の内分泌学会の専門委員会と国立衛生研究所（ＮＩＨ）の専門委員会との間で論争が起きている。内分泌学会は、テストステロン欠損症を訴える五〇歳以上の男性に、テストステロンジェル（ＡｎｄｒｏＧｅｌ）を使った治療を勧めていた。一方、ＮＩＨの専門委員会は、テストステロン療法による副作用の情報がもっと集まるまで、使用は差し控えるべきだと勧告した。さらに同委員会は、テストステロンの血中量測定からテストステロン欠乏症を診断するのは難しいことも強調した。この問題には、財政的なものも含めさまざまな点が絡んでいるため、簡単に解決しそうにはない［Kassirer, 2004］。

男性ホルモンは、〝媚薬〟になるのか？

性的な反応を維持し、性腺機能低下症の男性が再び性的に反応できるようになるために、テストステロンが重要であることに疑いはない。だが、健康で性腺機能の正常な男性に、通常のレベルを超えた性的反応を起こさせる「媚薬」として、テストステロンが機能するのかどうかは解明されていない。

テストステロン療法によって、性腺機能低下症の男性の性行為が活発になり、楽しめるようになったとする研究はいくつかある［Alexander et al. 1997］。いくつかの研究がこの結論をある程度裏づけており、テストステロンやアルファ5型デハイドロテストステロン（ＤＨＴ）の血漿中の濃度と、性行為の能力や快感とが相関関係にあることを示している［Fox, Ismail, et al., 1972; Kraemer et al., 1976; Mantzaros, Georgiadis & Trichopoulas, 1995］。

ニースクラッグは、歌手を対象に行なった研究で、男性的な低い声域であるバスの歌手は、高い声域であるテナーの歌手より、テストステロン量が多く、射精の回数もはるかに多いことを発見した［Nieschlag, 1979］。しかし、こうした相関的な研究に問題があることは、別の研究から明らかである［Kraemer et al., 1976］。この研究は歌手を対象にしたものではないが、個人のテストステロン量とオルガスムを感じる頻度に、有意の相関関係はなかったのである。

別の研究では、多くの場合、精巣分泌によって得られる一定量のアンドロゲンを超えると、テストステロンを投与しても、性行為が増えたりオルガスムが強くなったりすることはないとしている。たとえば、近年行なわれた**二重盲検試験**による**偽薬対照研究**で、性腺機能低下症の若者の性的反応に、アンドロゲンが及ぼす影響が調べられた。ウンデカン酸テストステロン（テストステロン持続性エステル）の一回の投与量を多くして二週間続け、テストステロンとエストラジオールのレベルを上げたところ、性行為や精神状態に明らかな効果はなかった［O. Connor, Archer & Woo, 2004］。人間へのこうした観察結果は、すべてではないが、一部のげっ歯類やその他の種でも観察されている。

生理学的な適量を超えてテストステロンを投与しても、通常は「過剰性欲」にはならない。それぞれの個体には、遺伝や文化、経験などの要因に由来したそれぞれの性行為のレベルがあり、テストステロンを過剰に投与したからといって変わるものではない。

だが、ビーチが行なった初期の研究では、性腺機能低下症のラットに大量のアンドロゲンを投与したところ、「通常のレベルを大幅に超えて性的に攻撃的になり、性的に適度に興奮させる刺激特異性が弱まった」ことが示された［Beach, 1942］。「性的に過剰な」行動は、アンドロゲンを大量に投与されたネズミやその他の種でも報告されている［P. E. Smith & Engle, 1927］。つまり、このホルモンを投与することによって血漿中のテストステロンが異常なほど高くなると、男性の性行動が変わることがありうる。

人間以外の動物への男性ホルモン投与の効果

げっ歯類・ウサギ・肉食動物・ウシ・人間以外の霊長類などの行動に、アンドロゲン療法が及ぼす効果を分析したところ、遺伝的なものも含めた多くの要素が、これらのステロイドに対する行動反応に影響していることがわかった。

それまでの性経験が性行動に及ぼす影響は、ローゼンブラットとアロンソンの研究で詳細に報告されている［Rosenblatt and Aronson, 1958］。彼らの研究から、去勢後のオスネコに性行動が見られるかどうかは、それまでの交尾経験が確かに関係していることがわかった。サルの場合、社会的な要因がアンドロゲン反応に大きな影響を与えている可能性がある。去勢したコビトグエノン（小型サルの一種）を一二か月後に観察したところ、去勢後は性行動がほぼ見られなかった。テストステロン補充療法を行なうと、ボスザルは再び交尾行動をするようになったが、子分であるオスザルは交尾には至らなかった。それでも、マスターベーションや射精は観察された［Dixson & Herbert, 1977］。

テストステロンの生体内変化――ＤＨＴに転換され生殖器に作用する

長年、テストステロンは、前立腺や精嚢などの男性の生殖器や副器官の構造と機能を維持する、精巣から分泌される主要なホルモン（精巣ホルモン）だと考えられてきた。だが、前立腺や精嚢を生化学的に研究したところ、テストステロンだけが、こうした構造を発達させるわけではないことが明らかになった。その機能を果たしていたのは、むしろ、テストステロンのアルファ5型還元代謝物であるアルファ5型デハイドロテストステロン（DHT）だったのである。この点から、いくつかの標的器官においては、テストステロンは単なる「プロホルモン」（生体内に実際に変化をもたらす物質の代謝前駆体）であり、作用をもたらすホルモンは、DHTだということがわかったのである［Bruchovsky & Wilson, 1968］。

テストステロンは、アルファ5型還元酵素によってDHTに転換され、これが、テストステロン分子や、アンドロステンジオンといった関連するアンドロゲン（デルタ4-3ケトアンドロゲン）の特定の部位（「環A」）に作用する。脳内には、アルファ5型還元酵素が広範に分布しており、とくに視床下部や視索前野、扁桃体など**辺縁系**に多い。

アルファ5型還元代謝物（テストステロンがDHTに転換されたもの）が、哺乳類のオスの性行動にどのような刺激を与えるのかは、いまだに解明されていない。いくつかの種（ラット［Beyer, Vidal & Mijares, 1970］やウサギ［Beyer & Rivaud, 1973］など）では、DHTは性行動に何の刺激も与えないことから、アルファ5型還元代謝物のみでは、こうした動物の行動作用になんら重要な機能を果たさないと言える。

一方、サルや人間の男性の性行動に、DHTが及ぼす影響ははっきりわかってはいない。フェニックスが、去勢したアカゲザルに大量のDHTを投与したところ、射精も含めた性行動が大幅に回復したことがわかった［Phoenix, 1974］。だが、マイケルとツンペ、ボンサル［Michael, Zumpe, Bonsall, 1986］は、通常の血漿中濃度を回復させるだけのプロピオン酸テストステロンとプロピオン酸DHTが、去勢していないアカゲザルに及ぼす効果を比較したが、DHTは性行動を促さないという結果を得た。これらのサルの場合、DHTを大量に投与しても、再び射精行動を取るようにはならなかったのである。

五五～七〇歳の人間の男性に、経皮パッチを部分的に貼ってDHTを投与したところ、性機能障害、精力や筋肉量の減少など、遅発性性腺機能低下症に典型的な症状のいくつかが回復したという［De Lignieres, 1993］。前立腺特異抗原量や前立腺容量で判断すると、この療法を行なっても前立腺重量は変わらず、前立腺機能にも副作用は現われない。

このように、ＤＨＴは、男性の一部の性的反応を刺激すると言ってよいようだ。こうした効果は、ＤＨＴだけによってもたらされるのか、それとも、身体のさまざまな細胞にある副腎アンドロゲンや精巣アンドロゲンが、「芳香族化」して合成されたエストロゲンとの組み合わせによってもたらされるものなのかを明らかにするには、さらなる研究が必要である。

テストステロンはエストロゲンに転換され、性行動を刺激する

テストステロンは、生体内で二度目の大きな変化を遂げる。アロマターゼ酵素の作用によって芳香族化されるのだ（こうしてエストロゲンに変わる）。これらの酵素は、脳も含めた多くの組織に存在する。脳内にアロマターゼが分布していることは、人間も含めた複数の種で確認されている［Naftolin et al. 1975］。アロマターゼ酵素が存在する脳内の部位は、性行動に関わり、内分泌物を生成する。エストラジオールに転換されるテストステロンはごく一部にすぎないが（一％以下）、この転換には、生理学的に重要な意味がある。エストラジオールは、行動に影響を及ぼす可能性が高いからだ。

テストステロンの芳香族化は、少なくともいくつかの種にとって、オスの性行動を促す点で重要な意味があるようだ。芳香族化しないようにすると、去勢されたオスのラットの性行動を促進するテストステロンの効果が阻害される［Morali, Larsson & Beyer, 1977］。この点から、この酵素によるプロセスが裏づけられる。不思議なことに、エストラジオールだけでは、研究されたほとんどの動物で、オスの性行動が刺激されることはない。人間の男性の場合、エストラジオールは、性欲を抑え、無オルガスム症を招くことがわかっている。

テストステロンそのものでも、エストラジオールのみでも、オスのラットの性行動を刺激することはな

いが、単独では効果をもたらさない少量のエストラジオールをＤＨＴと組み合わせて去勢したラットに投与すると、射精などの激しい性行動を引き起こす［Larsson, Sodersten & Beyer, 1973］。複数の種のオス（ハト、日本ウズラ、ヒツジ、シカ、フェレット、ウサギ）で得た結果から、通常のオスの性行動は、アンドロゲン（テストステロンあるいはＤＨＴ）とエストロゲンの相互作用に影響されることがわかった。

霊長類の場合、性行動における芳香族化の機能はわかっていない。ツンぺとボンサル、マイケルは、去勢されてテストステロンを投与されたカニクイザルの射精回数は、ファドロゾール（アンドロゲンがエストロゲンに転換されるのを阻害するアロマターゼ阻害剤）によって激減することを発見した［Zumpe, Bonsall, and Michael, 1993］。この点から、テストステロンの芳香族化は、霊長類の射精行為を促すための重要なプロセスであることがわかった。芳香族化が人間の男性に及ぼす役割は、いまだに不明である。その可能性を試す包括的な研究は、ほとんど行なわれていないからである。

クロミフェンのようなエストロゲンの拮抗薬は、男性の性行動を損なわないものの、エストラジオールとＤＨＴの組み合わせが、去勢されたオスのラットを刺激するのを妨げることもなかった［Beyer, Morali, et al., 1976］。だが、複数の臨床研究から、エストロゲンは、アンドロゲンと相乗的に作用し、男性の性的反応を促すことがわかっている。カラーニらは、性腺機能低下症で性欲がほとんどない男性の事例を報告した［Carani et al., 2005］。この男性は、エストラジオールあるいはテストステロンの一方だけの療法では効果がなかったが、二つのホルモンを組み合わせたところ、性欲が強くなりオルガスムも感じるようになったのである。

性犯罪者への化学的な「去勢」――抗アンドロゲン剤の投与

社会的に、男性の性行動を抑えることが有益だとされる場合がある。約一世紀前は、外科的な去勢がこのために行なわれていたが、現在は化学的な去勢に代わっており、性犯罪者への「去勢」に再び関心が集まっている〔Gandhi, Purandare & Lock, 1993など〕。

テストステロン量を減らす、あるいはテストステロンの効果を阻害する医薬品（抗アンドロゲン剤など）は長年使用されてきており、性的な強迫障害、とくに性的倒錯症の男性の治療にさまざまな効果を上げてきた〔Money, 1970〕。そうした障害のある男性は、社会的あるいは法的に受け入れられないような性的行動をすることがある。酢酸メドロキシプロゲステロンで治療すると〔Cordoba & Chapel, 1983〕、精巣でテストステロンが徐々に作られなくなる。シプロテロンのような抗アンドロゲン剤で治療すると、テストステロンが受容体で作用しなくなる。これらの結果として、適度または過剰なほどに性行動が抑えられる。このことから、血漿中のテストステロン量が適切であることが、男性の性的反応のあらゆる面に関わる神経回路の活動に重要であることが確認された。

近年、男性にも女性にも無オルガスム症を引き起こすことがわかっている抗うつ剤や抗精神病薬が、男性の好ましくない性行動の治療に用いられるようになっている。こうした医薬品の中には、下垂体前葉プロラクチンの分泌を促すものがある。この阻害効果のメカニズムについては、プロラクチンによる効果なのか、（プロラクチンとは無関係に）医薬品が脳に及ぼす効果によるものなのか、明らかになっていない。

3……性ホルモンが女性の性行動に及ぼす影響

卵巣と性的反応の関係

霊長類以外のメスの場合、卵巣を摘出すると、性行動が減り、最終的にはまったく見られなくなる。霊長目類人猿（チンパンジーなど）を含めた、ほぼすべての霊長類では、卵巣摘出によって性行動は減少するが、エストラジオールで治療すると回復する。このことから、エストロゲンがメスの性行動に重要であることがわかる。この例外は、マーモセットで、卵巣を摘出した後も性行動を続けていた［Dixson, 1998］。

通常、去勢は、男性が無オルガスム症になったり、性的反応が鈍化したりする原因となるが、女性を対象にした初期の研究では、卵巣摘出が性的反応に及ぼす影響を軽視する傾向があった［Daniels & Tauber, 1941; Filler & Drezner, 1944; Heller, Farney & Myers, 1944］。だが、心理学的な測定法が高度化し、質問がいけられたり、ホルモン療法による対照研究が行なわれるようになったためか、近年の研究では、卵巣が女性の性的反応に重要な役割を果たしていることが認められるようになった。

シフレンらは、閉経前の女性の血中テストステロンの約半分が、卵巣によって作り出されていることを報告した［Shifren et al. 2000］。この研究は、閉経前に卵巣と子宮の摘出手術を行なった女性七五人を対象にしたもので、シフレンらはこう述べている。

「エストロゲン療法を行なっても、外科的に閉経（外科的な卵巣摘出と子宮摘出の両方によってなど）した女性は、性欲や性行為、快感が減少し、一般的な幸福感も感じなくなった。こうした症状は、卵巣がアンドロゲンを作らなくなったためだと考えられる。願望思考、性行為の回数、快感・オルガスムの評点は治療前が最低で、テストステロンの用量に比例して高くなった。毎日三〇〇マイクログラムのテストステロンが投与されると、性行為と快感・オルガスムの評点は、偽薬と比べて格段に高くなった」。

こうした発見と一致するものとして、ブラウンスタインらは、健康な女性四四七人を対象に研究を行ない、「毎日三〇〇マイクログラムのテストステロンをパッチで投与したところ、性欲が強くなり、満足のいく性行為の回数が増え、外科的に閉経した後に性的欲求低下障害になった女性にも効果があった」と報告している［Braunstein et al. 2005］。

ナトホルスト・ブースとフォン・シュルツ、カールストロームも、卵巣と子宮を摘出した女性一〇一人を対象に研究を行ない、女性たちが「性交しても、以前ほどの快感を感じなくなった。性欲が減退した。濡れなくなった〔……〕。〔しかしながら〕こうした特定の性機能不全の治療に、エストロゲンはあまり価値がないという不満を口にした」という結果を得た〔Nathorst-Boos, von Shoultz, and Carlstrom, 1993〕。さらに、「女性の約三分の一が、〔エストロゲン療法が〕行なわれたか否かにかかわりなく、〔……〕性交時に濡れなくなり〔……〕性欲に関しては〔……〕約半数の女性が減退した」。

別の研究では、子宮を摘出した後の性的反応を回復させるには、テストステロンがエストロゲンよりも効果的であることを再確認するために、手術をしていない女性、子宮は摘出せず卵巣だけを摘出した女性、子宮を摘出しアンドロゲンとエストロゲン療法を受けた女性という三つの対照群と比較したところ、ホルモン療法を受けていないか、エストロゲン療法だけを受けた女性の方が性欲や性的興奮が低いという結果を得た〔Bellerose & Binik, 1993〕。

性ホルモン（エストロゲン、アンドロゲン、プロゲスチン）は、直接・間接を問わず、子宮や睾丸以外の組織でも生成されることを指摘しておく。ステロイドは、卵巣を二つとも摘出した女性の性的反応を維持させる役に立つが、その合成に副腎皮質も関わっていることは、これまでもたびたび指摘されてきた。実際、閉経後の女性や、二つの卵巣を摘出した女性の血液にエストロゲンが存在するということは、アンドロステンジオンがエストロンに芳香族化した結果である。エストロンに転換されるのは、さまざまな組織にあるアンドロステンジオンの約一％である〔McDonald, 1971; Schindler, 1975〕。

性欲喪失や無オルガスム症は、両方の卵巣と副腎を摘出した女性で確認されている〔Salmon & Geist, 1943〕。これは、性的反応を刺激する化学信号が、少なくとも部分的には、副腎から出ていることを意味する〔Waxenburg, Drellich & Sutherland, 1959; Waxenburg et al., 1960〕。なお、この結果を解釈する際は、この研究の被験者となった女性たちは健康ではないことを（ガンまたは多嚢胞性卵巣であることが多い）考慮する必要がある。

霊長類のメスの性行為における副腎アンドロゲンの役割は、副腎を摘出するか、デキサメタゾンを投与してアンドロゲン分泌を抑えることによって研究されてきた。こうした研究の多くから、性行為が減ることが明らかになったが、これはテストステロンやアンドロステンジオンを投与すると回復する［Everitt & Herbert, 1971; Everitt, Herbert & Hamer, 1972］。自然に閉経した後は、アンドロゲンは主に副腎皮質で生成されるが、血漿中のアンドロゲンと性的関心は、明らかに関連性がある［Leiblum et al., 1983; McCoy & Davidson, 1985］。

月経周期と性ホルモン――性欲・オルガスムにいかに影響するか？

進化の観点で見ると、月経周期が哺乳類の生殖生物学の対象となったのは、比較的最近のことである。月経は、旧世界ザルや類人猿、女性だけに確認されてきた。フサオマキザルなど新世界ザルのごく一部には月経があるものの［Nagle & Denari, 1983］、出血量は旧世界ザルに比べて格段に少ない。リスザルなどの新世界ザルの中には発情周期がはっきりしているものがあり、交尾をするのは一日だけだ。メスがオスの乗駕を許すのはこの日だけであり、黄体形成ホルモンがもっとも増え、排卵が促されるのである。リスザルほど厳密に周排卵期（排卵に前後する期間）だけに限られるわけではないが、それ以外の新世界ザルは性行動を行なう期間が長めだ。この間、メスは能動的な性行動（交尾を「誘う」などメスが取る行動パターン）を取り、性的な受容性［論評は Dixon, 1998 を参照］を見せる。

卵巣ホルモン（エストラジオール、テストステロン、プロゲステロン）と霊長類の性行動との関連について、もっとも詳細な研究としては、新世界マーモセット（小型のサル）を対象にして行なわれたものがある

[Kendrick & Dixson, 1983]。この種では、周排卵期中のテストステロンと能動的な性行動との間には明らかな相関関係が見られた。その後、黄体期になると能動的な性行動はほとんど見られなくなり、卵子が卵胞から排出された直後の繁殖期には黄体が卵胞で形成され、プロゲスチン（受精卵の着床に備えて子宮壁を成長させる）を分泌し始める。この間は血漿プロゲステロンが多くなり、メスはオスの乗駕を拒む傾向が見られるが、交尾は周期を通じて行なわれる。

こうした結果と対照的なのが、もっと「原始的」で、性行動を周排卵期に限る霊長類（キツネザルなどの原猿）の結果だ。新世界ザルは、明らかにテストステロンやエストラジオールの刺激によって能動的な性行動を見せるようになるが、繁殖期中の別の段階でも交尾をすることがある。こうした結果から、新世界ザルの性的な受容性は、原猿や、もちろん霊長類以外の哺乳類と比べても、卵巣ホルモンにはそれほど左右されないと解釈できる。霊長類以外の哺乳類は、性的な受容性（あるいは発情期）が限られており、その期間はホルモンによって厳格にコントロールされている。

旧世界ザルのうち、狭鼻猿類（アカゲザルなど）は、卵子が成長する月経周期のうち、卵胞期により頻繁に交尾をする [Wallen et al. 1984]。ただし、野外や研究室で行なった研究には、かなりのばらつきがある。実際、アカゲザルは、類人猿や人間の女性と同じく、妊娠中でも交尾することがある。繰り返しになるが、メスは月経周期を通して交尾をするが、性行為、とくに誘発するような行為がもっとも盛んになるのは、卵胞期後期（排卵前）や周排卵期である [Michael & Welegalla, 1968; Goy & Resko, 1972; Wallen et al. 1984; 論評は Dixson, 1998 を参照]。同じような行動は、ほとんどの類人猿で見られる。メスのチンパンジーは、月経周期中でも交尾をするが、誘発するような行為は主に卵胞期や排卵期に見られる。類人猿のメスは卵胞期や黄体期でも、オス、とくに精力的で積極的なオスを受け入れるようだが、人間の女性の性欲とよく似ているとされている誘発するような行為は、主として排卵期に限られている。興味深い例外はゴリラで、交尾は月経中期の二〜三日に限られている。この間、メスは活発に誘発するような行為を取り、膨らんだ外陰部の大陰唇を見せる。膨らむのは、この部分のエストロゲンが作用するためである[Nadler, 1975]。

月経周期中の性行為を分析した結果で明らかなように、繁殖を目的としない交尾は、人間だけでなく人間以外の霊長類にも見られる。ホルモンは明らかに、メスがオスを魅了するとか、メスの外生殖器が変化するといった性行動の要素に影響を及ぼすが、その変化は卵胞期に限られている。同様に、誘発するような行為は排卵期に集中する傾向がある。エストラジオールやテストステロンはこの頃にもっとも増え、誘発するような行為を刺激している可能性がある。これに焦点を当てた研究は行なわれていないが、メスが積極的に交尾しようとする排卵期には、オルガスムのような反応が頻繁に見られる一方で、メスが求めるわけではないが交尾をすることもある黄体期には、オルガスムのような反応は頻繁には見られない。

性ホルモンの血漿中濃度を測定できるようになる前は、人間の女性は月経周期中でも性交を行ない、オルガスムを感じるものとされていた。性行為は、性ホルモンの分泌がもっとも多くなる排卵期前後に一番活発になるとする研究者もおり、この現象は人間以外の霊長類と似ている。だが、このテーマを研究する研究者の間では、まだ見解がまとまっていない。

K・B・デーヴィスは、その先駆的研究において、二二〇〇人の女性を分析した結果、性欲には二つのピークがあるとした[K. B. Davis, 1929]。月経の前と後である。グリーンブラットも、この結論に同意しており、月経前には「色情症《ニンフォマニア》」になる女性もいると主張した[Greenblatt, 1943]。一九八〇年以前にこのテーマで行なわれたすべての研究を分析した結果、女性の性行為がもっとも多かったのは、主に月経中期（八つの研究）、月経前（一七の研究）、月経後（一八の研究）、月経期間中（四つの研究）だった[Schreiner-Engel, 1980; Schreiner-Engel, Schiavi, et al., 1981]。この一見、矛盾したような結果から結論を引き出すことは可能である。もっとも無難なまとめ方は、女性は月経周期のどの段階にあっても、すなわちホルモンの状況は異なっていても、性行為を行なうというものだ。エストラジオールが多くても少なくても、プロゲステロンがあってもなくても性行為をするのである。

卵巣内因ホルモンは、女性の性的反応に本質的（「必須」）な作用を及ぼさないようだという点は、エストラジオール、プロゲステロン、テストステロンが減少する閉経後も性行動には特段大きく影響しないという観察から確認されていることである。健康状態、性行為の相手、メンタルヘルスといったホルモンとは関係のない要因は、「閉経以上に、女性の性機能に大きな影響」を及ぼすことがわかっている［Avis et al., 2000; Farrington, 2005］。さらに、血漿中のプロゲステロンが多くなる妊娠中も、女性が性行為をし、オルガスムを感じることは普通にある。

ホルモンが女性の性的反応に影響するということは、性欲やオルガスムなどの性的快感のいずれも、月経周期中の他の時期よりも周排卵期において多く感じられているという証拠が示している［Udry & Morris, 1968; Adams, Gold & Burt, 1978; Bancroft et al., 1983］。こうした変化はおそらく、排卵前に血漿中のアンドロゲンがもっとも多くなることと関係していると思われる。パースキーやリーフらは、月経中期のテストステロンとオルガスムの頻度が関連していることを発見し［Persky, Lief, et al., 1978］、バンクロフトら［Bancroft et al., 1983］がマスターベーションでも同様の傾向があることを発見し、女性の性的反応には、アンドロゲンが役割を果たしていることが確認された。

エストロゲン

エストラジオールは、霊長類以外のメスが性行動をする際に欠かせない。いくつかの種（ネコ、ウサギ）は、エストロゲンだけで性行動が促されるが、別の種（ラット、ネズミ）では、プロゲステロンも必須である。驚くべきことだが、エストラジオールが、オルガスムも含めた女性の性的反応に重要な影響を及ぼすことはない。

これまで無数に行なわれてきた研究では、さまざまな条件（両方の卵巣を摘出した、強い性欲を感じない性機能低下症、無オルガスム症）の女性に、エストラジオールなどのエストロゲンが投与されてきた。こうした研究の結果は、性的反応の多様な要因（性欲、性的な夢想、オルガスムを感じるか、どのようなオルガスムを感じるか）に対して、エストロゲンを用いて治療しても、確実に効果をあげるわけではないという点で一致している［Sherwin, Gelfand & Brender, 1985; Utian, 1975］。

アンドロゲン

女性の卵巣や副腎はアンドロゲンを生成し、これらのアンドロゲンは性的反応のいくつかを刺激する。月経周期中の段階によって、卵巣から分泌されるテストステロンの量は異なる。一番多いのは、排卵時だ。いくつかの研究から、閉経前の女性の場合、オルガスムの頻度を含めた性行為とテストステロンの血漿中濃度との間には強い相関関係があることがわかっている。さらに、閉経前の女性や閉経後の女性を対象にした多数の研究で、テストステロンを投与すると、性的反応のすべての側面が改善されることがわかった［Sherwin, Gelfand & Brender, 1985; Sherwin & Gelfand, 1987; Sherwin, 1988; Van Goozen et al., 1997］。女性の性機能障害の治療にテストステロンを用いると、男性化作用がある点が大きな問題である。脱毛症になる、多毛症になる、通常は筋肉がつかないところに筋肉がつくなどだ。近年の研究から、投与するテストステロン量を微調整すれば、こうした副作用は避けられることがわかった。こうして、両方の卵巣を摘出した女性、子宮を摘出した女性、性機能障害を報告した女性の肌に直接パッチを貼って、少量のテストステロン（一五〇〜三〇〇マイクログラム）を投与したところ、男性化作用やその他の望ましくない副作用もなく、心地よいオルガスムを感じるなど、性行為が著しく改善された［Shifren et al., 2000］。女性の被験者たちには「抱合型」エストロゲンも投与されていたが、これ自体は性的反応に何の効果も及ぼさない。

テストステロンの他にアンドロゲンが女性の性的反応に効果を及ぼすことも考えられる。副腎からは高濃度のデヒドロエピアンドロステロン（ＤＨＥＡ）が、とくに硫酸化型で分泌される。最近の研究から、性欲の低い女性は、閉経しているか否かにかかわらず、通常程度の性欲を感じる女性よりもテストステロンやＤＨＥＡの量が少ないことがわかっている［Turna et al., 2005］。Ｓ・Ｒ・デーヴィスらは、性的反応の弱さはＤＨＥＡ量の少なさと関係しており、テストステロンやアンドロステンジオンの量は関係がないことを報告している［S. R. Davis et al., 2005］。だが、ＤＨＥＡ量が少ない女性全員が、性行為に積極的でないわけではない。

こうしたノルテストステロン・ステロイドは、弱いアンドロゲンであると考えられている。これらの物質が男性の前立腺や精囊を刺激する力は弱く、女性の男性化を引き起こすこともないからだ。だが、動物を使った研究から、これらの物質が認知や感情に関わる脳機能に、大きな影響を与えていることがわかった。さらに、子宮を摘出したウサギやラットの性行動が、ＤＨＥＡによって回復することも示された［Beyer, Vidal & Mijares, 1970］。ある研究は、ＤＨＥＡ投与によって閉経後の女性の性的興奮が著しく改善したという結果を得ている［Hackbert, Heiman & Meston, 1998］。こうした効果は、性行動に関わる脳構造にＤＨＥＡが直接的に及ぼしたものなのか、脳以外の細胞で加齢効果を弱めるＤＨＥＡが作用した間接的なものなのかを見極めるのは、今後の課題である。閉経前の女性にＤＨＥＡを投与しても、性的興奮にはっきりした効果は見られない［Meston & Heiman, 2002］。

テストステロンの還元酵素

男性と同じように、女性でも、テストステロンは一気に代謝されて、アルファ5型ＤＨＴ（デハイドロテストステロン）になる。これはテストステロンより強力なアンドロゲンである。こうした「環A還元」テストステロン代謝物が、女性の性欲を強めているかどうかは不明だ。

この可能性を示唆する近年の研究では、それまでに一度も性欲を感じたことのなかった女性の事例が紹介されている。女性の内分泌物を徹底して研究し、見つかった唯一の異常は、アルファ5型ＤＨＴが低かったことだった。そこで、アルファ5型ＤＨＴジェルをこの女性の外陰部に塗ったところ、女性の性欲が刺激され、性的に興奮したという［Riley, 1999］。これ以前に行なわれた同様の研究では、別の環A還元アンドロゲン（アンドロステロン）を膣に塗ったところ、性欲減退症の女性の性欲が強くなった（Ａ・Ｓ・パークスとの個人的な会話で得た情報）。

複数の研究から、エストロゲンを投与すると、テストステロンの効果が強まることがわかっている［A. Davis et al., 2003; Bachmann & Leiblum, 2004］。サレルは、外科手術、あるいは自然に閉経した女性に対して、エストロゲンにアンドロゲンを加えたホルモン治療を行なったところ、エストロゲンだけで治療した場合よりも、精神的な症状（うつ、倦怠感）も性的な症状（性欲減退、無オルガスム症）も大幅に改善した［Sarrel, 1999］。さらに、外科手術によって閉経した女性の場合、アンドロゲンとエストロゲンを組み合わせて投与すると、性欲が以前のレベルまで回復した。この反応は、エストロゲン治療だけでは見られなかった。こうした発見は、テストステロンとエストラジオールには、オルガスムやその他の女性の性的反応を促す相乗効果があることを示している。これはいくつかの動物種でも確認されている。

プロゲステロン

プロゲステロンは、そのほとんどが卵巣で分泌される性ホルモンで、中でも月経周期中の黄体期に多くなる。また、女性でも男性でも、副腎からも多量に分泌されている。初期の研究では、プロゲステロンの血漿中濃度と女性の気分や行動との関係を示すさまざまな特徴が分析されてきた。月経前の女性に見られる気分の落ち込み（月経前症候群）は、その月経周期でのプロゲスチンの血漿中濃度が減少することに関係しているという証拠がある。

ほぼすべての哺乳類で、プロゲステロンは、メスの性行動の調整に重要な役割を果たしている。げっ歯動物では、エストロゲンを投与されたメスに発情行動が見られた。プロゲステロンは性的反応のタイミングや、その反応がどれくらい続くのかをコントロールする。このホルモンは、まず刺激を与えるが、その後は発情行動を抑制する。ロードシス（交尾のため臀部と膣口を上げる姿勢）を取るのにプロゲステロンを必要としないウサギなどのその他の種では、プロゲステロンは明らかに性行動を抑制する。

意外な結果ではあるが、こうしたことから、プロゲステロン治療は、閉経前あるいは閉経後のいずれの女性の性的反応にも［Persky, O. Brien & Kahn, 1976; Schreiner-Engel, Schiavi, et al., 1981］、霊長類一般にも［Dixson, 1998］、明確な影響を与えないことが、ほぼ世界中で確認されている。複数の研究者が、合成プロゲスチンを含有する経口避妊薬を服用した女性の性欲に変化が見られたと報告しているが、どう変化したのか――よい変化なのか、（ほぼ）悪い変化なのか――、影響を受けた被験者はどれくらいの割合になるのかといったことは、報告によってかなりのばらつきがある。

さらに、調合避妊薬のほとんどにエストロゲンとプロゲスチンの両方が含まれているため、報告された変化をプロゲスチンの効果だと断定することはできない。一方、プロゲステロンがオルガスムに効果があると主張する確かな根拠もない。たとえば、カルーソらは、エスニル・エストラジオールとプロゲスチン・ゲストデンを含有する経口避妊薬を少量服用した場合の効果を調べ、性欲や性的興奮に多少の効果があったと報告している［Caruso et al., 2004］。おそらく、アンドロゲン量が低かったためだと思われるが、オルガスムの頻度は、服用していた九か月の間では変化が見られなかった。

第17章　性ホルモンのメカニズム

1……性ホルモンが、直接、射精やオルガスムを引き起こすのではない

性ホルモンは、連続した細胞プロセスが始まるきっかけを作り出す。脳内で起きるこのプロセスと、子宮や前立腺など性ホルモンに敏感に反応する末梢組織で起きるプロセスは、基本的に同じである。ステロイドホルモンは、標的細胞の内部で**受容体**と情報をやり取りする。性ホルモンは細胞に入り込み、細胞膜を自由に通過し、特定の細胞内（核内の場合も多い）の受容タンパク質と結合するのである。

ホルモンと受容体とがきわめて特定的に相互作用を及ぼす結果、一連の作用が起き、遺伝子（DNA）転写とタンパク質合成に至る。このプロセスには数時間しかかからないが、行動に対しては数日間も影響を及ぼし続ける。すなわち、細胞および血流からホルモンが消失した後も作用し続けるということである。抗ホルモン（抗アンドロゲン酢酸シプロテロンなど）を投与すると、これがこのプロセスに介入し、行動に及ぼす影響が遮断される。

テストステロンやその他の性ホルモンが、射精やオルガスムに至る神経作用を引き起こすことはない。実際、男性が興奮したりオルガスムを感じている間、血漿中のテストステロンの濃度が上がることはない [Krüger, Haake, Hartmann, et al. 2002; Krüger, Haake, Chereath, et al. 2003]。テストステロンやその他のアンドロゲンはむしろ、性行動に関わるさまざまな神経回路の機能性を構築し、これを維持する。性機能低下症や去勢された被験動物の性的反応の回復に、よけいに時間（数日から数週間）がかかるのは、これで説明がつく。おそらく、栄養（栄養食品）作用や構造タンパク質の合成に関わっているからだろう。

2……性ホルモンによる男脳／女脳の形成

性ホルモンは、下垂体分泌と生殖活動のような脳内の作用を、主に二つのプロセスで調整している。その一つは、行動パターンと生理的なパターンをメス型／オス型に分けて脳を発達させる「組織化」プロセス、そしてもう一つは、成人になってからの行動パターン・生理学的パターンをメス型／オス型に分ける「活性化」プロセスであると、フランク・ビーチは名付けた [Frank Beach, 1975]。組織化プロセスは、脳が発達する限られた段階（周産期（出産前後の期間））で起き、脳を性分化させる。この段階で、脳はオスとは異なる神経成分を、メスに発達させる。

主にげっ歯類で行なった研究から、射精などオスの性的反応を生じさせる神経回路の発達は、出生前の組織形成期に、胎児の精嚢から分泌されるテストステロンに影響されることがわかった。テストステロンと代謝物（エストラジオールを含む）は、脳や脊髄の複数の領域で多様な構造変化をもたらし、ニューロンの数や特定の脳核（ニューロンの塊）どうしのつながり方を決定する。この組織的な効果がとくにはっきりと現れるのは、生後二日以内のメスのラットに、テストステロンを投与する場合である。テストステロンをこのわずかな期間に投与すると、このメスは成長してから排卵しないだけでなく、オスのラットが射精する際に見せるような行動を他のメスに対して取るようになるのである［Morali, Larsson & Beyer, 1977］。

人間の脳構造は、部分的に性的に二形性で、男性と女性では物理的な構造が異なる［Le Vay, 1993］。性的反応にとくに関係するのは、前視床下部の間質核にあるニューロンの大きさと数が異なることである。スワーブとフライヤーズは、性的二形性の核を特定した（女性のよりも男性のものの方が大きい）［Swaab and Fliers, 1985］。この違いが大きくなるのは、四歳から思春期までの間で、男性よりも女性の方がアポトーシス（神経細胞が自然に死亡すること）が多いからである。

別の研究では、この領域で別の核が発見された。この核は、女性のものよりも、男性のものの方が大きかった［Le Vay, 1991, 1993］。ただし、この過程にホルモンが関わっているのか、この違いに機能上の意味があるのかどうかについての情報はない。

オルガスムをどう表現するかでは男女に差はないが、生理的な反応は明らかに異なっている。ＰＥＴ（ポジトロンＣＴ）［Holstege et al., 2003］やｆＭＲＩ（**機能的磁気共鳴画像法**）［Komisaruk, Whipple, Crawford, et al., 2002, 2004］を使った近年の研究から、男性と女性では、オルガスムを感じている間の脳の活性パターンが異なることがわかった。これは、認知の差というより生理的な差である可能性がある。このように、人間のオルガスムに関わる神経回路の性差は、脳の発達期におけるアンドロゲンやその他の性ホルモンの組織化作用によってもたらされるようである。

3……思春期における性行動の開始

周産期中に組織化した後、思春期までは、睾丸のアンドロゲン分泌は非常に少ない。思春期とは、テストステロンやその代謝物によって、男性に複数の性行動パターンが現われ始める頃だ。テストステロンの増加（唾液で測定できる）と、オルガスムなどの性行動の開始は密接に関連している［Halpern, Udry & Suchindran, 1998］。血漿遊離テストステロン（あるいはその代謝物）と、思春期の男子が性的な想像をする頻度とは関連性がある［Halpern et al., 1994］。こうして、男子の場合、思春期に性的反応が始まり、それが一生続くのは、それまでに組織化された神経回路にテストステロンが活性効果を及ぼすためである。テストステロンそのものが性欲を感じさせることはあっても、性的興奮やオルガスムに関わる神経回路を直接的に刺激することはない。このプロセスにおけるテストステロンの役割は、これらの神経回路の作用と機能が続くようにし、生殖器の刺激による複雑な知覚活動に反応させることである。

性的反応をすべての段階で維持するためにテストステロンが果たす役割や、テストステロンが失われると性的反応が徐々に鈍くなることから、その基盤となる神経回路の特徴がわかる。アンドロゲンに依存するこの回路が機能し続けるためには、テストステロンあるいはその代謝物が必要だ。高速道路にメンテナンスと修理が必要なのと同じである。脳内でテストステロンがコントロールする細胞の働きについてはほとんどわかっていないが、**軸索**を成長させ、軸索末端を「芽吹かせる」といった栄養補給作用である可能性が高い。これらのプロセスが、オルガスムに関わる神経回路を維持し、最適に機能させるために調整を行なっていることは明らかだ。

4……性ホルモンと性反応の関係

オルガスムなどの性的反応を刺激するためにテストステロンが作用する人間の脳構造についても、何もわかっていない。テストステロンは、アンドロゲン受容体と、芳香族化したエストロゲン受容体によって作用を及ぼしているようであり、テストステロン受容体と、おそらくはエストロゲン受容体も併せ持つ脳構造が、オルガスムなどの性的反応に関わっていると考えられる。

ステロイド受容体の位置を突き止める方法が大きく進展したのは、放射能でラベリングしたステロイドホルモンの合成に成功したおかげだ。この結果、研究者らは、ホルモンが体内のさまざまな部位にある反応組織（脳や生殖系に関係する組織など）と結合することを発見した。さらに、新たな技術のおかげで、血液中ステロイドホルモンに結合するホルモンを精製し、ステロイド受容体の免疫体を作り出すことも可能になった。ステロイド受容体からなるタンパク質に対する単一クローン抗体を使い、研究者らは脳と脊髄にある受容体の分布状況を図式化した。これらの分布図はステロイドホルモンが作用する点を把握する鍵である。

性ホルモン受容体を持つ脳構造は、**辺縁系**の一部である。辺縁系は、人間特有の新皮質よりも早く発達した部位で、自律神経やホルモンの働きをコントロールする。アンドロゲンはこれらの受容体と結合し、構造上や生化学的なさまざまな変化を引き起こすようだ。これはその後、特定の神経回路の反応も変えてしまう。これらの神経回路がステロイドホルモンによって適度な「性的な刺激を受け」ると、適切な感覚刺激（交尾の相手など）があれば、適切な性的反応が引き起こされる。特定の感覚刺激がなければ、ホルモンが性的な動機や欲望を誘発し、性的な相互作用となる一連のあからさまな行動作用を招く。

哺乳類種の脳のアンドロゲン受容体とエストロゲン受容体の分布は、驚くほど共通している。アンドロゲン受容体を持つ脳神経細胞の多くは、視床下部の脳室周辺と視索前野に存在する。霊長類（アカゲザルなど）の場合、扁桃体や分界条の床核といった前脳領域にアンドロゲン受容体がある［Bonsall, Rees & Michael, 1989］。こうした領域が性欲や性的な動機づけに関わっていることは、げっ歯類を使った研究で証明されている。その研究では、去勢した動物の内側視索前野にテストステロンを移植したところ、性的動機づけが回復した［E. R. Smith, Damassa & Davidson, 1977］。

多様な見解を参照すると、人間以外の哺乳類のメスの性行動に、性ホルモンが重要な機能を果たす一方で、エストロゲンが人間の女性に性的反応とオルガスムを引き起こすことはないという対比は、不可解である［Schreiner-Engel, Schiavi, et al. 1989］。これまで研究対象とされてきた類人猿の場合、エストロゲンがその性行動を左右していることがわかっている。サルの場合、末梢（生殖器など）効果と中枢（脳など）効果を区別することは難しい。外生殖器（外陰部と膣）に作用するエストロゲンに刺激され、メスはオスを引きつけようとする。また、エストロゲンは脳内で作用し、能動的および受動的な性行動を促すことには確かな証拠がある。エストロゲンを大量に投与しても、人間の女性の性欲を刺激し、性的に興奮させ、オルガスムを感じさせなかったこととは対照的なのである［Salmon & Geist, 1943; Furuhjelm, Karlgren & Carlstrom, 1984; Nathorst-Boos, von Schoultz & Carlstrom, 1993］。

それでも、閉経前の女性にも閉経後の女性にも、テストステロンやおそらくその他のアンドロゲンが催淫効果をもたらすことには疑いはない。最近行なわれた対照試験によって、長期間のエストロゲン治療に加え、血漿中のテストステロンが通常レベルにまで回復するようにテストステロンを長期投与（経皮パッチ）したところ、オルガスムなど、女性の性行動に関わるあらゆる側面で改善が見られた［Shifren et al. 2000］。ジヒドロテストステロンが、女性の性的反応に及ぼす効果は明らかではないが、エストロゲンと組み合わせると、性行動のすべての面を強く刺激する。同様に、エストロゲンそのものには効果はないものの、アンドロゲン治療と併用すれば相乗的に女性の性的反応を促すようである。

　こうした結果から、一般的な認識とは異なり、エストロゲンは確かに女性の性的反応に重要な役割を果たしていると言える。ただし、単独ではなく、アンドロゲンと組み合わせた場合である。既存の証拠から、男性でも女性でも、テストステロン代謝物から自然に得られたアンドロゲンとエストロゲンを組み合わせて用いると、オルガスムを含む性的反応が促されるという結論になる。

第18章　オルガスムに影響するのは、性ホルモンだけではない

性ホルモン（アンドロゲンとエストロゲン）以外のホルモンも、性的反応に影響することが報告されているが、本来の作用についてはいまだに議論の途上である。

オキシトシンやプロラクチンなどの一部のホルモンには、性的に興奮したり、オルガスムを感じたりしている間、性別に関係なく分泌されている。プロラクチンは、マスターズとジョンソンの言うオルガスムの「消散期」において、オルガスム後の行動に影響を及ぼす［Masters and Johnson, 1966］。

本章では、副腎皮質ホルモン、オキシトシン、プロラクチンが、オルガスムに及ぼす影響について説明する。

1……副腎皮質ホルモン

副腎皮質ホルモン（コルチゾールなど）、別名コルチコイドは、副腎皮質から分泌されるステロイドだが、これが性的反応やオルガスムに及ぼしうる働きについては研究が進んでいない。だが、気分や性欲が関係

する限りにおいては、コルチコイドは、間接的にではあるが、性的反応に重要な役割を果たしているとしてよさそうだ。

たとえば、コルチコイドの分泌が増えるのは、クッシング病（脳下垂体前葉の良性腫瘍が原因で起きる）の特徴だが、うつや性欲減退に関連することも多い［Starkman & Schteingart, 1981］。性欲減退はおそらく、性的動機に関わる神経回路網にコルチコイドが直接的に抑制効果を及ぼすからではなく、コルチゾールを過剰分泌させる脳活動にともなう、うつのせいだろう。コルチゾールの値が高い男性は、精巣が黄体形成ホルモンに反応しなくなるために、テストステロンの分泌が減り［Sapolsky, 1985］、結果的に性的反応が鈍くなる場合がある。

性欲減退は、通常、副腎皮質刺激ホルモン（ACTH）の値が高いことに関係するが、このホルモンが副腎皮質からのコルチコイド分泌を調整している。下垂体副腎系が活性化するために起きる性欲減退は、性別に関係なく見られる。コルチコイド分泌が大きく変化しても、性的興奮もオルガスムも関連せず、コルチコイドが性行動のどの側面も直接的に刺激することはないという考えを裏付けている。

2……オキシトシン

オキシトシンは、ペニスを勃起させる働きがあり、オルガスムを感じている間に放出される。ここで取り上げたいのは、オキシトシンがオルガスムの認知に影響するかどうかという点である。

オキシトシンは、非ペプチド（九つのアミノ酸を含有するペプチド）で、視床下部の大型ニューロン（視索上核や視床下部室傍核）でも小型ニューロン（隆起核）でも合成される。これらのニューロンの**軸索**は、それ以外のニューロンとシナプス結合するのではなく、下垂体後葉（「下垂体後葉の神経葉」とも呼ばれる）

の毛細血管の近くまで伸びている。解剖学的に独特なこの構造により、脳内のニューロンからホルモンとしてのオキシトシンが直接血流に放出される。これを「**神経ホルモン分泌**」という。

その他の**オキシトシン作動性**ニューロンは、**門脈**管毛細血管床にオキシトシンを放出し、この毛細血管床が、ごくわずかな距離（数ミリメーター）だけ離れた脳下垂体前葉まで、これを運ぶ。オキシトシンはここで、ＡＣＴＨの放出を調整する。これとは別の解剖学的な構造では、いくつかのオキシトシン作動性ニューロンの軸索は、脳幹下部および脊髄沿いの何か所かでニューロンとシナプス結合し、こうしたニューロンの興奮性を調整する。このように、オキシトシンには典型的な神経伝達物質としても、典型的なホルモンとしても作用するという特質がある。

授乳時に乳首のあたりが刺激を受けたり、出産時に生殖路が刺激されたりすると、血流にオキシトシンが分泌される。続いてオキシトシンは、乳腺筋上皮に作用し、射乳させる。子宮平滑筋に対しては、子宮を収縮させる。人間も含む多くの哺乳類は、性交するとオキシトシンの放出が促される［Blaicher et al. 1999; Krüger, Haake, Chereath, et al. 2003］。

オキシトシンは、射精に関わる一部の生殖器官の平滑筋を収縮させるため、末梢部分のオルガスム反応に直接働きかけていると思われる［Filippi et al. 2003］。オキシトシンは、オルガスムを感じることに関わっている可能性があるとする研究者もいる。オルガスムの強さと血漿中のオキシトシン濃度が比例関係にあることは、男性でも女性でも確認されている［Carmichael. Warburton, et al. 1994］。

ただし、これは、オキシトシンがオルガスムを強めるように脳に作用するというよりは、オルガスムが強いほどオキシトシンが多く放出されるという複合効果の可能性がある。それでも、いくつかの研究で報告されているように、男性にナロキソンを投与して、オルガスム時の血漿中オキシトシン濃度を下げると、オルガスムの快感は小さくなる［Murphy et al. 1990］。これも、オキシトシンがオルガスムを感じる強さに直接影響するというよりは、ナロキソンがオルガスムを弱め（おそらく内因性オピオイドの効果による）、放出されるオキシトシン量を減少させるためだと考えることができる。

オキシトシンは、血流から脳に容易に移動する（血液脳関門を通り抜けるなど）わけではない。他のニューロンに（下垂体神経葉にではなく）軸索を伸ばすオキシトシン作動性ニューロンは、オルガスムの知覚に関わる脳回路のニューロンを刺激する場合もある。

女性が性交中に放出するオキシトシンは、精子輸送を促すが、男性の場合、末梢部分のオルガスム反応に作用する以外のオキシトシンの機能は不明である。動物での研究から、オキシトシンには親密にさせる作用があることがわかっており、オルガスム中に放出されるオキシトシンは、パートナー同士の親密度を強化する［Carter et al., 1992; Insel et al., 1993］。

3……プロラクチン

プロラクチンは、脳下垂体前葉にある細胞で合成されるタンパク質ホルモンで、そこから血流に放出される。複数のデータから、プロラクチンがオルガスムなどの性的反応の要素に影響を及ぼしうることがわかっている。多数の研究が、血漿中のプロラクチンが病理学的に高いと（高プロラクチン症）、男性でも女性でも性欲が減退し、性的満足度が低くなることがたびたび起きると報告している［M. B. Schwartz, Bauman & Masters, 1982; Bancroft, 1984; Buchman & Kellner, 1984］。

精神安定剤や抗うつ剤の中には、プロラクチン分泌を増やすものがあることから、そうした医薬品による性機能障害（無オルガスム症を含む）には、この作用が関わっていると受け止められている。すなわち、プロラクチンの直接的な抑制効果であるか、医薬品の直接的な抑制効果であるか、あるいはその両方の効果であるということである。

高プロラクチン症が性行動に及ぼす症状は、ブロモクリプチンを投与すると改善する［Buchman & Kellner, 1984］。ブロモクリプチンは、プロラクチン分泌を阻害するドーパミン作動薬で、結果として血漿濃度を下げる。これらの観察結果から、異常に高いプロラクチン濃度と性欲減退が関連づけられるが、プロラクチンが分泌されると、常に性的反応が調整されるのかどうかは不明である。複数の研究者が、授乳の刺激があるとプロラクチンが分泌され、授乳中の女性の性欲が減退する傾向があることを指摘している［Kayner & Sager, 1983］。しかし、この関係は間接的なものでしかない。分娩後の女性が感じるうつ症状が、性欲減退に直接関係している場合があるからだ。

最近の研究から、男性でも女性でも、オルガスムを感じている間は、プロラクチンが分泌され続けることがわかった［Kruger, Hartmann & Schedlowski 2005など］。この内分泌反応は、オルガスムに特有なようだ。性的に興奮しても、プロラクチン量はごくわずかに増えるにすぎないからだ。こうした発見と一致するが、射精後の「不応期」（性的刺激に反応しない時間）を経ることなく、オルガスムを三度も感じた男性についての報告がある。オルガスムの後、この男性のプロラクチンは増えなかった［論評はKrüger, Haake, Hartmann, et al., 2002を参照］。これらの観察結果から、通常、オルガスムの際に分泌されたプロラクチンは、ほぼ瞬間的に性的な動機づけに関わる脳回路に「フィードバック」され、性欲を抑制することが示された。

プロラクチンが血液脳関門を通過することはないが、脳と**脊髄**を浸している脳脊髄液に入り込むことはある。そこから、内側視索前野、隔膜、視床下部におけるニューロン活動を調整することがある。こうした脳構造は、性的反応の発現に関わっている。プロラクチン**受容体**は脳で見つかっており、ここがプロラクチンが作用する部位である可能性を示している。

第19章　性器への刺激によらない特殊なオルガスム

オルガスムは、通常とは異なる状況で、明らかに生殖器への刺激とは無関係に、多様なかたちで起きることが報告されている（生殖器への刺激によるものは「典型的なオルガスム」である）。

そうした「典型的でないオルガスム」が起きるケースを考えることは、オルガスムを引き起こすものは何か、誰がそのようなオルガスムを経験するのか、オルガスムの質とは何かといった、オルガスムの本質を考える上で有益である。

本章で取り上げる事例を検討すると、**生殖器によらないオルガスム**とは、矛盾したものではないことがわかる。

1……レム睡眠時のオルガスム

複数の証拠から、脳は生殖器の感覚活動とは関係なく、男性にも女性にもオルガスムを感じさせることがわかっている。睡眠中にオルガスムを感じた女性には、生理学的な変化（膣への血流、心拍数、呼吸数）

が見られ、目が覚めた後、本人もそう説明している［Fisher et al. 1983］。オルガスムを感じていた間、女性の心拍数は毎分五〇から一〇〇に上昇し、呼吸は一分あたりで一二回から二二回に増えた。また、膣への血流量は「大幅に」増加した。これはレム（急速眼球運動）睡眠中は、膣の血管が周期的に拡張する（男性の勃起と同じ）ことを示している。膣の血管の拡張は、勃起と同じくらいの頻度で起きる傾向がある（レム睡眠中の九五％で起きる）。だが、レム睡眠でない間も、この女性の生殖器は男性の勃起よりも頻繁に反応していた。ただ、長くは続かず、レム睡眠との関連も弱かった。

このフィッシャーらの事例研究では、女性にオルガスムを感じさせた脳活動は、生殖器が刺激されたことに対する反応ではなく、生殖器への刺激を受けて通常活性化する**自律神経系**に対する脳活動の結果であった。すなわち、この生理学的な反応は、生殖器の刺激に対する「**反射**」反応ではなく、そもそも脳が作り出した反応だったのである。睡眠中のオルガスムは、生殖器の知覚と関係なくオルガスムが起きることを示す、いくつかある状況の一つにすぎない。物理的にペニスを刺激するのとは別に、どうやって真夜中に射精する（夢精）のかは、神経生理学的に研究する価値がある。

2……「幻のオルガスム」——下半身不随でもオルガスムは起きる

「幻肢」や「幻肢痛」は、切断した手足がまだ存在しているかのような感覚をおぼえる現象で、ひどい痛みをともなうことが多い。そうした場合、その手足の存在は（痛みではなく）もちろん「幻」なのだが、痛みは現実である。

ジョン・マネーは、「幻のオルガスム」という概念を取り入れた［John Money, 1960］。これは、**脊髄**を損傷したために生殖器への刺激を感じることはないが、睡眠中にオルガスムを感じる人びとを特徴づける概念である。この場合、少なくとも男性の「幻」は、かつて生殖器で感じたオルガスムであった。頚椎5番から1番を損傷した男性一四人の全員が、損傷する前にオルガスムを経験したことがあった。八人は、損傷する前にもセックスする夢を見たことがあり、そのうちの五人は損傷後にオルガスムを想像させる夢を見たという。マネーは以下のように記している。

〔それらの下半身不随の男性は〕陰部に関して満足することはなかった〔損傷後に射精を経験した者は誰もいない〕。それゆえに、そのうちの数人が、現実かと思うほど生き生きとしたオルガスムの夢を見たという現象は注目に値する〔……〕。〔この発見は〕性欲を認知することとは、陰部の感覚や作用とは関係なく、多様なセックスがありうる確かな証拠となる。言い換えると、脳は生殖器とは関係なく働き、官能的な経験を作り出すことができる。下半身不随の人の生殖器が、脳の働きとは関係なく反射的に作用するのと同じように。〔……〕下半身不随の人がオルガスムの夢を見るのは、幻のイメージの特別な例だとされるかもしれない。この幻の経験は睡眠だけに限られるのかどうか、興味深い。眼が覚めていようと睡眠中であろうと、陰部による幻の感覚や想像について、患者から報告された事例はこれ以外にはない。

また、マネーは、その三年前の秋に、頚椎6番と7番で脱臼骨折した三二歳の女性についても記している[Money, 1960]。この後遺症で、彼女は感覚を失って麻痺状態となり、つま先をわずかに動かすことしかできなくなった。神経根を切断〔脚の痙攣を軽減するため感覚神経を外科的に切断すること〕した後は、それすらもなくなってしまった。この女性は「セックスの夢を見るたびに、〔……〕絶頂に達してしまう」と話した。オルガスムの夢を見ることはあまりなく、負傷後の三年間で六回だったという。

3……脊髄を損傷した女性のオルガスム

女性がオルガスムを感じた証拠

脊髄を完全に損傷した女性たちが、オルガスムを経験したという事例はいくつかある［Whipple, 1990］。初期の報告には、脊髄の「完全」損傷だと診断された女性たちが、オルガスムを含めた生殖器への刺激を感じた例がある［Cole, 1975; Kettl et al., 1991］。これらの発見は、その後、確認されている［Komisaruk & Whipple, 1994; Sipski & Alexander, 1995; Sipski, Alexander & Rosen, 1995; Whipple, Gerdes & Komisaruk, 1996; Komisaruk, Gerdes & Whipple, 1997］。コミサリュックとウィップル、その同僚らによるこれらの研究では、脊髄を完全に損傷した女性らが膣や子宮頚部を自分で刺激して、反応したことを報告している。何人かは刺激を感じ、何人かは刺激に反応してオルガスムを感じた。そのうちの数人は、脊髄が損傷しているので、そうした感覚は想像によるものだと医師に言われたと話した。生殖器の感覚と、そうしたことは起こりえないという医師の断定とのかなりの落差に驚いた女性もいた。

シプスキーとアレクサンダー、ローゼンは、脊髄を損傷した女性の五二％がオルガスムを感じること、脊髄損傷の程度やタイプはオルガスムの発生に関係がないこと、どのような女性がオルガスムを感じるのかを事前に判断できるような特徴はないことを発見している［Sipski, Alexander, and Rosen, 1995］。だが、オルガスムを感じた女性は、感じなかった女性よりも性欲が強く、性に感する知識も豊富であることがわかった。その次の研究で、シプスキーとアレクサンダー、ローゼンは、脊髄損傷の位置や程度が一様ではない女性の五九％が、オルガスムを感じたことを発見した［Sipski, Alexander, and Rosen, 2001］。オルガスムの本質については、脊髄を損傷した女性たちが話すオルガスムと、損傷していない女性たちが話すオルガスムを比較しても、第三者が区別することはできなかった。これらの研究者は、オルガスムは自律神経系に対する反射反応だとしたが、生殖器から脳への神経伝達が脊髄損傷により阻害されているのであれば、その伝達がどうやって認知されるのかについては説明できていない［Sipski, Alexander & Rosen, 1995; Sipski, 2001］。われわれは、脊髄を完全に損傷した女性が、生殖器への刺激を感じることには、別の理由があると考えている。

神経学的な根拠

完全な脊髄損傷の場合、損傷が胸椎11番くらいまでに達していても、少なくとも性的な快感を部分的に感じることはできる。下腹神経が交感神経鎖にそって上行し、胸椎10番から12番で脊髄に入るからだ［Bonica, 1967; Netter, 1986; Giuliano & Julia-Guilloteau, 2006; Hoyt, 2006］。このため、胸椎11番まで損傷していたとしても、少なくとも下腹神経にそって脊髄に向かう（その後、脳に至る）知覚神経が無傷で残っている可能性がある。下腹神経は、子宮や子宮頚部からの感覚入力を伝える。これは、メスのラットの例で、感覚領域をマッピングする神経記録や、生殖器の知覚神経が脊髄に入る位置などから証明されている［Komisaruk, Adler & Hutchison, 1972; Kow & Pfaff, 1973-74; Peters, Kristal & Komisaruk, 1987; Berkley et al., 1990; Cunningham et al., 1991］。

脊髄損傷後も、下腹神経が子宮の知覚を伝えることは、すでに発表されている。ベラールは、胸椎12番より下の脊髄を損傷した妊婦が、子宮収縮と子宮内の胎児の動きを感じたことを報告している［Berard, 1989］。

この下腹神経路の機能性を確認するため、コミサリュックとウィップル、その同僚らは、胸椎10番より下の脊髄を完全に損傷した女性一〇人を対象に研究を行なった（陰部からの刺激は、胸椎10番で入る下腹神経を経由して脳に至ると思われる）［Komisaruk & Whipple, 1994; Whipple, Gerdes & Komisaruk, 1996; Komisaruk, Gerdes & Whipple, 1997］。女性たちが実際に自分で子宮頸部の入口を刺激したときは、感じることができた。研究者の一人が刺激プローブを子宮頸部の入口にあてたのを感じることもできたが、その部位を自分で刺激している間に指先を測定したところ、刺激をまったく感じないことがわかった（子宮頸部の入口を自分で刺激したことによる反応を客観的に測定するため）。さらに、自分で子宮頸部の入口を刺激したとき、二人がオルガスムを感じた。胸椎10番あるいはそれより上（もっとも高い位置だと胸椎7番）の脊髄を完全に損傷した女性六人に、「低い箇所で損傷した」別のグループと同じくらいの感覚的な反応があったことは、非常に興味深い。すなわち、六人のうちの四人は、研究者らが子宮頸部の入口を刺激したのを感じ、自分でその部位を刺激したのも感じたということだ。六人全員が指先の刺激は感じなかったが、研究室では一人がオルガスムを感じた。さらに、どちらのグループでも、一人を除いた全員が月経中は不快だと報告した。

生殖器での感覚が脊髄を回避して、直接、脳に届いている根拠

予想もしていなかったこのような驚くべき発見を受け、われわれは高い位置で脊髄を完全に損傷している女性たちは、子宮頸部周辺で受けた刺激を迷走神経（脳神経10番など）を経由して感じているのではないかと仮定した。この神経は、脊髄を回避して脳に到達しているからである［Komisaruk & Whipple, 1994; Whipple, Gerdes & Komisaruk, 1996; Komisaruk, Gerdes & Whipple, 1997; Whipple & Komisaruk, 1997］。

これまでは、生殖器の刺激は、腹外側脊髄視床路を経由して脳に届くというのが定説だった［Beric & Light, 1993］。外傷性脊髄損傷の場合、この経路が妨げられると、男性でも女性でも生殖器を刺激して起き

るオルガスムが阻害されることが報告されている［Beric & Light, 1993］。興味深いことに、この経路には脳に痛みのインパルスを伝える**軸索**もある。ガンによる強い痛みがあると、外科手術によって脊髄視床路を切断することがある。この脊髄視床路が両方とも遮断されると、男性の場合、オルガスムを感じなくなる［Monnier, 1968］。難治性の痛みを感じていたある男性は、脊髄視床路を手術で切断したところ、痛みを感じなくなったが、生殖器からのオルガスムも感じなくなった［Elliott, 1969］。そして、感じない状態が数か月続いた後、再び痛みを感じるようになった。同時に、生殖器によるオルガスム反応も再び現われたのである。

女性の場合、迷走神経が生殖器感覚の経路になっているというわれわれの仮説は、以下のとおり理屈が通っている。迷走神経に子宮頸部周辺の感覚機能があることを最初に提示したのは、ゲバラ・グズマンとその同僚らで、実験用ラットで行なった研究を基にしている［Ortega-Villalobos et al., 1990］。神経トレーサーである西洋ワサビペルオキシダーゼを頸部に注入すると、節状神経節のニューロン（迷走神経の後根神経節。知覚神経節など）がラベリングされる。

もっと近年では、パプカとその同僚らが、ラットの子宮と頸部に迷走神経が分布していることを確認している［Collins et al., 1999］。ラットの迷走神経に、膣と頸部からの感覚を伝える機能があることは、機能的研究によっても示されている。迷走神経を電気的に刺激すると、ラット［Maixner & Randich, 1984; Randich & Gebhart, 1992; Ness et al., 2001］や人間［Kirchner et al., 2001］で鎮痛作用が見られる。ラットの頸部にプローブを当て、生殖器に関わることがわかっている**脊髄神経**（陰部神経・骨盤神経・下腹神経）の両端を切断しても鎮痛作用は続いていた［Cueva-Rolon et al., 1996］。同じ個体のラットで、左右の迷走神経の両端を切断すると、鎮痛作用は見られなくなった。

ラットを使った別の研究では、中部（胸椎7番）で脊髄を完全に外科的に切除したところ、頸部に加えた刺激に反応して、徐々に弱まりはしたものの、瞳孔がはっきりと拡張し続けた（脳が関わっている証しである）。その後、横隔膜下で、左右の迷走神経を切断したところ、瞳孔が拡大する反応は見られなくなった［Komirasuk, Bianca, et al. 1996］。さらに、切断された迷走神経の中心端（この時点においても脳につながっている部分）に、電気的な刺激を加えたところ、すぐに瞳孔が大きく開いた。これは頚部が刺激を受けたときの結果とよく似ていた［Bianca et al. 1994］。別の実験で、ヒュープシャーとバークレーは、ラットの孤束核のニューロンが、膣・頚部・子宮・直腸からの物理的な刺激に反応したこと、迷走神経を切断するとこの反応が変化したことを示した［Hubscher and Berkley, 1994］。

こうした、さまざまな証拠（解剖学的な証拠と機能的な証拠）から、少なくとも実験用ラットには、迷走神経に生殖器の感覚機能があることが示されたのである。

女性の迷走神経が、生殖器の知覚神経でもある根拠

人間の女性の迷走神経が同じように機能するかどうかを確かめるため、子宮頚部周辺を本人が刺激した場合、知覚迷走神経が投射する脳領域、すなわち、延髄にある**孤束核**▼が活性化するかどうかを、ｆＭＲＩ（**機能的磁気共鳴画像法**）によって観察した。

この研究の対象は、圧傷ではなく、銃傷によって胸椎10番より上の脊髄に障害を負い、完全に損傷した女性に限定した。無傷で残っているかもしれない脊髄経路を見逃してしまう可能性を排除するためだ。孤束核の領域は、ｆＭＲＩ実験をあらかじめ行なって確認しておいた。被験者が、甘味・塩分・酸味・苦味を混ぜた液体を飲んで、味覚が伝えられる部位［Travers & Norgren, 1995］である孤束核の上部を活性化させておく［Komisaruck, Mosier, et al. 2002］。被験者の口に試飲用の混合物一ミリリットルを吹きつけ、ｆＭＲＩの活性パターンを記録してこの部位が活性化することを確認した。その後、女性たちが子宮頚部周辺

を自分で刺激した。

人間の場合、孤束核は、脳幹の延髄で直立しているチューブ状の核（ニューロンの柱）だが、延髄自体が脊髄の延長線上で直立している。ラットの孤束核には内臓性組織があることがわかっている。内臓性とは、人間で言えば、口にあたる部分がもっとも上の部分にあり、孤束核を上から下にたどっていくにつれて、食道・胃・腸からの刺激を受ける部位があるということだ［Altschuler, Rinaman & Miselis, 1992］。こうしたことに基づけば、子宮頸部を自分で刺激したことに対する反応は、孤束核の一番下の部分で起きる確率が高い。すなわち、試飲用混合物によって活性化される部分とは反対の下側である。ｆＭＲＩの結果は、この仮説が正しいことを証明した［Komisaruk, Whipple, Crawford, et al., 2004］。

それによって、迷走神経は、どの位置かに関係なく、完全に損傷した脊髄を迂回して女性生殖器からの知覚を伝えるという考え方が裏づけられた。こうして、脊髄を切断された女性が子宮頸部を自分で刺激したことによる「解明されない」オルガスムは、これまで認識されてこなかった経路（迷走神経）によって伝えられることが明らかになったのである。

4……脳内部への電気的刺激によるオルガスム

行動抑制や生理学で脳の特定の部位が果たす役割について、神経科学者が学んだことは、ほとんど、脳に対して直接に電気刺激を与えるか、直接に化学物質を投与するかして得られた知識である。この分野の

▼孤束核　大脳や小脳と脊髄をつなぐ中継地点である延髄の内部に存在し、味覚および内臓感覚、さらには呼吸、血圧および心拍調節などの自律神経反射の中継核として機能している。

第一人者は、モントリオール神経学研究所の神経外科医、ワイルダー・ペンフィールドで、一九五〇年代に彼が行なった研究は、一般市民の想像力をかきたて、カナダのモントリオールには、現在、彼の名を付けた道路があるほどだ。

脳の中の「小人《こびと》」——ペンフィールドによる感覚地図

ペンフィールドは、てんかん発作の原因部分を切除する手術を控えた患者の脳の表面を、小型電極で刺激する実験を行なった（一時的に取り除かれた頭皮と頭蓋骨には部分麻酔をかけた）。ペンフィールドとラスムッセンは、二つの耳あてをつなぐバンドのように大脳皮質にまたがる細胞の帯では、身体の部位に対応する部分が、比較的に規則的に配列されていることを発見した［Penfield and Rasmussen, 1950］。すなわち、脳のある部位を刺激して、患者がつま先に刺激を感じたと言えば、それに隣接する部位は脚を刺激し、その隣の部位は腿を刺激するというわけだ。

この手法を用いて、ペンフィールドは身体上の感覚地図を作成し、「ホムンクルス（ラテン語で「小人《こびと》」の意）」と名づけた。細胞の帯の前面に、ペンフィールドは同様の身体地図を見つけたが、こちらは、大脳皮質の特定の部位に電気刺激を加えると、身体のある部分の筋肉が動いた。この「動力ホムンクルス」は、感覚ホムンクルスによく似ているものだ。

ペンフィールドは、脳の底辺近くにある大脳皮質の一部（大脳皮質にある小葉で、頭蓋骨の頂の近くにあるため側頭葉として知られている部位）を刺激したところ、患者の反応が異なることに気がついた。非常に複雑な反応だったが、夢で見たことがあるように記憶している反応であり、どこかで見たことがあると感じさせることも多かった。ペローとペンフィールドは、これを「経験上の幻覚」と呼び、その効果を次のように記している［Perot and Penfield, 1960］。

〔側頭葉への刺激に対する〕経験的な反応は〔……〕、こまごまとした経験の寄せ集めかもしれない。すなわち、場にふさわしい音が聞こえ、これまでに感じたことがあったと患者が思うような感情をともなう経験である。あるいは、一枚の絵であったり、言葉、声、音楽だったり、思い出せるかどうかは別として、それまでの経験の一部でしかないものかもしれない（そうしたものとしては、次のようなものが考えられる）。

（1）音声――言葉や音楽のような確かな視覚的要素のない経験。
（2）視覚――場面、人物、物体など。
（3）見たものと聞いたものの組み合わせ。
（4）「夢」「フラッシュバック」「記憶」など、分類できない経験。

このように、記憶、被験者と記憶のつながり、その出来事に関連する感情などが、すべて電気的刺激によって呼び起こされたのである。

脳の別の部位（島皮質）を電気的に刺激すると、食べ物が口から肛門に移動するという「摂食する感覚」、変な味や好きになれない味、味がしないといった感覚、胃の動きが活発になったことで胃の存在を感じるといった感覚的な効果があった［Penfield & Faulk, 1955］。

性感を感じる脳の部位

ペンフィールドは、患者のオルガスムに関わる反応については報告していないが［Penfield & Rasmussen, 1950; Penfield, 1958］、別の神経外科医二人が別の手法を使って、脳の別の部位を刺激したところ、その患者はオルガスムを感じたと報告した。ニューオーリンズ州チューレーン大学のロバート・ヒースと、ノルウェーのカール・ウィルヘルム・セム・ヤコブセンは、この手法の第一人者である。彼らは、脳の表面にではなく内部の奥深くに電極を埋め込み、頭蓋骨に固定した。これで、患者たちは動き回っているときでも、電気刺激を受けることができる。これは「常時埋込型極電」と呼ばれている。

セム・ヤコブセンは、「前頭葉後部、正中線から二センチの所」（位置はこれ以上詳細に記されていない）に刺激を加える電極をつけた患者について説明している［Sem-Jacobsen, 1968］。電気刺激に対するこの患者の反応は、次のようなものだった。

性的なものではないオルガスム感覚があった。この患者はこの感覚が気に入り、もう一度刺激を受けたいと言った。だが突然に満足し、それ以上の刺激はいらないと言った。〔……〕彼は、この感覚を「リラックスして、気持ちがいい。性的な快感のようだ。臭いも味もしなかった。全身で感じた」と説明した。これは、確かに性的な反応だと気がつき、それ以上の刺激を加えなかった。

セム・ヤコブセンの別の患者は、この刺激が気に入り、もっと加えて欲しいと言った。この患者の反応としては、痙攣、深呼吸、赤らみ、突然の脱力、笑顔、射精などがあった。

ヒースは、脳に電気刺激を受けた患者の事例をいくつか記している［Heath, 1964］。「患者B－7」は、てんかん治療の脳手術に備えて、常時埋込型電極を取りつけられた。ヒースは、ここで興味深い手法を用いた。電気刺激を加えるのではなく、自分の意思で刺激を加えられるように装着型のコントロールパネルを渡したのである。ある事例では、中隔野に埋め込んだ電極をコントロールするボタンと中脳被蓋に埋め込んだ電極をコントロールするボタンを渡した。中脳被蓋への刺激は「強い不快感と恐怖感を感じさせた」しかし、「中隔野のボタンを頻繁に押す理由を尋ねたところ、患者は、その感覚が『気持ちよく』、性的なオルガスムが強まるように感じるからと答えた。この患者は、オルガスムの絶頂に達することはなかったが、ときに必死なほど頻繁に中隔野のボタンを押したのは、『クライマックス』に達しようとしたからだ。これは、イライラさせ、『落ち着かなく』させることもあった」。

ヒースの患者三人は、中隔野に刺激を受けて勃起した。ヒースは、「患者B－10」〔精神運動てんかんのある男性〕の経験、その他数人の難治性の痛みのある患者との経験を説明した。

〔患者B－10が〕中隔野に受ける刺激に対する反応は、性的なものが多かった。治療前の記録がどうであれ、また、その場での話題にかかわりなく、この患者は性的な話題を持ち出した。通常は、中隔野を刺激されて、にっとした笑みを浮かべながらだった。反応について尋ねると「なぜ、そういうことが頭に浮かんだかはわからない。ぱっと思いついただけだ」と答えた。

中脳を刺激して得られる快感と性的な考えとの関連性はない。この患者も、扁桃体核と尾状核に加えた刺激による反応が気に入っており、中隔野や扁桃体核の電極を何度も刺激していた。〔……〕上皮性悪性腫瘍が進行した三人の患者が難治性の痛みに襲われても、中隔野に刺激を加えると、痛みが突然ひくということが何度も起きた。〔……〕患者は、三週間から八か月にわたって、一日に二度から三日に一度までの間隔で電気刺激を受けた。中隔野に刺激を加えると、強い痛みと苦痛が一瞬でなくなり、患者は楽になり、快感にひたりながらリラックスした。

パーキンソン病患者の脳を電気刺激して得られたオルガスム

エリオット・ヴァレンスタインは、著書『ブレーン・コントロール（Brain Control）』の中で、脳に電気刺激を受けた、あるパーキンソン病（ＰＤ）患者の反応について記している［Elliot Valenstein, 1973］。

レニングラードにある実験医学研究所のＮ・Ｐ・ベチテレーヴァ博士は、パーキンソン病や動作しづらくなるようなその他の脳障害の患者の脳を、電気的に刺激し、その影響について研究している。博士は、視床腹側領域やそれに隣接する領域を刺激して、性的興奮やその他の快感が発生した例をいくつか報告している。脳炎後パーキンソン病の三七歳の女性は、刺激を受けるとオルガスムを感じるほどの強い性的快感を感じていた。この患者は、電気生理学実験室に一層頻繁に通うようになり、助手たちと言葉を交わすようになった。また、廊下や病院の庭で彼らを待ち、刺激を受ける次の日程を確認しようとした。電気刺激を与えてくれる人には、とくに親しみを見せ、次の日程の希望がかなわないと不満な様子だった。

これを引用したのは、脳への刺激を、パーキンソン病の治療として勧めるためではない。しかし、この疾患は、性欲やオルガスムに大きな悪影響を及ぼすことが、男性および女性のＰＤ患者からも報告されている。ウォーターズとスモロヴィッツ両博士は、ＰＤの男性患者一五人と女性患者一〇人について、次のような報告をしている［PD. Waters and Smolowitz, 2005］。ＰＤの診断を受けてから、女性では、七五％がオルガスムの回数が減り、三八％がオルガスムを経験できなくなり、七一％が性的関心が減退したという。男性では、八〇％がセックスの頻度が減り、四四％が関心や精力が減退し、五四％が勃起できなくなったという。全体的には、五四％の配偶者がパートナーの性的関心が減退したと回答した。性的反応やオルガスムにドーパミンが作用することを示す多岐にわたる証拠から、ＰＤ患者が性的反応やオルガスムを失い、あわせて運動機能を失っているのは、**ドーパミン作動性**ニューロン系の低下と密接に関係しているようだ。これはこの病気の特徴である。

5……脳内部への化学的な刺激によるオルガスム

さらにヒースは、電気的な刺激を与える手法を拡大し、脳に恒常的に埋め込んだカニューレを用いて、さまざまな神経化学薬物を注入した〔Heath & Fitzjarrell, 1984〕。三三歳の女性がてんかん発作の手術を受け、中隔野に左右対称にカニューレを埋め込まれた。「中隔野に、直接にアセチルコリン〔主要な**神経伝達物質**の一つ〕を送ると、中隔野で振幅幅の大きな波〔脳波活動の一つ〕が連続して現われ、患者の気分が高揚した〔性的オルガスムを感じることも多かった〕。この振幅は、三〇分かけて徐々に弱まっていった」とヒースらは報告している。

ヒースは、女性のてんかん患者〔「患者Ｂ－５」〕が、うつや苦痛、絶望などを感じていたとき、中隔野にアセチルコリンを注入したところ、そうした感情は「数分で楽しい気分に変わった。強い満足感と性的な感覚も絶えず起きた〔Heath, 1964〕。ほとんどの場合、この患者は自然なオルガスムを経験した。〔……〕彼女は、現在、三度目の結婚生活を送っている。脳に、〔この〕化学的刺激を受ける前は、オルガスムを経験することはなかったが、それ以降はセックスの際に常に絶頂を感じている」。

ヒースは、別の事例も報告している。「もっとも顕著な性的反応は、中隔野にアセチルコリンを投与した女性のてんかん患者で確認された。中隔野に加えた刺激から生じた心地よい反応にともなって、必ずさまざまなレベルの性欲が生じた。一方、脳の別の領域に加えた刺激から生じた心地よい反応には、一定の行動がともなうことはなかった」。

その後、倫理的な懸念が示され、被験者を使った研究が厳しく制限されるようになり、このような脳を刺激する手法による精神外科研究は行なわれなくなった。しかし、ＰＤ患者の震えや、耐えがたい痛みを抑える場合など、ある種の脳刺激は臨床的に行なわれている。

6……脊柱への電気刺激によるオルガスム

最近、麻酔と痛みに関する専門家であるスチュワート・メロイ（ノースカロライナ州ウィンストン・サレム）の研究が報道された。メロイは、慢性的な背中の痛みを治療するために脊柱を電気的に刺激したところ、女性患者一一人（何人かは、生殖器の刺激によるオルガスムを経験したことがなかった）のうち、一〇人が電気刺激を受けている間、一度以上のオルガスムを経験したと話したという［Meloy, 2006］。

メロイが用いた電気刺激は、脊髄にあるさまざまな**神経線維**を選別することなく同時に刺激することで痛みを和らげ、慢性的な背中の痛みによる発痛シグナルを「打ち消した」ものだと思われる。この電気刺激の手法によって、生殖器からの感覚信号が事実上回避されたものの、再現され、オルガスムを感じさせたようである。この手法や結果の詳細は発表されていないが、報告された効果を生じさせた原理について確度の高い推測をすることはできる。

7……てんかん発作によるオルガスム

脳がオルガスムをもたらす仕組みは、てんかん発作に関する研究のおかげで解明されたものが多い。てんかん発作の直前にオルガスムを感じたとする報告は、男女を問わず多くあるのである。

この体験は「オルガスム様前兆」と呼ばれている［Calleja, Carpizo & Berciano, 1988; Reading & Will, 1997; Janszky, Szucs, et al., 2002; Janszky, Ebner, et al., 2004］。このオルガスム様前兆は、海馬と扁桃体がある脳の前脳右側の側頭葉で、もっともよく起きている。てんかんが起きる部位はＥＥＧ（脳波計）で確認されている。前兆が自然に起きる場合もあれば、特定の刺激を受けて起きる場合もある。たとえば、ある女性の場合、歯を磨いているときに、この前兆が起きる［Chuang et al., 2004］。

発作に関わるオルガスムは「不快」だとされることもある［Reading & Will, 1997 など］が、快感だとされる例もある。ある女性はオルガスム様前兆を心待ちにし、これを失うのを嫌がって、抗てんかん薬物治療や脳外科手術を拒否したと報告されている［Janszky, Ebner, et al., 2004］。

オルガスム様前兆の例で、興味深く、有益な観察結果は、これが必ずしも生殖器の感覚をともなうものではなく、「生殖器とは関係のないオルガスム」であるということだ。一方、感覚皮質の生殖器投射領域で起きるてんかん発作も報告されている。生殖器での感覚がオルガスムに変わったことがあると話した人びとは、生殖器を刺激されて感じたオルガスムのようだったと話した［Calleja, Carpizo & Berciano, 1988 など］。

オルガスムのような感覚に至る、側頭葉てんかんの報告もいくつかある。ブラマーは、側頭葉てんかんを患う男女の患者五〇人のうちの二九人について説明している［Blumer, 1970］。側頭葉てんかんには、性欲減退症という万人に共通する特徴がある。「もっとも顕著なのは、オルガスムを感じることができないことである」。二九人のうち二〇人は、一年に一度もオルガスムを経験したことがなかった。一度経験したか、経験したことがなかったのは一〇人だった。これらの患者は側頭葉を切除するとてんかんは起きなくなるが、慢性的に性欲が減退する。これらの患者のうち二人は、てんかんが再発したが、性欲減退もなくなった。二人が切除したのは、てんかんを起こしていた片側の側頭葉にある前方部分（てんかんを引き起こす片側の側頭葉。内側頭回の辺縁組織、おそらく海馬と扁桃体）である。

男性患者の一人は、側頭葉を切除したが、約一年後にてんかんが再発した。このとき、発作から約二〇分後、「彼は、妻とセックスしようとした。〔……〕妻は、これを心待ちにするようになった。通常、彼が週に一度以上セックスを求めることはなかった。だが、セックスの後で発作が起きれば――たとえ一時間後だとしても――またセックスしたいと思った」。

もう一人の患者は、発作治療のための外科的な手当てを嫌がった。「彼の妻は、このとき、夫は発作直後に必ずセックスを求めてくると、神経外科医に話した。一日に何度も発作が起き、夫がじりじりして求めてくるのは、妻にとって受け入れがたかったが、いつも嫌々ながら応じていた。逆に、発作が起きなければ、数週間経っても、彼が性的に興奮することはなかった」。ブラマーの患者の一人は、「発作の度に性的な絶頂を感じていた」。

ファドゥールらは、五七歳の女性の「オルガスム的てんかんとして現われる局所性の傍腫瘍性辺縁系脳炎」について説明している [Fadul et al. 2005]。この女性は、「オルガスムのような」快感が突然起きるなど、二か月の間、日常的に発作が起きていた。この感覚は三〇秒から一分ほど続いた。MRI検査で発見された左の前側の内側側頭葉の腫瘍は、最初の診察で見つかった肺ガンが転移したのだと考えられた。EEG（脳波）検査によって、左の内側側頭葉に局所的な異常が見つかったが、抗ガン治療（カルバマゼピン）を受けると腫瘍が小さくなり、発作も収まった。

てんかん発作によってオルガスムのような感覚が得られるという報告から、この二つの現象には根本的な共通点があることがわかる。てんかん発作は、通常とは異なって多数のニューロンが同時に活性化し、続いて同時に非活性化し、その直後に再度活性化することが特徴である。テンポのよい随意運動によって、オルガスムをもたらすように生殖器を刺激するタイミングが、てんかん発作の場合以上に規則的かつ正確なパターンで、多数の脳神経細胞を一斉に活性化するようだ。オルガスムの際、規則的に一斉に活性化される結果（およびおそらくこの機能）が、射精をコントロールする仕組みのように、容易には作用しない仕組みを活性化するのである。

射精の仕組みが比較的作用しにくいのは、神経に関わる要素を興奮させて射精に至らせるには、通常、生殖器をリズミカルでタイミングよく刺激する必要があることからわかる。興奮レベルが低いと射精には至らず、作用しにくい仕組みとなっているのが特徴的である。射精に至るオルガスムの場合、生殖器を刺激すると比較的特定的な調和の取れた手順に収斂されていく。射精をともない、まとまりのある精力的な突く動きがその例だ。

一方、てんかん発作の場合、多くの神経が同時に活性化されると異常に拡散し、通常であれば同時に活性化することがないような運動系にも「波及」する。その結果、痙攣が大発作する場合のように、手足がばらばらに動いたり、バランスを失ったり、顔面と舌が別々に動いたりする。

このように、てんかん発作の特徴である神経活性化は、オルガスムの特徴である神経活性化に似たところがある。おそらく、この類似性が、てんかん発作の際にオルガスムのような感覚を生じさせるのだろう。

8……マルチプル・オルガスム

男性あるいは女性に、「マルチプル・オルガスム」をもたらす方法について指南するガイドブックは数多い。たとえば、『オトコなら誰でもできる（Any Man Can）』［W. Hartman & Fithian, 1984］、『オルガスムの新たな一面（Orgasm: New Dimensions）』［Kothari, 1989］、『マルチオルガスムの男（The Multi-orgasmic

Man)』［Chia & Arava, 1996］、『マルチオルガスムのカップル（The Multi-orgasmic Couple）』［Chia et al., 2000］、『マルチオルガスムの女（The Multi-orgasmic Woman）』［Chia & Abrams, 2005］などだ。

男性のマルチプル・オルガスムに関する研究書は四冊のみで、女性に関してはそれよりは少し多い程度だ。どうやら、マルチプル・オルガスムは、女性においては多少認識されてはいても、男性ではそれほどでもないようだ。古典研究では、キンゼイとその同僚らが男性と女性のマルチプル・オルガスムについて論じている［Kinsey, Pomeroy & Martin, 1948; Kinsey et al., 1953］。マスターズとジョンソンは研究観察に基づいて、女性のマルチプル・オルガスムについてまとめているが、男性については取り上げていない［Masters and Johnson, 1966］。

マルチプル・オルガスムの明確な定義はない。女性の場合、数秒、あるいは一、二分のうちに続けてオルガスムに達することはある［Kinsey et al., 1953］。マスターズとジョンソンは、マルチプル・オルガスムの興奮状態は、彼らが「高原期」と呼ぶ状態を下まわることはないとした［Masters and Johnson, 1966］。ハイトは、オルガスムとオルガスムとの間に刺激を加え直さなければならないような時間差があるのなら、マルチプルではなくシークエンスというべきだとしている［Hite, 1976］。すなわち、マルチプル・オルガスムは途切れることなく、連続した刺激に関わるものだからだ。

コザリは、マルチオルガスムを「オルガスムの後に、さらに刺激を加えることで興奮が再び強まり、それが継続する働き」と定義した［Kothari, 1989］。続けて、男性でも女性でも、「マルチオルガスムの精神力学に関する基本解釈は似ている。男性の場合、マルチオルガスムを経験するには、それを認知できるようになるための方向付けが、強い恥骨尾骨筋とともに不可欠である。〔……〕女性がマルチオルガスムを経験する力があるのは、それに必要な解剖生理学的な性質が女性にあるためだ。これと同じ理由から、かなり多くの女性が適度かつ継続的に刺激されることでマルチオルガスムを経験しており、男性ほど意識する必要はない」。残念ながら、コザリは、女性と男性の「解剖生理学的な性質」を区別するために必須だと思われる方法を明示していない。

ハートマンとフィシアンは、紀元前二九六八年の中国で、男性のマルチプル・オルガスムについて記述した書物があること、また、道教、タントラ、ヴィシュラティ（古代インド）、イムサク（アラブ）、カーマスートラのチラと、近代の文献においてもマルチプル・オルガスムについて言及していることを指摘している［W. Hartman and Fithian, 1985］。

男性のマルチプル・オルガスムに関して発表されている三つの研究では、連続したもののうちの最後のオルガスムを除いて、射精をともなわないマルチプル・オルガスムに着目している［Robbins & Jensen, 1978; M. E. Dunn & Trost, 1989; Kothari, 1989］。どの研究でも、被験者は射精を遅らせるテクニックを取り入れていた。

ある男性は、どのオルガスムにおいても射精をがまんしないマルチプル・オルガスムの対応パターンを身につけていたこと、初めて射精を経験した一五歳の頃から何度も経験してきていることを報告した。実験では、三六分間、自ら刺激し続けて、射精をともなうオルガスムが六回起きていた。また、最初から最後まで勃起したままだった。オルガスムの状態で測定された生理学的なパラメータはどれもが大きく上昇していた。血圧、心拍数、瞳孔径、申告された興奮度など、どのオルガスムにおいても平静状態と比べて大幅に上がっていたのである［Whipple, Myers & Komisaruk, 1998］。

一度きりのオルガスムと、複数回に及ぶオルガスムの根本的かつ生理学的な違いはわかっていない。一部の人びとにとっては、マルチプル・オルガスムとは自然に経験するものかもしれないが、その他の人びとにとっては教えられたり、学習したりする現象なのかもしれない。マルチプル・オルガスムは必ずしもやっきになって到達するゴールではなく、一部の人が経験するオルガスムの一形態にすぎない。

9……性転換手術後のオルガスム

男性から女性への性転換の場合

生殖器の知覚神経の知覚領域に関する知識は、外生殖器の再生手術や性転換手術の際に役に立つ。男性から女性への性転換手術の一つでは、陰茎の皮膚・神経・血管を残し、人工の「膣管」を形成する。この管の「膣」口の反対側にある末端を縫合し、管状のものを作る。肛門と尿道の間の会陰皮膚を切開して空洞を作り、腹部の空洞に押し込みはしないが、押し上げる。この空洞に膣管を入れ、縫合していない端を会陰皮膚に縫い合わせる。陰茎亀頭と知覚神経がクリトリスとして整形され、陰嚢から陰唇が作られる[Krege et al. 2001. および二〇〇六年の個人的な会話から得た情報]。セックスの際にこの組織を摩擦すると、その反応としてオルガスムが感じられる。これは驚くことではない。同じ神経が分布するかつての（ペニスの）皮膚を刺激することだからだ。また、「新しい膣」壁を通して前立腺を間接的に刺激するため、快感を感じ、オルガスムに至ることもある。

だが、腸の一部（直腸S状結腸）から人工膣を形成する再生手術後のオルガスムについての報告は、直感的にとまでは言えないが、ある程度わかっていたことだった。この手術は、陰茎切除や睾丸摘出（ペニスと睾丸を外科的に切除すること）を行なう男性から女性への性転換手術や、先天性膣閉鎖（膣口が開いていない）や子宮頚ガン手術後に膣が短くなった女性に行なわれてきた[S. K. Kim, Park, et al. 2003]。切開されるのは、肛門のすぐそばから腹部の空洞までだ。直腸S状結腸が切除され、その血液供給と神経分布（下腹神経も含めて）はそのまま残し、内側の端をふさぎ、外側の端は会陰（肛門と陰嚢との間の肌）に縫合する。著者らの報告によると、「患者二七人のうち二四人〔八九%〕が、セックスでオルガスムを感じた。二四人中一〇人〔四二%〕が射精をともなう男性型オルガスムで、一四人〔五八%〕が射精をともなわないオルガスムだった。性転換者の男性型オルガスムは、徐々に女性型オルガスムへ変わっていった」。

この研究を行なったキム博士は、男性から女性への手術の場合、オルガスムは、「新たなクリトリス」を形成するために外科的に手を加え、少なくなったペニスの細胞を刺激することで起きると説明した［二〇〇六年の個人的な会話から得た情報］。さらに、「直腸S状部の組織は知覚組織であるため、快感を感じさせる」とも話した。新たなクリトリスを刺激して射精が起きるのは、前立腺と前立腺管がそのまま残っているからである。射精反応は「数年経てば〔……〕次第に消滅する」。手術を行なった女性の場合、オルガスムを感じるのは、直腸S状組織の刺激に対する反応ではなく、クリトリスの刺激に対する反応だ。

これに類似する外科手術は、ヤロリムも報告している［Jarolim, 2000］。「膣」を形成するために患者の陰茎皮膚を利用することができない場合、ヤロリムは腸組織〔直腸S状結腸〕を利用した。「この組織でも、快感としびれを感じることはできる」とし、「血管〔細胞に残された血管〕にそって分布する自律神経のおかげだ。〔……〕男性性転換者の性別適合手術は、女性の生殖器を複製することであり、セックスの際、オルガスムを感じることができる」と報告している。オルガスムは、もともと陰茎の皮膚だった部分を刺激することで感じられるものである。

女性から男性への性転換の場合

女性から男性への性転換手術は、比較的少ない。この手術では、鼠径部から皮膚を、クリトリスと小陰唇から組織を、神経や血管とともに切除し、組織片に加えて、尿道付近に「新たな男根」を形成する。人によっては、立ったまま排尿することもできる。小陰唇の組織は「新たな陰嚢」を形成するために用いられる。勃起はしないが、もともとクリトリスの組織だった部分を刺激することでオルガスムを感じることはできる［Jarolim, 2000］。

10……生殖器によらないオルガスム

「幻肢」オルガスム

脚を切断した後に幻肢に感じたオルガスムについて語る男性について、ラマチャンドランとブレイクスリーがまとめ、次のような会話を報告している［Ramachandran and Blakeslee, 1999］。

患者「先生、セックスするたびに、幻肢に何かを感じるんです。どういうことですかね？　かかりつけの医者はわからないと言うんです」。

ラマチャンドラン「そうですね。可能性としては、脳内地図で生殖器が脚の隣にあるからかもしれません。心配しなくていいですよ」と言うと、患者は心もとなさそうに笑ってみせた。

患者「そうですか。でも先生はまだおわかりじゃない。私は、確かに脚にオルガスムを感じるんです。生殖器だけに限られているわけではないので、これまでよりずっと強く感じるんですよ」。

感覚皮質の地図では、脚からの感覚を受ける皮質は、生殖器からの感覚を受ける領域の隣にある。脚を切断すると、生殖器の感覚皮質にある神経線維が隣の領域、すなわち、かつて脚からの感覚を伝えていた神経線維があった領域に「侵入」するか、そこに「伸び」ていくようだ。こうした神経の再生は、ラマチヤンドランとブレイクスリーが報告する別の現象によく似ている。それは、手を切断した男性が、顔を触れられて、失った手があるように感じたというものだ。手と顔の知覚領域が、知覚皮質上で隣接しているからである。

生殖器以外の部位で感じるオルガスム

別の類の「生殖器以外のオルガスム」について、コミサリュックとウィップルの若い男性の同僚が語っている［Komisaruk and Whipple, 1998］。彼は、自分の身体のさまざまな部分を刺激していたとき、マリファナのせいでオルガスムを感じたという。

《鼻のオルガスム》

鼻先にバイブレーターをあてがい、刺激を加えてみた。刺激がだんだん強くなっていったという説明があった。最初は小さかった光が徐々に近づいてきて、明るく、大きくなり、顔面に向かってくるようなイメージが浮かんだという。耐えられないほど刺激が強くなった瞬間、その明るい光が顔面に「ぶつかる」直前でくしゃみをしてしまい、光が「吹き飛ばされた」。

《ひざのオルガスム》

バイブレーターでひざを刺激すると、腿の大腿四頭筋（伸筋）が張ってきた。そのときに浮かんだイメージは、数千もの軍隊と大砲が見えるパノラマのような場面が、徐々に大きくなっていくというものだった。オルガスムの瞬間は、脚が蹴られたように感じ、パノラマにある一つひとつの要素が一斉に前進し、同時に強いうめき声がもれた。

《ペニスのオルガスム》

バイブレーターをペニスの先にあてがったとき、遠くを進んでいく遠洋定期船が、海から手で持ち上げられるイメージが浮かんだ。身体や手足の姿勢筋がこわばるのを感じながら、だんだんと大きくなっていく遠洋定期船を、力を振り絞って持ち上げようとした。すると船が突然、水しぶきを上げて陽のあたる場所に現われた。その瞬間、張りつめた筋肉が収縮し、同時に実際に射精をし、笑い声をあげてしまった。

この最後のオルガスムは生殖器によるものだが、鼻やひざのオルガスムと同じ文脈で語られている。頭に浮かんだイメージの性質やそのイメージに見合った筋肉の緊張は、他のオルガスムと同じだった。異なるのは、これが生殖器によるものだったことと、射精という内臓運動反応があったことだ。これは、異なる経験として語られているが、様相は生殖器によらないオルガスムに近い。だが、これは生殖器によるオルガスムなのである。この描写は、オルガスムに至る身体と内臓、認知のそれぞれの作用が一貫していたことを示している。

マリファナは、通常であれば、覚醒状態と幻覚状態とを分ける阻害経路を破壊するほどの効果をもたらす場合がある。この結果、夢、幻覚、共感覚（異なる二つの感覚を混同すること。「形を味わう」など［Cytowic, 1998］）、精神病、その他の意識変容状態と関連していなければ思いつかないようなつながりをむき出しにする。オルガスムは、それぞれにかなり異なっているが、そのすべてが夢のようなイメージを露わにするように表現される。刺激を受けた身体の部位の機能に関連づけられて、その夢のようなイメージがオルガスムを表現するのである。先に説明した三種類のオルガスムのそれぞれで、各要素――バイブレーター・呼吸・知覚――は、それぞれ独自に「通用」するのだが、相互に干渉しあってもいる。外に向かって爆発するような呼吸（くしゃみ・うめき声・笑い）が、常にオルガスムにともなっていた。それぞれのオルガスムが、整然としたわかりやすい（夢想ではあるが）高まっていく興奮に埋め込まれ、快感と言い表わされるような絶頂に同時に達するのである。

痛みが身体の一部に限られるわけではないように、快感も一部に限られるわけではないようだ。オルガスムのような快感の特徴――筋肉が爆発するように感じること――は、生殖器だけで感じるのではなく、呼吸器系や身体のその他の組織でも感じることができる［Komisaruk & Whipple, 1998］。すなわち、生殖器系はとりわけ、オルガスムのプロセスを調整するためにうまく構築されているようではあるが、その他の身体の構成にも、同じ特性の少なくとも一部が現われている。こうして、結果として適切な刺激条件と敏感さが整っていれば、よく似た作用を示す場合がある。

オルガスム中の精神状態は「意識変容状態」と表現され［Davidson, 1980］、フランス人が「小さな死」と呼ぶ平穏と深い無意識状態に至ることもある。セックスをしてオルガスムを感じた直後に寝入ってしまう人（とくに男性）、オルガスムによって眠くなること、男女を問わず、逆の効果――意識がはっきりすること――がもたらされるという逸話やよく使われるジョークもあるが、文献を探したところ、このテーマを取り上げたものは一つしかなかった。スザンヌ・ブリセッテと同僚らが、一九八五年に『生物学的精神医学』誌に寄稿したものである。

この研究では、男女五人ずつを対象に、三つの条件――約一五分間マスターベーションしオルガスムに至るもの、マスターベーションを一五分行なうが、意図的にオルガスムを避けるもの、一五分間新聞を読むもの――を比較したところ、眠りにつくまでの時間、睡眠時間、さまざまな睡眠状態のそれぞれの時間には、条件による大きな違いは見られなかった。この研究で違いが生じなかったのは、多くの阻害要因があったことが原因だと思われる。たとえば、研究室の状況、オルガスム時の筋肉収縮を示すデータを取るためにつけていた肛門プローブを取り外すために研究者が一五分ごとに出入りしたこと、睡眠測定用のEEG（脳波）電極が取りつけられていたこと、新聞を読んで眠くなった可能性があること、男性と女性のデータを混ぜ合わせたこと、セックスには必須の個人的な身体的・感情的なやりとりがなかったことなどだ。このように、オルガスムと睡眠との関係については、すでに行なわれていた科学研究よりは、逸話的な報告の方が実際の特徴をつかんでいるようだ。

オルガスム中の意識変容状態には、てんかんの前兆や発作によく似た特徴がある。先に述べたように、実際、てんかん発作の際にオルガスムを感じたという報告は、男性からも女性からもある。てんかん発作に関わる脳の部位には、とりわけ生殖器からの知覚を受ける部位が含まれている可能性があるというのは興味をそそられる点である。だが、発作はこうした部位に関わりなく起きる場合の方が多いのである。もし関わっているのであれば、オルガスムを感じ、生殖器に快感を得たという報告になるだろうが、関わっていないのであれば、オルガスムを感じはしたが、生殖器に快感は得なかったという報告になるだろう。明らかに、生殖器によらないオルガスムとは、矛盾した表現ではないのである。

第20章　生殖器と脳は、どのようにつながっているのか？

生殖器のある部分は、特定の神経を通って脳に感覚信号を伝える。クリトリス・膣・子宮頚部の刺激から得られるオルガスムと、ペニス・睾丸・肛門の刺激から得られるオルガスムとが違うのは、このためである。

本章では、生殖器の感覚神経の役割分担と、それらの神経が刺激された場合の感覚について取り上げる。

1……生殖器の神経が伝える感覚

女性の生殖器の感覚神経は、一般的に、下腹神経・骨盤神経・陰部神経で役割を分担していると考えられている。

下腹神経は、人間の女性でも［Bonica, 1967; Netter, 1986; Giuliano & Julia-Guilloteau, 2006; Hoyt, 2006］、ラットでも［Peters, Kristal & Komisaruk, 1987; Berkley et al., 1990］、子宮と子宮頚部の感覚を伝えている。骨盤神経は、人間の女性の子宮頚部と膣の感覚［Netter, 1986］だけでなく、ラットの正中線に近い生殖器付近の皮膚の感覚も伝えている［Komisaruk, Adler & Hutchison, 1972; Peters, Kristal & Komisaruk 1987; Berkley et al. 1990］。陰部神経は、人間の女性のクリトリスの感覚を伝え［Netter, 1986; Giuliano & Julia-Guilloteau, 2006］、ラットの生殖器付近の皮膚の刺激も伝えている［Peters, Kristal & Komisaruk, 1987］。陰部神経と骨盤神経は、仙骨上部（第2仙骨神経から第4仙骨神経）と［Netter, 1986］、腰部脊椎下部で［Ding et al. 1999］**脊髄**に入る。下腹神経は、交感神経（真珠でできた二本の弦のような自律神経節。それぞれが脊髄の外側にある脊柱に沿っている）を伝わり、胸部（第10胸神経から第12胸神経）で脊髄に入る［Bonica, 1967; Netter, 1986; Giuliano & Julia-Guilloteau, 2006; Hoyt, 2006］。こうした神経が脊髄に入る正確な位置は、人間・サル・ネコ・ラットなど、種によって多少異なるが、基本的なパターンは非常によく似ている。

近年の研究から、対になっている四つ目の神経——迷走神経——も、実験用ラットの頚部と子宮［Ortega-Villalobos et al. 1990; Collins et al. 1999］、人間の女性の子宮頚部［Komisaruk, Whipple, Crawford, et al. 2004］の感覚を伝えることがわかった。

人間の男性の場合、外陰部神経はペニスの皮膚と陰嚢の感覚を伝え、下腹神経は睾丸の感覚を伝える。五四〇キロの自転車レースに参加した男性の一三～二二％が、外陰部神経や海綿体神経を負傷し、ペニスの無感覚や感覚鈍麻（感度が低くなる）、勃起機能不全になったと報告している。この症状が最長で八か月続いた例もあった［Andersen & Bovim, 1997］。

睾丸痛——「正常な睾丸が強く締めつけられることによる〔……〕苦痛と気分を悪くするほどの痛み」——は、下腹神経によって伝えられる。仙骨や脊髄円錐（脊髄の末端部分）のあたりで、脊髄を完全に損傷した後も、睾丸の痛みは緩和されないことが、その証拠である［Hyndman & Wolkin, 1943］。この損傷によって、知覚活動が骨盤神経や陰部神経を経由して脊髄に入ることはできなくなるのである。下腹神経は女性の場合と同じように、交感神経を伝わって、第10胸神経から第12胸神経で脊髄に入り、結果として脊髄の仙骨部を迂回する。

脊髄では、睾丸の痛みは、脊髄視床路を経由して脳に伝えられる。この経路は、脊髄から視床へと延び、大脳皮質までつながっている。この経路が手術で切断されると、痛みを感じなくなる。こうした外科手術は「脊髄切断術」と呼ばれ、オルガスムにも影響を及ぼす。ヒンドマンとウォルキンは、脊髄手術を行なった経験から、「男性五人と女性四人の結果から、脊髄の両端を切断すると、ほぼ確実に、男性だと勃起とオルガスムが、女性だとオルガスムが起きなくなることがわかった。性欲がなくなることはないが、男性が性行為を行なう能力は失われるようだ」と指摘している［Hyndman & Wolkin, 1943］。より正確には、男性の場合、「精神的にコントロールされる勃起機能と、オルガスムにともなう感覚を補完する神経路は、前柱にはないようだ。おそらく、側柱の灰白質（生殖器と脳との間でインパルスを伝える脊髄の**神経線維**の経路）の近くにあるのだろう。〔……〕女性の場合、どの脊髄前面を切断（身体の前面にもっとも近い脊髄の神経線維の経路の切断）しても、月経には影響がなかった」。

腹側部脊髄だけを切断した患者（［事例2］）の結果から、ヒンドマンとウォルキンは、「とくに、事例2に関して、オルガスムにともなう感覚は、痛みの様相や温度感覚でも、ましてや触れられた感覚でもない。おそらく、これは特別な知覚で、側柱にあるヒモ状組織の中心部にある神経が伝えるものと思われる。〔……〕オルガスムの感覚は〔……〕特別な感覚のようで、脊髄視床路によって伝えられるものではない」と述べている［Hyndman & Wolkin, 1943］。

2……生殖器のもっとも敏感な部位は？――Gスポットとクリトリスの反応を計測すると

「性感帯」には大きな個人差があるが、生殖器の部位の相対的な感度は、一般化することができる。

ペリーとウィップルは、物理的な刺激に対しては、膣の前壁（仰向けになった女性の一二時の方向〔腹部の方〕に近い部分）が、もっとも敏感であることを発見した［Perry and Whipple, 1981］。「こっちにおいで」という手招きの仕種の形で、指で膣壁を腹部の方に押すようにして、子宮周囲の深部組織を刺激すると、ほとんどの女性がオルガスムを感じることがわかった。

彼らは、この部分を、ドイツの産婦人科医エルンスト・グレフェンベルグ（Ernst Gräfenberg）博士にちなみ、その頭文字をとって「Gスポット」と名づけた。グレフェンベルグ博士は、性的な刺激を受けて膨張する子宮のまわりにある膣前壁を、「明らかな性感帯」だとした［Gräfenberg, 1950］。逆に、後壁（時計で六時の方向〔背中の方〕に近い部分）が、オルガスムをもたらすことはないようだ。別々に行なわれた実験から、実験的に加えられた痛み（この痛みは指先で測定した）を抑えるには、膣前壁を物理的に刺激する方が、後壁を刺激するよりも効果的だった［Whipple & Komisaruk, 1985］。

女性の膣部分の感度を調べる手順を説明した文献の中で、性科学を専門とするエリ・アルサーテ教授は、次のように詳細なコメントをしている（コロンビアのマニサレスにあるカルダス大学医学部の教授である）。「著者の一人〔アルサーテ教授〕の知り合いの女性の斡旋で、マニサレスの女性に謝礼つきで、被験者になってもらった」。アルサーテとロンドノは、その成果を次のように説明している［Alzate and Londono, 1984］。

四八人の女性のうち、九八％が、膣で性的な感覚を得たと報告した。オルガスムを感じた、あるいは感じそうになった三〇人の女性に実験を行なったところ、七三％が膣前壁の上半分に、二七％が膣前壁の下半分に加えた刺激に、もっとも強く反応した。刺激を受けてオルガスム反応を得ることができる別の部位として、膣後壁の下半分を挙げたのは、三〇％だった（もっとも強い反応が得られる部位として、一つ以上を挙げた女性もいた）。子宮頚部や後膣円蓋で快感を感じたとした女性はほとんどい

《女性器からの知覚を伝える神経を単純化した図》

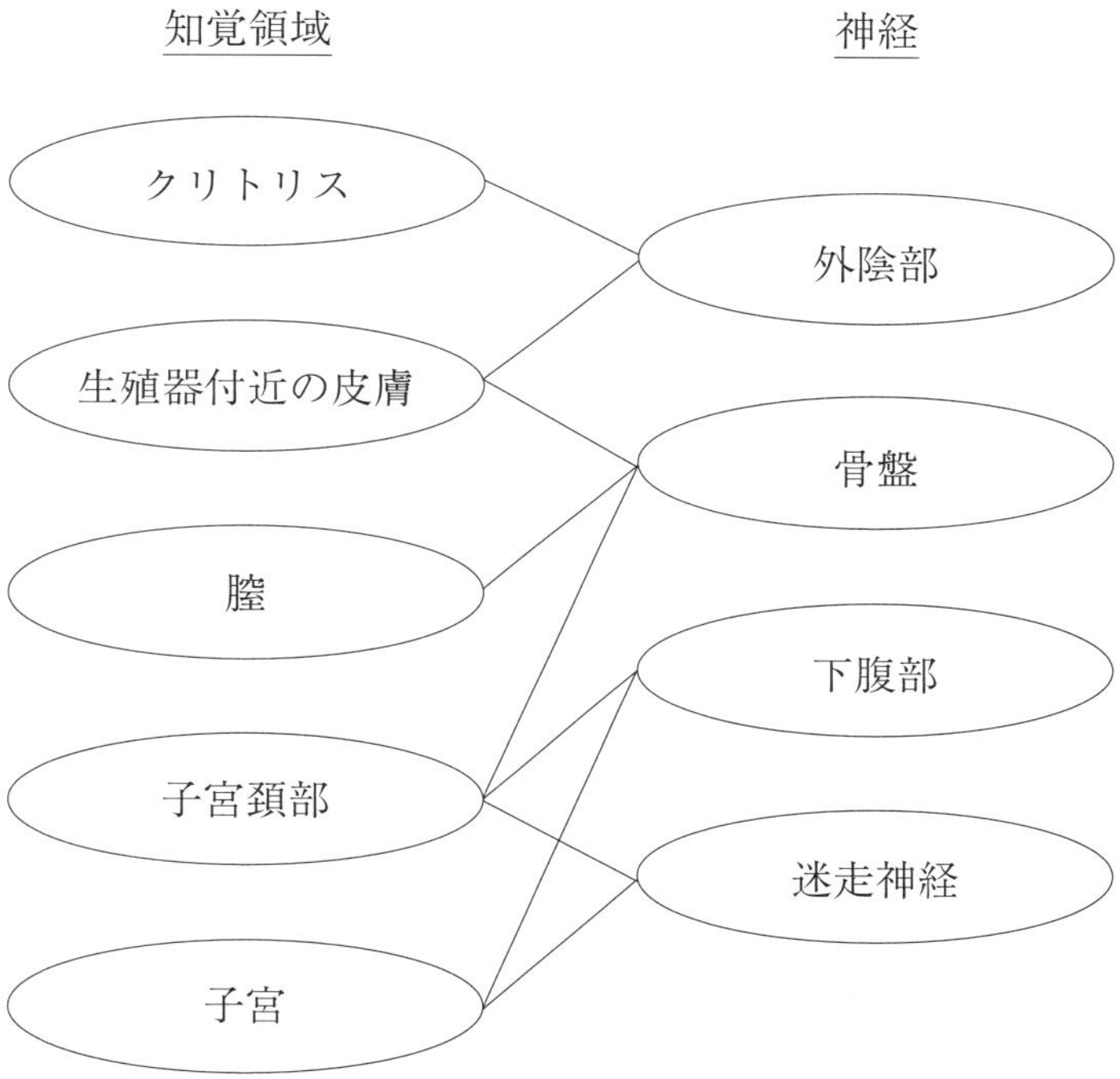

感覚領域は、生殖器の一部であり、線で結ばれた神経が伝える。たとえば、子宮頸部からの知覚は、骨盤神経・下腹神経・迷走神経が伝える。骨盤神経は、生殖器付近の皮膚（会陰の皮膚も含む）・膣・子宮頸部の知覚を伝える。

なかった。

一方、脊髄を損傷していない女性と、脊髄を完全に損傷した女性二〇人以上を対象にした実験では、特別に設計された器具を使った。子宮頚部の入口に当てたペッサリーに棒をつけ、その部位に、直接的に物理的な圧力を加えたのである［Komisaruk, Gerdes & Whipple, 1997］。

ほとんどの女性は、刺激があったと報告した。研究者らは、圧力に対する女性の「感覚のしきい値」を測定することができた。脊髄を完全に損傷した女性の中には、損傷していない女性に比べれば刺激に対して鈍かったものの、子宮頚部の入口の刺激を感じることができた人もいた。二人（脊髄を損傷していない）は、器具を引っぱったとき、ペッサリーが子宮頚部の入口に吸いつく感覚が普通と異なり、快感だったと話した。

この結果は、その部位に加えに刺激に対する快感について述べた説明と一致するが、カットラーらは、健康な女性一二八人のうちの三五％が、セックスの際、ペニスで子宮頚部の入口を刺激されてオルガスムを感じたとしている［Cutler et al., 2000］。ペニスと子宮頚部の入口が接触する様子を捉えたＭＲＩ（磁気共鳴画像法）の画像は、フェイクスらの研究で紹介されている［Faix et al., 2002］。アルサーテとウセシェ、ヴィジェガスは、試験者が膣を指先で刺激したのに対し、女性八人のうちの全員が前壁の刺激からオルガスムを感じたが、後壁の刺激からされてオルガスムを感じたのは、八人のうちの二人だけだったと報告している［Alzate, Useche, and Villegas, 1989］。カットラーらの研究では、六三％の女性が膣の刺激で、九四％がクリトリスの刺激で、オルガスムを感じた［Cutler, 2000］。クリトリスは、「人間の身体でもっとも神経が分布している部位」であることが特徴である［Crouch et al., 2004］。

さまざまな測定方法――さまざまな強度の弱めの電気刺激――を使って、ウェイマール・シュルツらは、

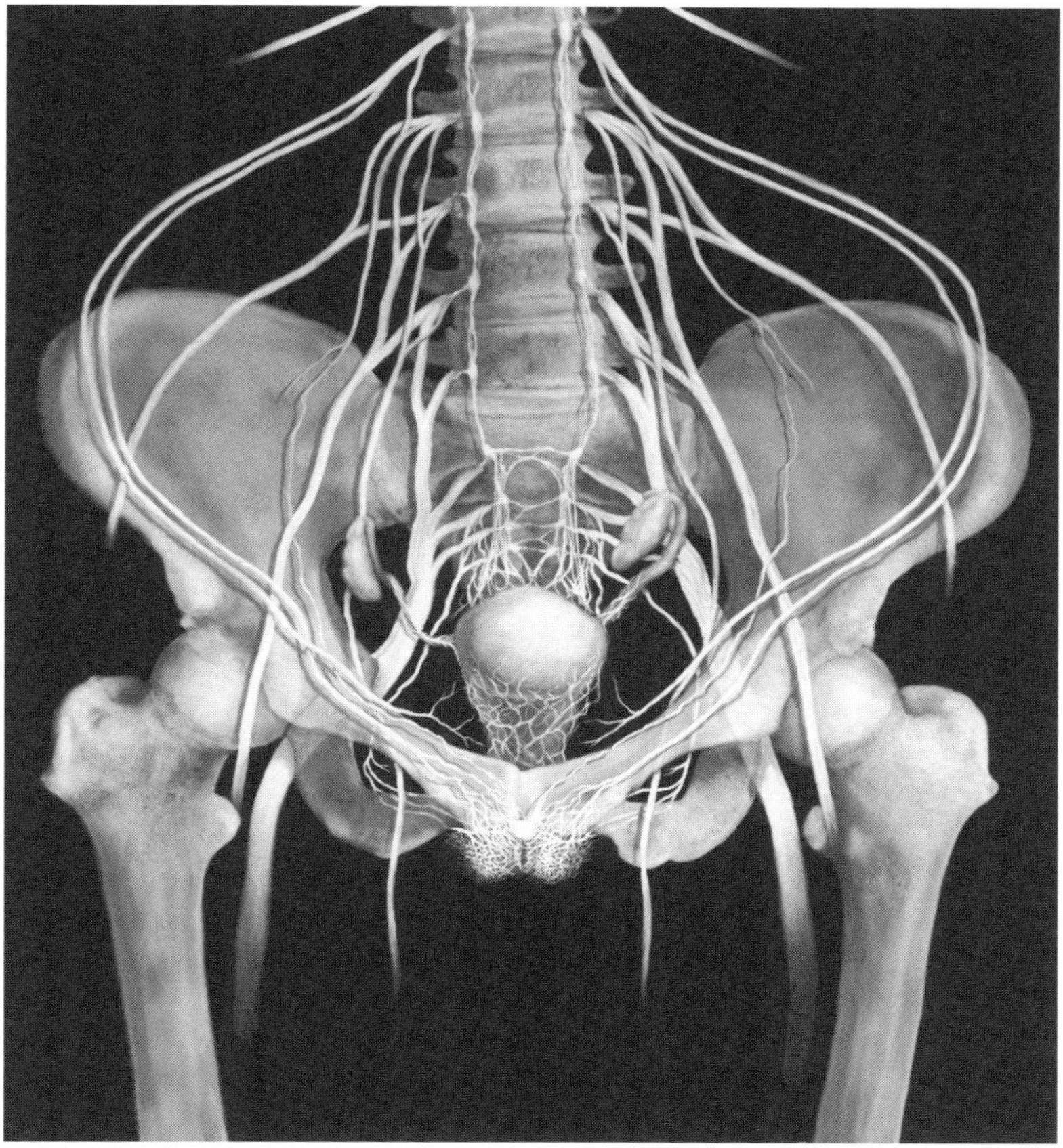

《女性生殖器の神経分布》

陰唇部・膣・クリトリスには、神経が張りめぐらされている。とくにクリトリスの先端に集中し、円盤を形成している。クリトリスは、身体で最も神経が集中している部分だと言われている。二組の外陰部神経は、クリトリスと陰唇に分布しており、骨盤の前面にそっているのがわかる。二対の骨盤神経は膣に分布し、外陰部神経と並行している。二対の下腹神経は子宮と脊髄の間で網状になっている。二対の迷走神経は示されていない。(Anatomical Travelogue より)

膣のいくつかの部位の敏感さを調べた［Weijmar Schultz et al. 1989］。膣の最前壁（クリトリスに一番近い部位）を一二時の方向、肛門にもっとも近い部位を六時の方向とし、膣の一二時方向の領域が、一番敏感であることを突き止めた。膣内部は、すべての方向がクリトリスよりも鈍感だった。クリトリスは、小陰唇よりも少し敏感だった。大陰唇は、クリトリスと小陰唇よりも少しだけ敏感だった。腹部の皮膚と手の甲は、生殖器のどの部位よりも敏感だった。パチーニ小体は、特殊な感覚受容体で圧力と振動に反応するが、小陰唇よりもクリトリスと陰茎包皮に多く存在している［Krantz, 1958］。

3……膣の敏感さが部位によって異なる根拠

神経末端の別のタイプ（メルケル受容体）は、一定の圧力に反応するようになっており、膣の入口領域に存在し、その他の領域にはない［Hilliges et al. 1995］。研究者は、この領域では膣の深層組織（粘膜層）の神経分布が、明らかに異なっていることに気がついた。神経がまばらに分布している後壁と比べると、前壁の結合組織には、神経が多く分布しているのである。

クランツは、膣外膜（腹腔にある膣を覆う結合組織）と膣の筋肉組織の神経線維が、他と異なって波状になっていることを説明した［Krantz, 1958］。彼は、波状であるからこそ、神経末端が陣痛や出産時の大きなねじれに順応できるのではないかとした。この推測をさらに拡大し、「この波状が、充分にねじれているとすれば、一部の人間に見られる奇妙なセックスを、部分的に説明することができる」と述べている。しかし、彼が何を言いたかったのかは、不明である。

生殖器の敏感さは、卵巣ホルモンによって調整される。サーモンとガイストが最初に示したように、卵巣と副腎を手術で摘出した女性に、テストステロンを計画的に投与すると、膣周辺の皮膚が敏感さを増す

[Salmon and Geist, 1943]。別の研究から、エストロゲンを実験用ラットに投与し、穏やかな刺激を機械的に加えると、クリトリスと膣の周囲に、陰部神経で感じられていたような反応を引き起こす領域が広がることがわかった。陰部神経は、そうした刺激を伝える神経なのである [Komisaruk, Adler & Hutchison, 1972]。すなわち、エストロゲンは、陰部神経の「感覚領域」を増やすのである。その他の研究者らは、エストロゲン治療によって、この感覚領域がより敏感になることを突き止めている [Kow & Pfaff, 1973-74]。これは、短時間で起きるホルモン的な変化である。感覚領域の大きさと敏感さは、実験用ラットの卵巣周期の四日のうち、わずか二日で変化することが確認された [Adler, Davis & Komisaruk 1977]。その後、やはり実験用ラットの場合、膣の感覚領域の敏感さが、発情周期によって変わることも示された [Bradshaw & Berkley, 2000]。

4……子宮摘出は性反応に影響するか？

子宮摘出が、性的反応に影響を及ぼすか否かについては、重要な議論が交わされてきている。

近年、英国で「機能不全性子宮出血」の外科治療を受けて五年経った女性たちに質問票を送り、それに基づいた研究が行なわれた。性に関する心理的な質問に対して、八九〇〇人以上の女性が回答した。そのうち、「精神的・性的にやっかいな作用が出た」（セックスに関心がなくなった、性的に興奮しない、膣が乾くなど）と回答した女性は、程度の軽い手術（経頚管的子宮内膜切除、両方の卵巣を摘出したか否かにかかわらず子宮を一部摘出したなど）を受けた女性よりも、子宮を全摘出した女性の方に多かった。外科手法に関わるホルモン治療を行なっても、こうした長期的な悪影響は軽減されなかった。（子宮摘出による悪影響が出る）可能性は、両方の卵巣を同時に摘出した女性の方が、明らかに高かった [McPherson et al., 2005]。

最近の別の研究では、膣とクリトリスの敏感さを測定したところ、摘出直前と比較して、子宮摘出の三か月後は、膣前壁と膣後壁で温度を感じる敏感さが、わずかではあるが有意に減少した。クリトリスの敏感さに変化はなかった。研究対象の女性二二人のうち、三人が性欲が減退したと回答した［Lowenstein et al., 2005］。

一方、過去三年間で、さまざまな子宮摘出（子宮と子宮頚部を摘出する腹式子宮全摘出、子宮頚部を残し、子宮を摘出する膣上部切断など）を行なった女性四〇〇人を対象にした質問票調査では、子宮摘出前と比べ、「性欲、性行為、女性らしさに関わる反応は、大きく変わらなかった」と結論づけた［Roussis et al., 2004］。論文で取り上げられた一八の報告を再検討したファレルやキーサーも、同様の結論を得ている［Farrell and Kieser, 2000］。その結論は、「通常、結果として得られた指標の正当性は立証されることはなく、多くの研究は重要な交絡因子を考慮していないが〔……〕、今回、再検討した研究の多くは、子宮を摘出した女性の性欲が変化しなかった、あるいは強まったことを示している」。

こうした議論になるのは、おそらく重要な要因が大きく変わりうるからだろう。たとえば、手術前の状況（組織は良性か悪性か）、主な症状（痛みなど）、手術法（神経温存の程度など）、手術の範囲（子宮頚部や卵巣を子宮とともに切除するかどうか）、手術前後の女性の心理状況（うつ状態かどうか）、身体的な状況（閉経前か後か）、収集したデータの性質（質問票のタイプ）といったものだ。

近年、論文が広範囲にわたって再検討されたところ、「今日までに行なわれてきた子宮摘出がもたらす影響に関する研究は、結論に至っていない」ということになった［Maas, Weijengorg & ter Kuile, 2003］。彼らは、大部分の女性が、手術によって性的な機能が改善したと報告しているが、これは子宮の症状（膣の出血、セックス時の痛みなど）が緩和したせいではないかと指摘する。また、「子宮摘出の結果、性機能不全が改善したという女性も数は少ないものの、存在する」とも指摘し、子宮摘出が性的反応に及ぼす影響を解明するには、さらなる研究が必要だとした。同感である。

5……膣や子宮頸部を刺激すると、体の反応や行動が抑制される

コミサリュックとラーソンは、メスのラットの膣や頸部を機械で刺激したところ、強く行動を抑制するような反応が生殖器で起きることを確認した［Komisaruk and Larsson, 1971］。一ミリリットル注射器の吸引具のようなプローブを膣に挿入し、五〇〜一〇〇グラム程度の力で頸部をそっと押すと、ラットは脚をピンと伸ばし、腹筋を引き締めて、硬直する。ラットは足が突っ張ったままになってしまい、テーブルの上で転がすこともできるほどになる。プローブから逃れようともしない。刺激を加えている間は、ラットは引っくり返すことができ、三〇秒ほどは元に戻ろうともしない（通常は一瞬で元に戻る）。後ろ足や尾を、ギザギザのついた鉗子で摘んで硬直を解こうとすると、通常はすぐに足を引っ込めるのだが、そうした反応はまったく起きないのである。

硬直するのは全身だが、とくに後足と尾が明らかに強《こわ》ばっている。頸部が刺激されていると、前足の先を摘まれたときに引っ込めるという反応は、完全にではないが、かなり妨げられている。目の角膜に糸をそっとあてると、反応して瞬きをするが、これも完全にではないが、かなり弱々しい。耳をつまむと、顔面が痙攣する反応も同じく弱々しい。まさしく、阻害性の脊髄**反射**である。手術のせいで、脊髄が胸部の中ほどで完全に断裂されると、ラットは後ろ足で動き回る能力を失う。それでも、後ろ足の先を摘まれると、それに反応して後ろ足を引っ込める。だが、頸部を刺激されると、摘まれても足を引っ込めなくなる。これらから、頸部を刺激してわずかな反応が起きるのは、脊髄が機能しているからであって、脳が関わっていなくてもよいことがわかる。だが、頸部を刺激された場合の反応には脳も関わっている。目を瞬かせ

たり、耳を摘まれて顔面が痙攣するなどの脳神経反応も刺激のせいで鈍くなっているからだ［Komiraruk & Larsson, 1971］。

頚部の刺激に対して、脚を突っ張り、硬直する反応は、交尾や出産時のメスのラットによくあることだと考えられる。交尾中、メスのラットは全身を硬直させてじっとし、後ろ足を伸ばし、尾をそらして臀部を持ち上げる。膣口をさらけ出している間に、オスが乗駕し、ペニスを挿入する。これに刺激され、メスはさらに臀部を持ち上げる。交尾するこの姿勢（ロードシス）が繰り返され、ときおり、メスが走り出しては止まり、オスが乗駕する。オスが射精するまでの数分間で、これが八回ほど繰り返される。このように、脚を突っ張り、硬直するのは交尾姿勢としては、一般的である。

脚を突っ張って硬直し、腹筋を引き締めるのは出産でも見られる。出産は、メスのラットの頚部が、自然に刺激されるもう一つの機会である。さらに、ラットの頚部を刺激すると、膣周囲の筋肉が弛緩し、もっと胎児を押し出そうとする［Martinez-Gomez et al., 1992］。脚を突っ張ることで、膣から子どもが出てくるのを機械的に促しているようだ。腹筋を引き締めると、出産が始まる。骨盤神経は主に頚部の感覚を伝えるのだが［たとえば、Komisaruk, Adler & Hutchison, 1972］、この神経を切断すると、頚部が刺激されても筋肉が収縮しなくなることが、その証拠である［Higuchi et al., 1987］。

同様の阻害効果は、人間の女性でも見られる。実験室での研究では、膣を自ら刺激すると、つま先を摘まれても足を引っ込めなくなるのである（コミサリュックとウィップル［Komisaruk, Whipple］と同僚らによる未発表の観察より）。

6……オルガスムは反射作用ではなく、脳内での活動である

子宮頚部周辺への刺激が全身に広がるという強力な効果があるのは、広範囲に分散したニューロンにつながる「生来の」経路が存在するからだと思われる。このため、生殖器を刺激すると、こうしたニューロンが駆り出され、オルガスム反応に関わる**随意筋**と**不随意筋**が強く刺激される。生殖器をリズミカルに繰り返し刺激することはセックスの特徴だが、この刺激によって脳内の多くのニューロンが駆り出され、ますます活発に作用することになり、オルガスムに特徴的な絶頂状態をもたらすのである。

脊髄と脳が分断されている場合、オルガスム中に不随意筋（平滑筋、射精や子宮が収縮する際など）および随意筋（横紋筋、骨盤底にある）が反射的に収縮しうるとしても、オルガスムが反射的反応であるというわけではない——そういう主張をする人びとも一部にはいるのだが。オルガスムは知覚であり、脳内で起きている活動の一つであることは明らかではないだろうか。生殖器の刺激による知覚活動は、反射的にオルガスムによる筋収縮を活発にし、筋収縮による知覚活動は「正のフィードバック」を作り出す——これは、オルガスムの快感を高めていくように知覚刺激を一定の周期で強めていくことである。筋肉上の変化によって生じる知覚活動が脳に達し、知覚されない限り、この変化によってオルガスムが生み出されることはない。

7……オキシトシンを注射すると、オルガスムは強まるのか？

神経ホルモンであるオキシトシンを注射すると、人間の女性のオルガスムが強まるかどうかについては研究報告は明らかにしていないが、メスのラットにオキシトシンを投与すると、性的な受容性が強くなる [Moody et al., 1994]。ラットの場合、膣と頚部を物理的に刺激すると、受容性のないメスでも、性的な受容性を持つようになるのである［Rodriguez-Sierra, Crowley & Komisaruk, 1975］。

オキシトシンは、膣・子宮頚部・子宮などの平滑筋を刺激し、これらの器官を収縮させる。その収縮した結果として、これらの器官から発生する知覚刺激が、物理的な刺激を直接加えた結果として受容性を促すことはありうる。研究者らは、膣・子宮頚部・子宮の感覚を伝える神経（骨盤神経と下腹神経など）を切断すると、オキシトシンを注射しても受容性を促さなくなることを発見した。この発見から、オキシトシンは、脳や脊髄に直接作用するよりも、膣・子宮頚部・子宮の平滑筋を収縮させることによって、知覚刺激を生じさせ、その結果として、性的な受容性を高めるという仮説が裏づけられることになった［Moody et al. 1994］。

また、オキシトシンを人間の女性に注射すると、オルガスムを強く感じるか否かについて矛盾する報告がある。オキシトシンが生殖器の平滑筋を収縮させる結果、知覚活動が強まり、骨盤底筋が収縮する、ということはありうる。これは、子宮頚部周辺を刺激すると、腹筋が収縮するのと同じことである。この場合、メッセとギアが指摘したように、骨盤底筋が収縮すると、性交中に快感を感じるようになるのである［Messe and Geer, 1985］。

オキシトシン作用のモデルにある基本概念は、「**再帰求心性**」と同じである。すなわち、最初に膣の知覚刺激（「**求心性**」）を受けると、生殖器の平滑筋や随意筋（あるいは両方とも）を収縮させるオキシトシンを分泌するなど、作用が強められる。次に、この作用によって、そうした筋肉からの感覚入力が増える（「再帰求心性」）のが、その例である。求心性の作用が強くなると、オルガスムの快感も強まるのである。

第21章　脳手術や脳損傷後によって、オルガスムはどうなるか?

脳の機能として重要なのは、行動を「起こす」ことと考えがちだが、同じくらい重要なのは、行動に「ブレーキをかける」ことである。さまざまな状態を治療する脳手術で切除されたり、摘出されたりする部位によっては、(刺激領域が損傷されるため) 性行動の要件が阻害されたり、悪化したり、あるいは (阻害領域が損傷されるため)「抑制が効かなく」なったりするのである。

本章では、これまでに行なわれてきたいくつかの脳手術と、それが性行動に及ぼす影響を説明する。

1……前頭葉切断術 (ロボトミー手術) によって、性行動はどうなったか?

もっとも広範に行なわれ、物議をかもした脳障害治療 (「精神外科手術」として知られている) は、ウォルター・フリーマンとジェームズ・W・ワッツのチームによるものである。彼らは一九三〇年代から四〇年代にかけて、主に統合失調症と精神病の治療のために、五五〇例の「前頭葉切断術」を行なった。最終的には、「個人的に三五〇〇人の手術に関わった」[Freeman, 1971] とフリーマンは述べている。

彼らは「患者を情緒不安から解放するとともに、患者が回復してから意義ある活動を行なうために、前頭葉とのつながりを充分に残せるような、ベストな切断箇所を見つけようと努力した」。最適な切断箇所とは、眼窩を経由した位置のようである（眼窩を通してとは！）。この方法であれば、患者は二日以内に退院でき、外科的にも社会的にも、手当てを要する傷跡がなく、社会的な後遺症も最小限ですむ。その理由について、フリーマンは、皮肉を込めてこう説明している。「電気痙攣ショックを受けて昏睡状態になっている間に行なうと、患者を除いてあらゆるものが不足しているような、過剰収容の国立精神科病院で行なうには、理想的な手術である」。一九七三年の出版物には、精神外科手術前後の患者の性欲については、何も言及されていないが、フリーマンとワッツの別の出版物には、詳細は少ないものの、多少の効果があったと記されている。

一九五三年に出版され、前頭葉の機能を広く検討したものの中で、フランク・アービンは前頭葉を切断した精神病患者の性格が変わったと述べている。すなわち、「一般化する能力に多少の障害が現われた。執拗な傾向、陶酔感、無気力感、優柔不断、悪ふざけ、かんしゃく、注意散漫、判断力低下、計画性の欠如、想像力の欠如」などだ。だが、術後の性欲変化については言及していない［Frank Ervin, 1953］。

「フリーマンとワッツの〔前頭葉切除〕患者の一〇～二〇年にわたる追跡最終報告」で、フリーマンは、「人格の変化〔……〕責任感の欠如、高笑い、粗野、無意味な情緒不安」を失敗例として挙げている［Freeman, 1958］。手術による「成功例」の人格は、おそらく「やや『平凡』であるが、社会生活に適切に適応するために、充分に多大なエネルギーと想像力を身につけた」としている。それでも、この報告書では、患者五〇〇人の性欲についてまったく触れていない。

一九五〇年に発行された出版物の中で、フリーマンとワッツは、前頭葉切除手術の効果を、次のように述べている。「前頭葉の一部を、脳の他の部分から切り離すと、自意識の嫌な部分が少なくなり、強迫観念がなくなる。不充分な出来だとしても、その成果に満足した」。彼らは、腫瘍を取り除くために、右側前頭葉を脳から切除した患者に対する、ハーベイ・クッシングのコメントを引用している。

「前頭葉を切除した」精神障害者は、精神生活にとって主要な部分を奪われたわけだが、知性が低下したとしても、心の平穏を取り戻すことができたのである。当人にとっては、単純な知性を持ち、初歩的な動作を行なえる方が、調和の取れていない、不明瞭な寄せ集めをコントロールしようとする知性を持っているよりも好ましい。社会はへりくだった労働者を受け入れることはできるが、当然、狂人を信用することはない［Freeman & Watts, 1950］。

マッケンジーとプロクターは、前頭葉を切除した患者の約二五％で、性欲が強くなったと記している［McKenzie and Proctor, 1946］。フリーマンとワッツは、「多くの事例で、前頭葉前部を切除する手術の後で、性的行動が大きく変わったようには見えない」としている［Freeman and Watts, 1950］。それでも、性欲に影響があった患者についても触れている。

〈事例29〉

〔前頭葉切除の手術をした後〕彼は、看護師が近くにやってくると必ず、尻を引っぱたいた。注意されても、動揺した様子は見せなかったが、われわれが我慢ならないと思っていることは、理解したようだった。それでも彼は、「どうしてダメなんだ？　引っぱたきたいんだ」と訊ねていた。この振る舞いのせいで、彼は看護師の受けが悪いのだが、別の機会に改めて注意をされたとしても、特段決まり悪そうにすることも、責任を認めようとすることもなかった。

〈事例42〉
〔前頭葉切除の手術をする前には、妻は〕夫が部屋に入ってきたり、あるいは夫の声を聞いたりでもすれば（夫のことをほとんど考えていないときもあった）、感情が高ぶったものだった。〔……〕手術後、夫が出入りしても、彼女は動揺しなくなった〔……〕。夫への愛情は相変わらず深かったが、いくぶん落ち着いたものになったかもしれないと話した。

〈事例61〉
明るい性格の若い女性は、一一年間の夫婦生活において、夫とのセックスで快感を感じたことがなかった。手術をした晩、彼女は、夫に熱烈なキスをしはじめた。

前頭葉切除と性行為についての観察結果をまとめると、他の多くの点でも同様なのだが、この点については、手術前に現われていたいくつもの矛盾する傾向に変化が見られるという印象がある。手術後、一部の患者に無気力症が見られ、性的な満足を求めるという傾向が弱まったようだ。その一方、一部の患者は、自制心が押さえられ、性に関しては、当人の個性が一層自由に現われるようになった。

フリーマンとワッツは、前頭葉切除手術の結果、性欲が旺盛になりすぎた男性の妻たちに、大胆なアドバイスをしている（真面目なアドバイスなのか、医療に関する一九五〇年代風のユーモアなのかを判断することはできない）［Freeman and Watts, 1950］。

性欲が強くなり、セックスが増えるのは、前頭葉切除の手術後によくある現象で、数か月続くこともあります。しかるべき手順を踏まずに性的な満足を求めようとする点で、多少子どもじみていることがあります。ケンカをしなければ、新しい喜びになる場合もあるでしょう。ときどき、タイミングが悪かったり、困惑するような状況で、過剰なほど妻が夫に注意を払わなければいけなかったり、対応に困ったりする場合もあるでしょう。男性患者らは、妻が愛情を注いでくれないなどと、文句を言うかもしれません。妻の態度については容易に納得がいきます。一日中、夫から文句を言われているのであれば、その妻は、寝る前のセックスを避けてもいいんです。とくに、夫を満足させるためだけのセックスなのであれば、なおさらです。ただし、拒んだために激しく殴られたケース（事例43）も、離婚に至ったケースもいくつかあります。女性側の対策として最善なのは、自衛することでしょう。夫が粗野に振る舞うようだったら、妻も同じレベルで対応することです。最初は受け入れがたいでしょうし、慣習にとらわれないのであれば、すぐにスカッとすることがわかるようになりますよ。

フリーマンとワッツは、結果に比較的に満足して、全体としてこう結論づけている［Freeman and Watts, 1950］。

われわれは、患者たちにたいへん満足している。やる気がない、協力的ではないなどの理由で、家族にとっては試練が続くかもしれない。それでも、どういうタイプが手術されるべきかということよりも、家庭内が健全ではないということの方が問題の核心なのであれば、結果的には、これでよかったとしか言いようがない。

2……辺縁系手術と「過剰性欲」

脳が損傷すると、「過剰性欲」が引き起こされるという報告がある。過剰性欲の原因は、セックスの対象としてふさわしいものを区別できない、社会的な抑制が働かない、性欲が強まる、などが組み合わさっていることがある。

過剰性欲症候群の典型例は、ビューシーとクリューバーが説明したものである。後に（他者によって）「クリューバー・ビューシー症候群」と名づけられた。彼らは、扁桃体を含む、両側の側頭葉を手術で切除したアカゲザルで、この症候群を観察し、この手術の効果を次のようにまとめている［Bucy & Kluver, 1955］。

（1）さまざまな知覚領域で、失認（認識や理解ができないこと）を示す行動を取る（「精神盲」とも呼ばれる。サルは、通常、ヘビを恐れるものだが、損傷を負ったサルがヘビを触るなど）。
（2）口を使おうとする傾向が強くなった。
（3）視覚的な刺激となるものすべてに関心を向け、反応しようとした。
（4）情動行動が大きく変化した。
（5）性行動が大きく変化した、とくに過剰性欲行動として現われた。
（6）食習慣が変化した（肉を食べる）。

「過剰性欲」行動には、他の種や無生物と交尾しようとする、頻繁にマスターベーションをする、などがある。

その他の研究者も、その後、脳の同じ部位を損傷させたり切除したりして、同様の結果を観察している。側頭葉には、梨状葉皮質、扁桃体、海馬など異なる領域が含まれている。こうした部位は、隣接しているため、他の部位を傷つけずに一つを損傷するのは難しい。そのため、とくにウサギ・ネコ・人間など、異なる種を使った実験では、結果が一致していない。

シュライナーやクリンは、ネコの扁桃体・側頭葉・海馬の一部を損傷させ、異常な性行動を観察した[Schreiner and Kling, 1953]。オスは、異種（メスのニワトリ、イヌ、サル）と交尾しようとした。

ネコを使った別の研究では、J・D・グリーンとクレメンテ、デグルートは、扁桃体の上にある梨状葉皮質を損傷したオスについて、「過剰性欲」ではなく「異常性欲」と名づけられた行為を観察した［J. D. Green, Clemente, and DeGroot, 1957］。ネコの中には、扁桃体に目立った損傷がないものもいた。損傷を負ったオスのネコは、「ラット、モルモット、ウサギ、クマのぬいぐるみ、麻酔をかけられた動物や人間とも」交尾しようとした。この研究者らは、全身発作を繰り返したネコを、安楽死させることにした。「その結果、クマのぬいぐるみに乗っていたときに、致死量のネムブタル（バルビツール酸系睡眠薬）が投与された。明らかに麻酔が効いて、ぬいぐるみから滑り落ちるまで、交尾しようと続けていた。ぬいぐるみを動かそうとすると、このネコは再び乗ろうとして立ちあがり、三〇秒ほど続けていたが、その後、死んだ。疲れてやめるまでぬいぐるみと交尾しようと、二〇分から四五分も続ける動物もいた」。

ベイヤーとヤチネ、メナ［Beyer, Yaschine, and Mena, 1964］は、J・D・グリーンとクレメンテ、デグルート［J. D. Green, Clemente, and DeGroot, 1957］の研究に使われたネコと同じように、メスのウサギの大脳皮質領域を損傷させた。そのメスのウサギは、オスのウサギ、赤ん坊のウサギ、ネコ、モルモットと一緒にされると、オスのような乗駕行動を見せた。手術を受けたウサギは、「他の動物から手ひどく追い払われても、乗駕」しようとした。この行動は、卵巣を摘出すると見られなくなったが、エストロゲンを投与すると復活した。オスのような乗駕行動は、損傷していないメス二七匹のうちの七匹でも観察されたが、はっきりしたものでも継続して見られるものでもなかった。損傷されたウサギで見られたような強要する性質は確認されず、損傷していないウサギは、ネコやモルモットには乗駕しなかった。

この研究は、テルシアンとダレーオレが、薬物耐性のあった一九歳の側頭葉てんかん患者について報告したものに、触発されて行なわれたものである［Terzian and Dalle Ore, 1955］。この男性は、前側の側頭葉、前側の海馬、扁桃体を、すべて両側とも切除していた。手術後、彼には、クリューバー・ビューシー症候群のような症候が現われた。たとえば、以下のような行為である。

何かを手に取ると〔……〕、同じ物を、何度も繰り返し手に取る。〔……〕少なくとも通常の食事量の四人前を食べる。〔……〕マスターベーションをしてオルガスムを感じ、自然に勃起したものを自慢げに医者に見せる。〔……〕自己顕示欲が強くなる。〔……〕すべての医者に、勃起した生殖器を見せたがる。〔……〕手術前とは逆に〔女性に〕関心を見せなくなった。〔……〕同性愛的傾向が〔……〕すぐに現われ、〔……〕一日に数回（自慰を）した。

脳の中隔野を侵害する手術を行なった人に、過剰な性欲が現われた例も、いくつか報告されている。これらの事例では、オルガスムを感じる行為より、セックスに関連した行為が増える。たとえば、ゴーマンとカミングスが報告しているものは、老人ホームで生活する七五歳の男性が、水頭症（脳に余計な水分が溜まる病気）が進行したために、水分を抜くバイパスを脳に取りつけた例である［Gorman and Cummings, 1992］。

手術後、この患者が、女性の患者に近づいて触るという報告が多くなった。彼は、性的な目的で他の患者らとベッドに入り、わいせつな言葉を使ったと記されている（バイパスが取りつけられるまでは、「彼は結婚歴がなく、人付き合いも多くなかった。下品で挑発的な言葉を使うこともなかった」）。老人ホームは、彼に性的な振る舞いをさせないよう、何度も拘束した。三年後、この老人がゴーマンとカミングスを紹介されてやって来たため、CTスキャンを行なったところ、前角が交差している部分、側脳室床内側の中隔（前頭内側の空洞）に、バイパスの破片が見つかった。彼らは、この患者に、カルバマゼピン（抗てんかん薬）、ハロペリドール（抗精神病薬）、プロプラノロール（βアドレナリン遮断薬）、ジエチルスチルベストロール（合成エストロゲン）を、それぞれ短くても一か月にわたって投与したが、「性的な振る舞いに関して、目に見える効果はなかった」。彼らは、ユーモアのあるコメントを残している。「彼は、前の状態に戻りたくなかったのだろう」。

彼らはまた、昏睡状態に陥り、脳炎を発症させた、七五歳の男性の例も報告している［Gorman & Cummings, 1992］。この男性は、回復こそしたものの脳室拡張になり、脳室腹膜バイパス（脳内の水を腹腔に抜くためのもの）を取りつけなければならなくなった。脳炎になるまでは、彼は、妻と毎週のようにセックスをしていた。

〔脳炎から回復すると〕彼は、病院で出会った女性に性的な言葉をかけ、看護婦に抱きつこうとし、公共のスペースでマスターベーションをするようになった。水頭症だとわかってバイパスを取りつけると、それまでも抑制できずにいた性的反応が明らかに増え、妻いわく「最低」になった。彼は「千の手を持つ男」となり、妻が近寄るたびに抱きしめようとした。毎日、何回もセックスをせがみ、彼の目の前で、他の男性とセックスするようにも言った。そうした関心を見せることは、これまで決してなかった。

ゴーマンとカミングスが、彼を診察したときには、この過剰な性的関心が現われてから、二年も経っていた。彼らは、再びこう述べている。「この患者は、前の状態に戻りたくなかったのだろう」。

Ｂ・Ｌ・ミラーらは、「脳損傷後の過剰な性行動はよくあることではないが、発現する場合は、前頭葉底部や間脳性損傷（前脳領域）も関係することが多い。〔……〕患者は、過剰になった性欲を抑えることなく、周囲にさらけだす。性的な行為を抑制しないということは、往々にして、全般的に行動を抑制しないことにつながっている」と述べている［B. L. Miller et al, 1986］。

彼らは、三九歳の入院患者の例を報告している。この男性は、人前でマスターベーションをし、三人の同室者のいる場で、妻や看護婦らとセックスしようとした。彼は、前頭葉底部の両側の中隔野を含む部分で出血していた。彼らは、社会的に受け入れられない性的な振る舞いと関連のある、他の脳領域の損傷事例についてもまとめている。

また、五九歳の男性は、ＣＴスキャンで発見された前頭下髄膜腫（脳をカプセル化する髄膜にできた腫瘍）の摘出手術を受けた［B. L. Miller et al, 1986］。ミラーらはこう記している。「手術後、彼のセックス願望が強くなり、一週間に一度から、一日に一～四度へと増えた。セックスが一時間以上に及ぶことも多く、オルガスムに達しにくくなった。〔……〕手術から二年経つと、ますますセックスに固執するようになり、躁の症状を見せるようになった。入院先の病院では、人前でマスターベーションをし、男女に関係なく、患者や職員を性的な意味で誘うようになった（彼には同性との性交経験があった）」。

また、視床、視床下部、中脳腹側部、橋（小脳と脳の他の部分とをつなぐ脳幹部分の病変）も関わる神経膠腫（非神経脳細胞である神経膠の腫瘍）のある三四歳の男性の例も取り上げている［B. L. Miller et al. 1986］。彼は、七歳の娘やその友だちを性的に誘ったり、人前でも小さな子どもを性的に誘うようになり、来客にポルノ写真を見せて妻が気まずい思いをすることも増えた。彼は、自宅近くで子どもに言い寄って逮捕された。

一九七〇年代のドイツでは、視床下部の前内側の片方を切除する手術を行ない、小児性愛者や「性的非行」をコントロールしようとする取り組みが行なわれた［Dieckmann et al. 1988］。この著者らは、ある外科手法の結果について、こう記している。

視床下部の前内側を、定位的に破壊すると、強迫や衝動といった性欲の動的な側面が弱まるだけでなく、器質的な要素も損なわれる。これらは、セックスをやり遂げるために必要なものである。一方、患者の性的な要素は変わらなかった。たとえば、小児性愛的な性格はそのままだった。だが、対象者の性行動を、社会の特定の概念や期待に適合させることは可能である。

こうしたすべての例に基づいて、われわれは、社会的に容認される行動を習得するなどの脳の「高度な機能」は、抑制を微調整することも含めた複雑な過程であると考える。前頭部が、脳のその他の部分から切り離されると、社会的な品位を微調整する複雑性が失われる。性行動と、その他の複雑な社会文化的な行動パターンも、明らかに抑制されなくなる。一般的な発達過程にも類似する点はあるだろう。これらの微調整された社会文化的なパターンは、成長段階にある子どもが最後に会得するものであり、老年性認知症で真っ先に失われるものである。つまり、これらのパターンはもっとも複雑で、もっとも失われやすい、脳の機能なのである。

第22章　オルガスム時の脳の活動を映像化すると

およそ二〇年前、二つの技術的進歩（頭文字でよく知られているが、ＰＥＴとｆＭＲＩである）により、目覚めている人間の脳全域の活動を、映像として撮影できるようになった。かつて、これは不可能だった。この技術は、瞬く間にそれまでの手法を超え、認識する際、行動する際に、脳がどのように機能するのか、われわれの理解は一新されたのである。

1……ｆＭＲＩとＰＥＴによる脳活動の映像化

神経科学者は、さまざまな技術を用いて、オルガスムに関わる神経についての基礎知識を教えてくれる。それぞれの手法には、長所と限界がある。高精度の脳内スキャナーであるＰＥＴ（ポジトロンＣＴ）やｆＭＲＩ（**機能的磁気共鳴画像法**）などによる脳機能の映像化によって、自然発生的なオルガスムに関わる脳領域が、証拠とともに初めて明らかになった。

この二つの手法の利点は、関心条件（子宮頚部周辺を自ら刺激してオルガスムを感じるなど）を満たして活性化している、目覚めている人間の脳領域を対照条件（刺激を受けずに就寝している、オルガスムの前後に子宮頚部周辺を自ら刺激したなど）と比較して、三次元マップで表わせることである。ＥＥＧ（脳波記録）では、脳の奥深くでの局所的な活性化についての情報が得られないため、ＰＥＴとｆＭＲＩは、ＥＥＧより優れている。また、脳に入り込まないという点で、ＰＥＴもｆＭＲＩも、複数のニューロン活動電位（刺激電動）を記録する電極よりよいのである。

ｆＭＲＩとＰＥＴの主な限界は、神経活動そのものではなく、神経活動を間接的に評価する血行力学（血液に関わる）の反応を測定することだ。ＰＥＴの場合、通常、被験者は、酸素放射性同位体である酸素15でラベリングした水を静脈内に投与される。酸素15の**半減期**は、わずか二分であるため、施設内の加速器で準備し、被験者が静脈内投与とＰＥＴ診断を受けるために待機している部屋に隣接する実験室で、水と混ぜる。放射線が脳に分布していく様子は、ＰＥＴスキャンで三次元的にマップされる。神経活動が活発になる領域では血流が局所的に増えるため、単位時間ごとの放射線（酸素15など）量も相対的に増加する。この種のＰＥＴが提供するデータとは、そうした相対的な変化なのである。半減期が二分であるため、その後は、通常一五分おきにラベリングした水が投与される（この間隔は、実験用と対照条件の刺激条件が交互に起きるようにするためだ）。

ＰＥＴの限界には、次のようなものもある。放射線を侵襲的に静脈投与する必要があること、酸素15を現場で調合してすぐに使用かつ静脈投与し、脳に水が分布されるのを待ち、オルガスムと同時に起きる放射能パルスを測定しなければならないことだ。少なくとも被験者側には、大きな忍耐が強いられる［Komisaruk, Whipple, Gerdes, et al., 1997; Komisaruk, Whipple, Crawford, et al., 2002; Whipple & Komisaruk, 2002 など］。さらに、放射線が増加する領域は比較的広いため、この方法は、脳幹内の特定の神経核といったごく小さな領域よりも、新皮質や脳幹神経節など、比較的広い脳領域が関わるような実験に向いている。

オルガスムに達する

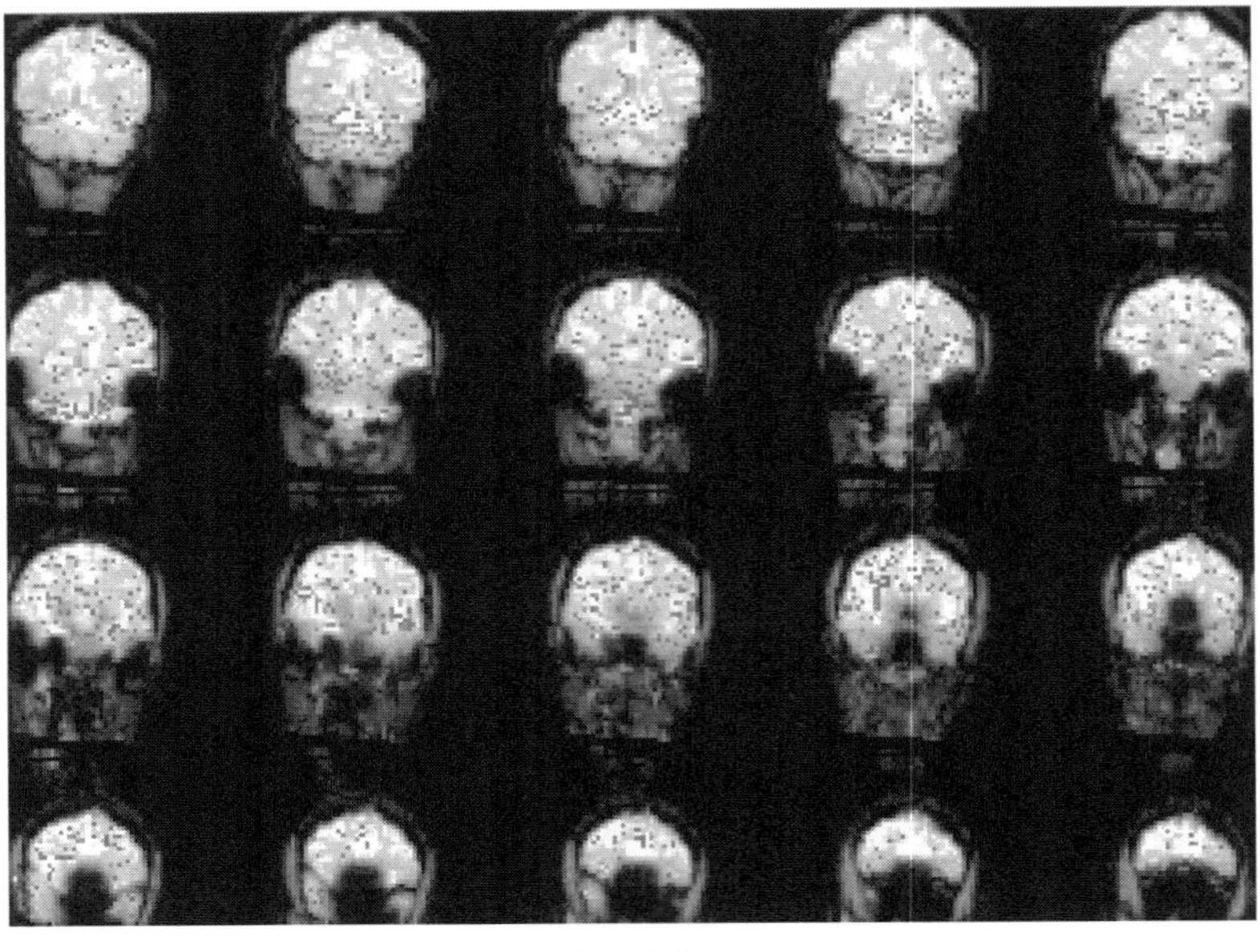

3～4分

子宮頸部への（継続的な）自己刺激

スタート （オルガスム前）

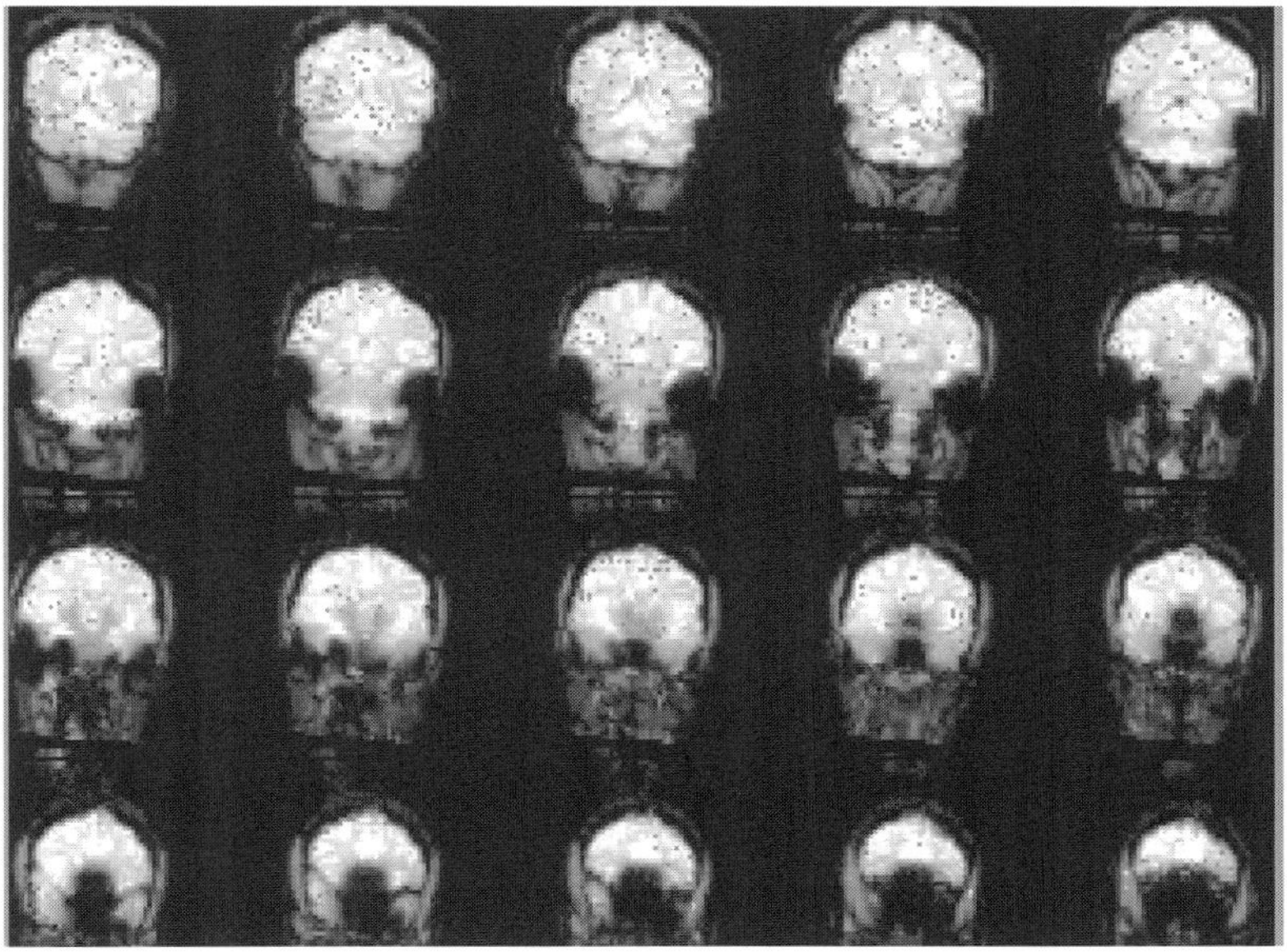

1～2分

この被験者の女性は、子宮頸部を自分で4分間刺激した。刺激をはじめたのが左図、オルガスムに達したのが右図である。脳内の黒い部分が、活性化した脳領域。オルガスム前よりも、オルガスム中のほうが、脳全体が活性され黒い部分が多くなっている。詳細は本文を参照のこと。（Komisaruk, Whipple, Crawford, et al., 2004 から。Brain Research の許可を得て掲載）

ｆＭＲＩ測定法は、活性化したニューロンに運ばれる血流の増加も利用する。ニューロンが活発になれば、さらに多くの酸素が必要になり、結果として、二つの過程が生じる。一つは、ニューロンに運ばれる血液中のヘモグロビンから酸素が奪われること。もう一つは、この領域に運ばれる血液が補完的に増え、より多くの酸化ヘモグロビン（酸化血色素）が、ニューロンに運ばれることである［Ogawa et al., 1990］。活発になったニューロンは、局所因子を放出するため、そうしたニューロンに運ばれる血管が弛緩し、血液供給が局所的に増えるようである。これを調整する可能性があるのは一酸化窒素で、ニューロンが活性化し、血管の平滑筋を弛緩させるときに放出される。血管が拡張するのは、それらの血管が神経支配されているからではないようだ。もしそうであれば、システムを一層複雑にしてしまうからである。すなわち、活性化したニューロンが放出する物質によって、局所的に血管が拡張されるというのが、ｆＭＲＩ（およびＰＥＴ）で測定された血流の動態変化についてのもっともシンプルな説明のようだ。いくつかの研究から、さまざまな要素がｆＭＲＩのシグナルに影響する一方で、ニューロン活動の活発さもｆＭＲＩシグナルの強度に影響することがわかっている［論評は、Arthurs & Boniface, 2002を参照のこと］。

ｆＭＲＩは、放射性物質を使わず、酸化ヘモグロビンと脱酸化ヘモグロビン（酸化しなかったヘモグロビン）の磁化の差を利用する。ニューロンが活性化すれば、それだけ血液から酸素が奪われ、より酸化した血液がニューロン領域に再供給される。ヘモグロビン中の鉄分の磁気特性は、酸素と結合しているか、酸素が欠乏しているかによって異なるため、この二つのプロセス――酸化と脱酸化――によって局所的な磁場環境に摂動▼が起きる。これが三次元でマップされ、ｆＭＲＩのデータとなる［Ogawa et al., 1990］。ｆＭＲＩは、ＰＥＴより解像度が高く、特定の運動タスクや知覚タスクによって活性化された脳幹において、特定の運動ニューロンや知覚ニューロン（特定の脳神経核など）の位置を、マップすることができる［Komisaruk, Mosier, et al., 2002］。

ｆＭＲＩやＰＥＴのデータを分析するには、さまざまな方法がある。たとえば、ある領域で観察した活動と、同じ脳「スライス」（観察している脳の断面）の他の領域の活動とを比較したり、知覚刺激を加えていない場合の活動とを比較するなどである。その他に、どのような分析戦略にするかも考慮する必要がある。一つの戦略としては、仮説を立てずに着手し、ある脳領域での活動と別の領域での活動とが、大きく異なっている部位を分析することだ。別の戦略は、分析対象の特定の「関心領域」をあらかじめ選んでおき、刺激した場合の活動と、刺激しない場合の活動を比較することである。三つ目に考慮すべきことは、選んでおいた対照群において、著しく大きく活性化すると判断するしきい値を設定することである。このしきい値が高すぎると、活性化する領域を見逃してしまうだろうが、低すぎれば、「バックグラウンド」の活動によって、関心領域での活性化は目立たなくなってしまうだろう［Poline et al. 1997 など］。

2……女性のオルガスム時の脳活動

コミサリュックとウィップル、その同僚らは、当初ｆＭＲＩを用い、脊髄を完全に損傷した女性の場合、子宮頚部周辺の刺激を受けて孤束核が活性化されるかどうかを解明し、子宮頚部周辺の知覚を脳に直接伝えるのは、迷走神経であるという仮説を実証しようとした。孤束核は、脳幹下部の髄質にある脳領域で、迷走神経の知覚に関わるものは、ここに向かって伸びている。ｆＭＲＩを使った研究では、孤束核がこの刺激によって活性化することが示され、この仮説が裏づけられた。子宮頚部周辺を自分で刺激している間、

▼**摂動**　ある物体に働く力の作用において、主な力による運動が、副次的な力の作用によって乱されること。例えば、太陽の引力による惑星の軌道にズレを生じさせる他の惑星の引力など。

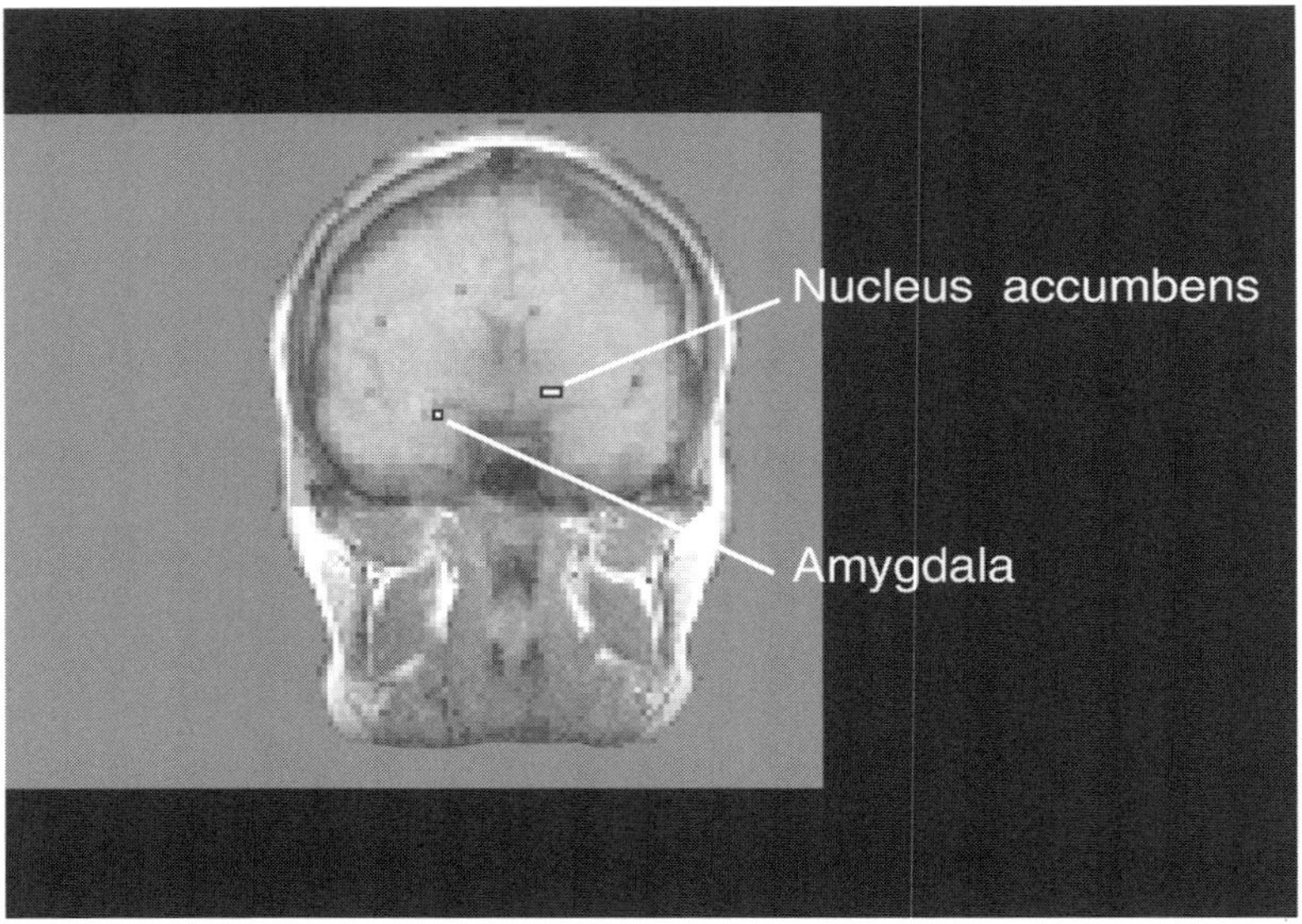

子宮頸部を自分で刺激してオルガスムに達した女性の前脳領域を、fMRIで撮像した画像。印があるのは活性化している領域。これらの脳領域が、認知に果たす役割とオルガスムに果たす役割については、本文を参照のこと。(Komisaruk, Whipple, Crawford, et al., 2004から。Brain Researchの許可を得て掲載)

[図内の脳の部位名]
(上から)
側坐核
扁桃体

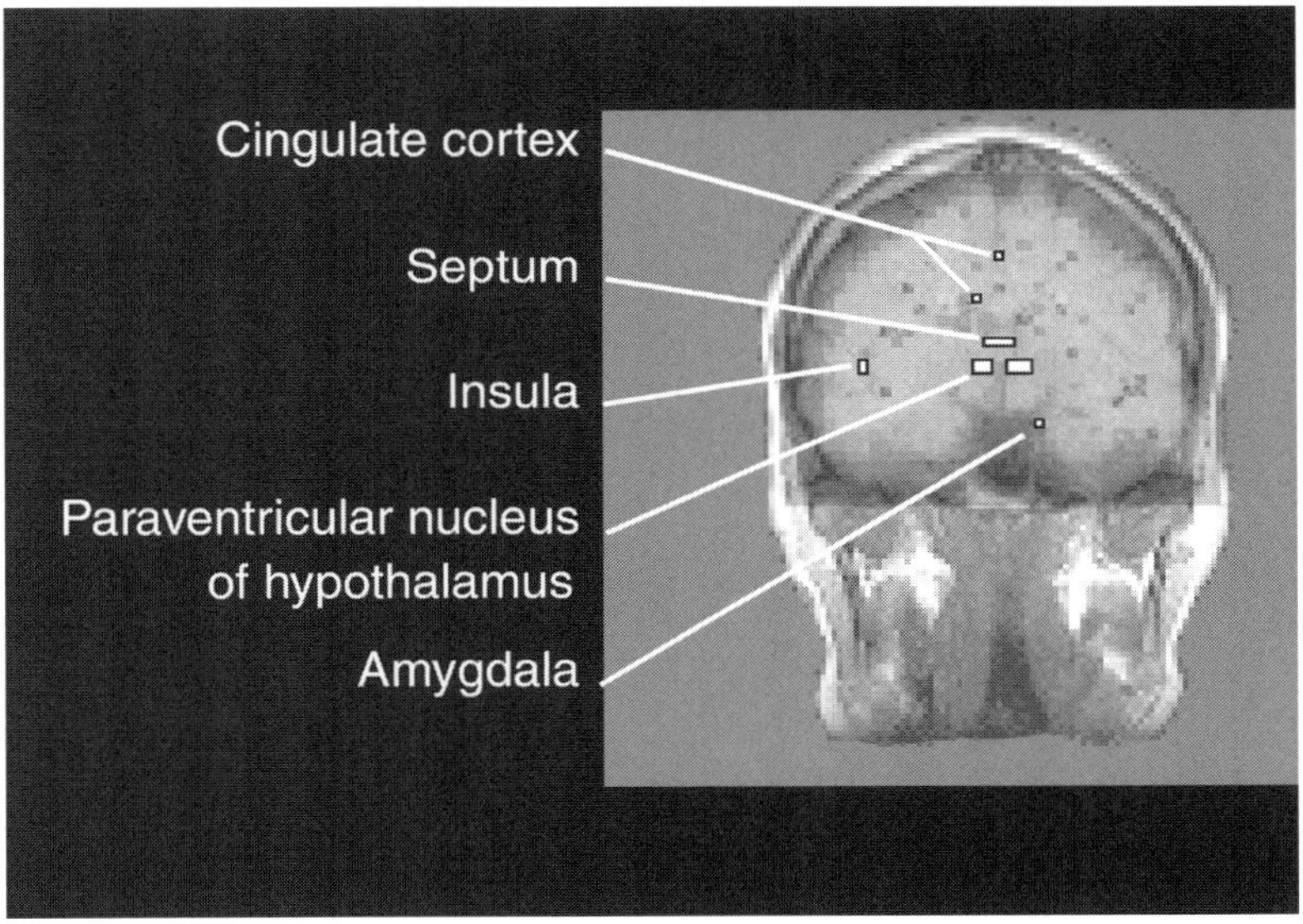

［図内の脳の部位名］
（上から）
帯状皮質
隔膜
島皮質
海馬の視床下部室傍核
扁桃体

オルガスムを感じる女性もおり、オルガスムの前・最中・その後を、ｆＭＲＩを使って記録した［Komisaruk, Whipple, Crawford, et al., 2002; Whipple & Komisaruk, 2002; Komisaruk, Whipple, Crawford, et al., 2004; Komisaruk & Whipple, 2005］。

子宮頚部周辺を自ら刺激して得たオルガスムによって活性化される脳領域には、視床下部、**辺縁系**（扁桃体、海馬、帯状皮質、島皮質、側坐核－分界条床核－視索前野にわたる領域）、新皮質（頭頂葉皮質、前頭葉を含む）、脳幹神経節（とくに被殻）、小脳があり、さらに脳幹下部（中心界灰白質、中脳網様体、孤束核）がある。オルガスムを感じている最中と、オルガスムの前後とでは活性化する領域が異なることから、子宮頚部周辺を刺激して得られるオルガスムには、海馬の傍脳室部、扁桃体、辺縁皮質の前帯状領域、側坐核領域が関わっていることがわかる［Komisaruk, Whipple, Crawford, et al., 2004］。

メスのラットの場合、オルガスムを感じている証拠は見られないが、交尾中や頚部を刺激すると、同じ名前の脳領域のいくつかが活性化する。そのため、ｃ－ｆｏｓ免疫細胞化学法（刺激を受けたときにニューロンで作られる特定のタンパク質を視覚化する）をラットに用いたところ、扁桃体、視床下部室傍核、内側視索前野、中脳灰白質と、側坐核――ドーパミンが局所的に分泌されたことから――も活性化したことが報告された［扁桃体についてはRowe & Erskine, 1993; Tetel. Getzinger & Blaustein. 1993; Wersinger, Baum & Erskine, 1993; Erskine & Hanrahan, 1997; Pfaus & Heeb, 1997; Veening & Coolen 1998; 視床下部室傍核についてはPfaus & Gorzalka, 1987; Rowe & Erskine, 1993; 内側視索前野についてはTetel, Getzinger & Blaustein, 1993; Wersinger, Baum & Erskine, 1993; Erskine & Hanrahan, 1997; 中脳灰白質についてはTetel, Getzinger & Blaustein, 1993; Pfaus & Heeb, 1997; 側坐核についてはPfaus et al., 1995］。

視床下部室傍核領域が活性化したという発見は［Komisaruk, Whipple, Crawford, et al., 2004］、オルガスムの際、オキシトシンが分泌されるという報告と一致する。視床下部室傍核ニューロンがオキシトシンを分泌し、下垂体後葉に蓄積されるからだ〔Cross & Wakerley, 1977〕。膣や子宮頚部を刺激すると、下垂体後葉から血流にオキシトシンが分泌され――「ファーガソン反射」として知られることになる〔J. K. W. Ferguson, 1941〕――、オルガスムによって、血流にオキシトシンが分泌されることになる〔Carmichael, Humbert, et al. 1987; Carmichael, Warburton, et al., 1994; Blaicher et al., 1999〕。

オルガスム中に活性化される脳領域のもっとも確かな特徴は、小脳の活性化である。小脳は「ガンマ遠心性神経」を経由して、**筋緊張**をコントロールし、固有**受容体**（筋肉と関節にある感覚受容体）の情報を受け取る〔Netter, 1986〕。モールドは、筋緊張を起こすというオルガスムの特徴に、ガンマ遠心性神経が果たす役割を強調している〔Mould, 1980〕。小脳には、この神経を、脳でコントロールするという重要な役割がある。「全身反応としてのオルガスムは〔……〕確実に小脳の〔……〕組織と調整を必要とする」と、モールドは述べている。筋緊張は、オルガスムで頂点に達し〔Masters & Johnson, 1966〕、快感をもたらす〔Komisaruk & Whipple, 1998, 2000〕。小脳は、ガンマ遠心性神経を通して、オルガスムの際の重要な運動（筋肉の動き）を担うようだが、知覚または認知的な快感をもたらす重要な役割も担っていると考えたくもなる。

島皮質と前帯状皮質が、オルガスム中に活性化することは興味深い。両方とも、痛みに反応して活性化することが報告されているからだ〔Casey, Morrow, et al., 2001; Bornhovd et al., 2002; Ploner et al., 2002〕。このことは、痛みと快感を感じているときに活性化される脳領域は同じであり、局所的にやりとりが起きていることを示している。快感を感じているときに活性化される脳領域と、痛みを感じているときに活性化される脳領域とを、同一人物で比較するという追加研究が必要であろう。

側坐核領域は、オルガスムを感じている間、活性化される〔Komisaruk, Whipple, Crawford, et al., 2004〕。この脳領域が、ニコチンを静脈投与して引き起こされる「ラッシュ」（陶酔感）で活性化することは、ｆＭ

RIで確認されている［Stein et al. 1998］。fMRIで測定されたように、人間の側坐核は、コカインの「ラッシュ」による陶酔感を味わっているときや、何かを欲するときに活性化する［Breiter et al. 1997］。オルガスム中のfMRIの結果から、側坐核は、女性のオルガスムの快感を調整していると言えるのである。

3……想像だけでオルガスムを感じる女性の脳活動

自ら子宮頸部周辺を刺激する際に、観察される脳活動には、必ず、刺激するために腕や手を動かすという脳活動と、そうした刺激に反応する知覚反応という、二つの脳活動が含まれる。オルガスムに関する記録から、そうした動きや知覚に関する記述を省いたり、どの脳領域を無視するかという仮説を立てる代わりに、コミサリュックとウィップルは、自分の身体を自分で刺激せず、いかなる形の刺激を加えることもせず、想像だけでオルガスムを感じる女性について研究した［Komisaruk and Whipple, 2005］。

初期の研究では、想像だけでオルガスムを感じた女性一〇人の自律反応を、それぞれの女性について、二つの状況で比較した［Whipple, Ogden & Komisaruk, 1992］。一つ目の状況は、生殖器を自ら刺激して得られたオルガスムで、二つ目は、想像だけで得られたオルガスムである。平時の初期値と比較すると、オルガスム中に測定されたパラメータ（心拍数、血圧、瞳孔の拡張、痛みのしきい値）は、およそ二倍に達していた。これらの生理的な測定値は、想像による場合と生殖器の自己刺激による場合のどちらでも、大幅に増加していた。想像によってオルガスムを感じていた間のイメージについて、女性たちはさまざまな表現で説明している。エロティックだったという人もいれば、のどかだったという人もおり、「エネルギーの流れ」が、身体の軸に沿って上下したなどと抽象的な表現をする人もいた。

fMRIを使った予備研究では、想像によるオルガスムでは、子宮頸部周辺の自己刺激によるオルガスムと同じく、側坐核、視床下部室傍核、海馬、前帯状皮質の領域が、活性化することが示された。このことから、こうした脳領域の活性化は、むしろ「特定的に」オルガスムに関わっていると言える。すなわち、自ら生殖器を刺激し、手の動きによってオルガスムをもたらす**求心性**および**再帰求心性**の活動をつかさどる脳の機能は、関係がないということである（最初の刺激（「求心性」）が**不随意筋**（平滑筋）や**随意筋**に強い収縮を起こさせ、これらの筋肉からの感覚入力が増す（「再帰求心性」））。これによってオルガスムの快感が強まる）。扁桃体は、想像によるオルガスムでは活性化しないことから、オルガスムに関しては、扁桃体には、生殖器の知覚機能があるようなものだろう。一方、活性化される他の領域は、オルガスムを認知する際により大きく関わるのだと思われる。

4……性的興奮・オルガスム時の男女に、脳活動の違いはあるか？

その他の複数の研究で、男女が性的興奮とオルガスムを感じている間の脳が、イメージ撮影されてきた。こうした研究を踏まえて、一般化するのは難しい。それぞれの手順が大きく異なるうえ、重視すべき活性化を成り立たせるしきい値の基準が、統一されていないからである。また、記録方法が異なり、感度や脳領域の部分的な解像度にも差がある。こうした留意事項はあるものの、これらの結果から、初期の手法では得られなかったような、興味深い結論を得ることはできるのである。

いくつかの研究は、ドーパミン作動性の「報酬」系が、性的興奮やオルガスムの間、活性化されるようだと示している。女性の場合、オルガスム中に側坐核領域が活性化することが、ｆＭＲＩによって示されており、これの裏づけとなっている［Komisaruk, Whipple, Crawford, et al. 2004］。ホルステージらは、ＰＥＴによって、男性の場合に、同じく側坐核領域へと伸びている中脳間脳領域が、オルガスムの間、活性化す

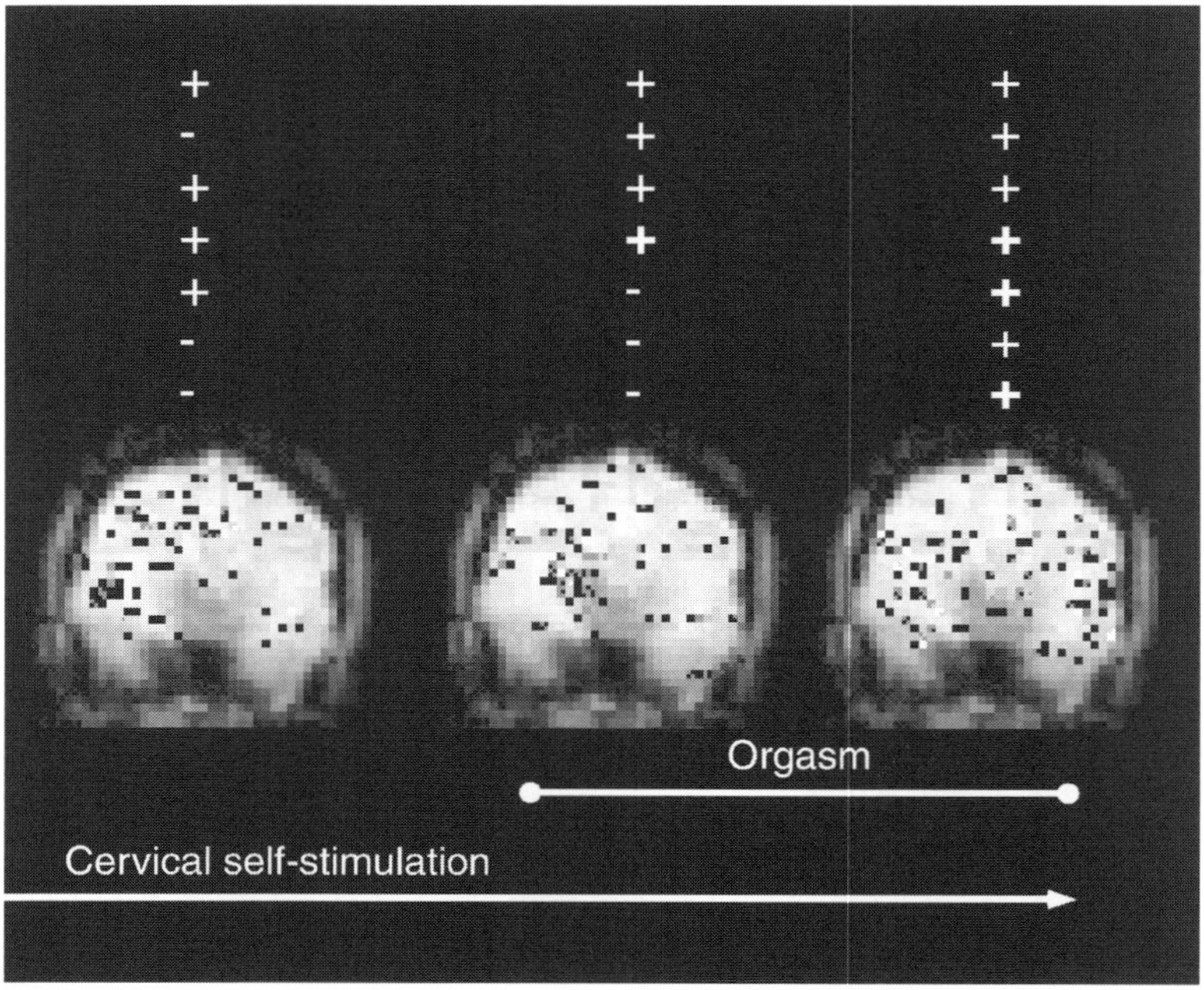

オルガスム

子宮頚部への自己刺激

帯状皮質
側坐核
扁桃体
脳幹神経節
島皮質
海馬
視床下部室傍核

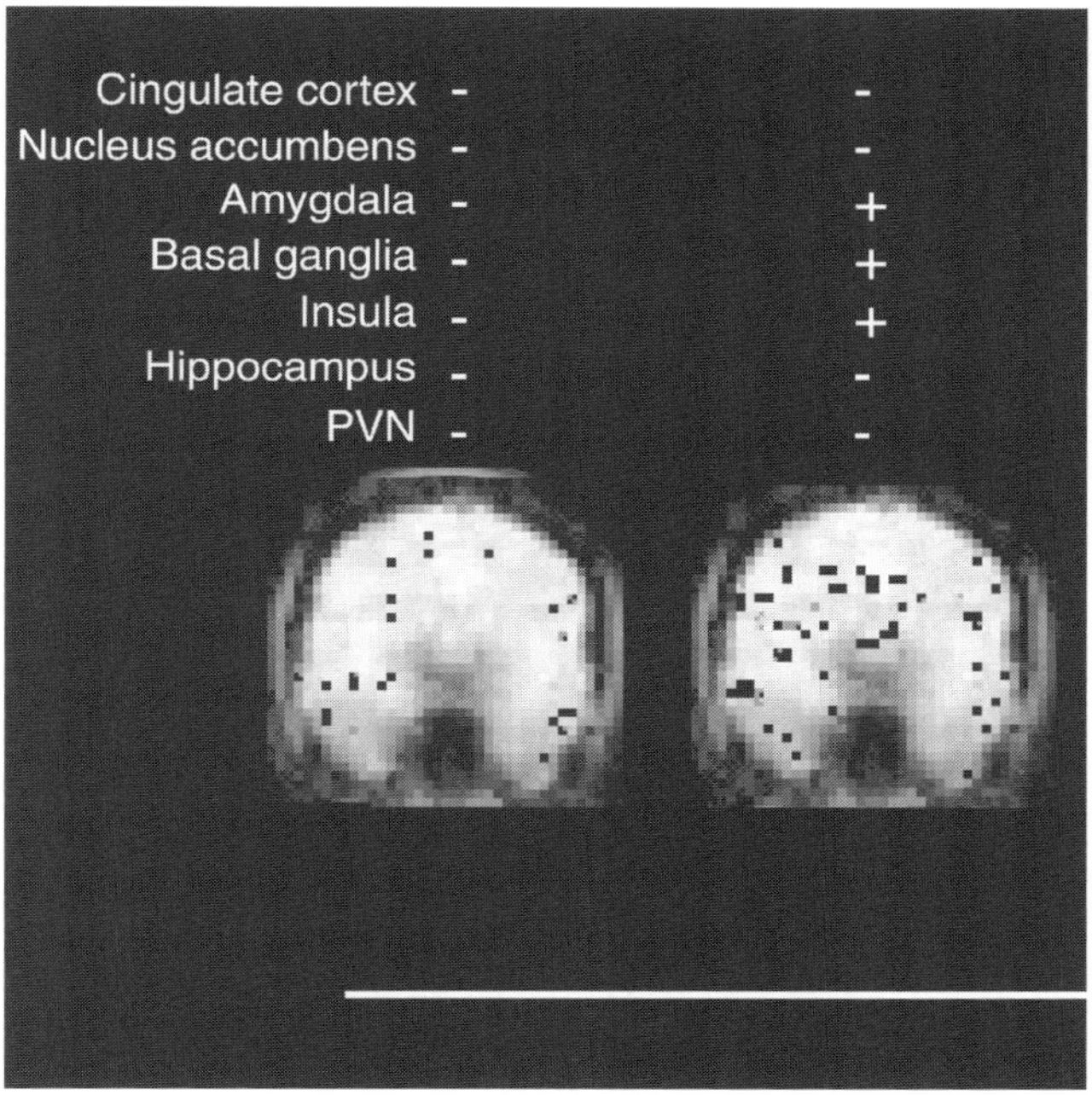

オルガスムに達していく女性の前脳部分を、fMRIによって撮影した連続画像。この被験者の女性は、子宮頚部を自分で刺激し続け、最後の2分間でオルガスムに達した。それぞれの「スライス」（脳の断面）画像は、1分間の脳の活動を示している。
図の上部に、前脳領域の7つの部位を示し、その活性化の有無を示してある。マイナス（ー）は、その時間において、その部位が活性化していないことを示す。プラス（＋）は、活性化していることを示す。太字のプラスは、この部位の複数の点が活性化していることを示す。
（Komisaruk, Whipple, Crawford, et al., 2004より。Brain Researchの許可を得て掲載）

ることを発見した［Holstege et al. 2003］。ｆＭＲＩを使った研究で、アーロンらは、「熱愛中」の男女は、相手の写真を見ると中脳腹側部と尾状核が活性化することを示した［Aron et al. 2005］。これらの領域も、ドーパミン作動系の一部である。

ドーパミン作動系は、勃起中に活性化する脳領域の薬理学研究にも関係している［Bornhovd et al. 2002］。勃起機能不全の男性が、ドーパミン系刺激薬であるアポモルヒネを摂取し、性的な刺激を与える映像を連続して見ている間の脳活動が、ＰＥＴで測定された。研究者らは、ペニスの固さ（業務用ＲｉｇｉＳｃａｎで測定）は、前帯状領域と右側前頭葉皮質における脳活動の活発化と強く関連しており、側頭葉の活動が低下したことも関連性があるとした。

パークらは、官能映画を見ているときの方が、官能的でない映画を見ているときよりも、女性の視覚野（後頭部）が大幅に活性化することを発見した［Park et al. 2001］。すなわち、視覚野は「受動的な視覚投影スクリーン」ではなく、観察されている内容の認知的・感情的な要素が、これをどの程度、活性化するかを調整しているようである。

カラマらの研究では、被験者の男性に、官能映画の一部を見せて、客観的な興奮度を「アナログ尺度」（被験者が、定規のようなもので、自分の興奮度を０から最大値までの間で印をつける）で、測定するよう指示した［Karama et al. 2002］。自ら申告した性的興奮度が高いほど、ｆＭＲＩで記録された海馬の活動も激しかった。性的に露骨な映像を見ている男性の勃起状況を測定したｆＭＲＩ研究でも、海馬が活性化したと報告されている［Arnow et al. 2002］。性的に興奮している間は、帯状回、島、脳幹神経節（前障、尾、被殻）、中脳の脳回、運動前野のすべてが活性化した。

ルドゥーテらが行なった別の自己報告型研究では、男性たちに自分の性的興奮度を測定させ、その一方で、彼らの脳活動をＰＥＴで測定した［Redoute et al. 2000］。男性が性的に興奮していると認識する程度と、

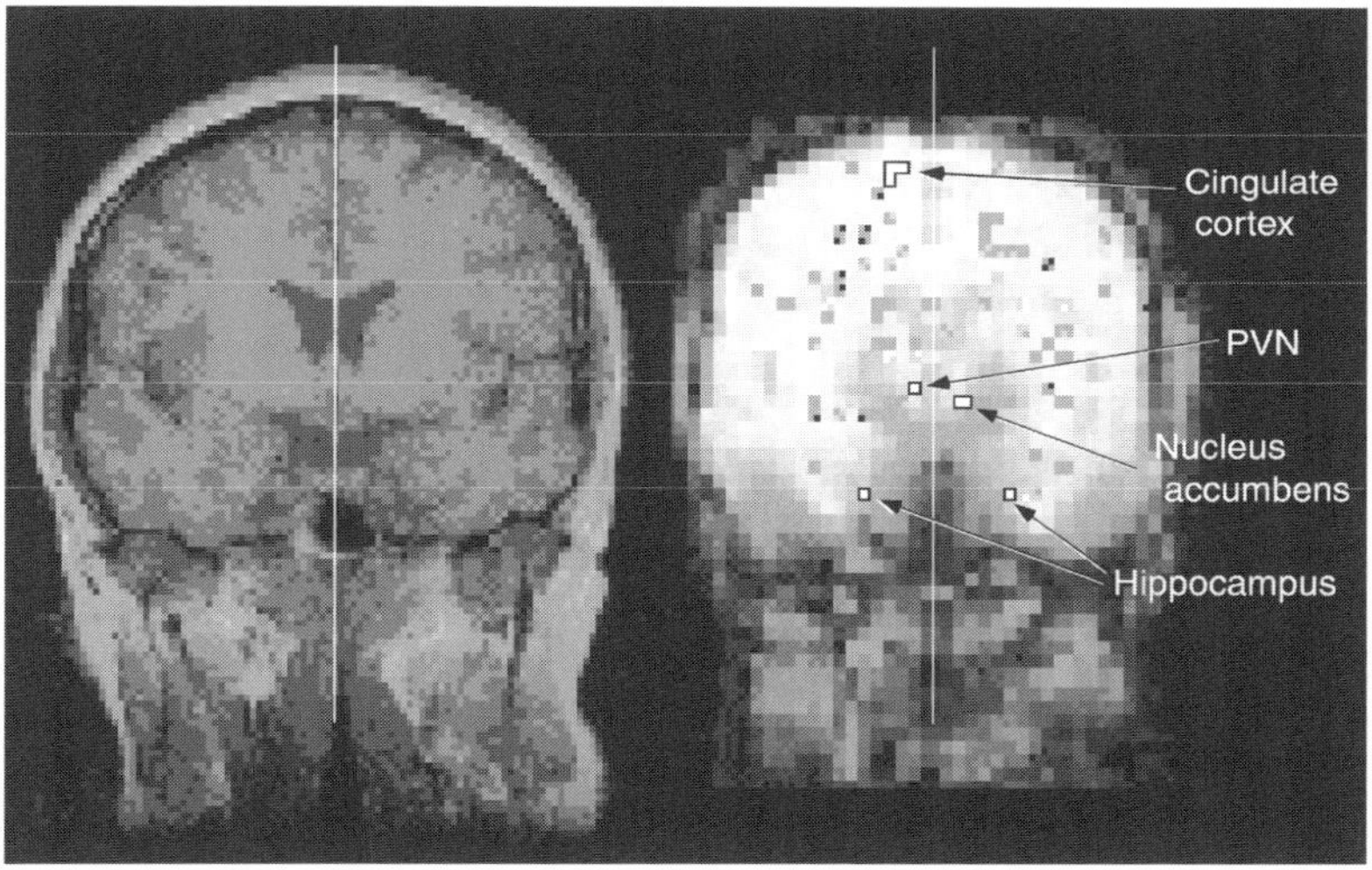

身体への刺激なしに、想像だけでオルガスムに達している女性の前脳を、fMRI で撮影した画像（右側）。左側の画像は、fMRI で撮影した脳の同じ断面。子宮頸部への自己刺激によるオルガスムの画像と較べると、一部だけの同じ部位が活性化している。腕や手の動きがなく、生殖器の知覚刺激もないため、この画像で活性化している部位は、その他の要素（視床下部室傍核、海馬の視床下部傍室核など）の影響を受けず、オルガスムそのものに直接に関わっていると思われる。

［図内の脳の部位名］
（上から）
帯状皮質
視床下部室傍核
側坐核
海馬

もっとも関連性があることが示された脳の領域は、前脳の前帯状回だった。前帯状回は、扁桃体 [Maravilla, 2006] とともに、性的興奮を感じている女性でも活性化し、コミサリュックやウィップル、クローフォード、その同僚らの発見と一致している [Komisaruk, Whipple, Crawford, and colleagues, 2004]。

われわれが知る限りでは、オルガスムを感じている最中の男性の脳イメージについて、最初に報告したのは、フィンランドのＰＥＴ研究である [Tiihonen et al., 1994]。研究者らは、(右側の) 前頭前野が活発になっていることを発見し、前頭前皮質が損傷しているか、脳の他の部分から切り離されている男性の「過剰性欲」に関する初期の報告との類似点を比較した [B. L. Miller et al., 1986]。ここから、男性がオルガスムを感じている最中、あるいは感じるまでの間に、前頭前皮質の機能が低下することと、前頭葉の切除手術後に起きうる「自由奔放さ」「危険をはらんだセックス」あるいは抑制されない性欲などは、ある意味で関係しているのではないかという疑問が浮上した。

性的に興奮している男性と女性の脳活動とを比較する研究は、いくつかある。官能的な刺激を与える映像を見ると、女性よりも男性の視床下部の方が大きく活性化することが、二つの研究グループから報告された。カラマらが、官能的な映像の一部を見ている男性と女性のｆＭＲＩを比較したところ、女性よりも男性の視床下部と視床部の方が、はるかに大きく活性化していた [Karama et al., 2002]。男女ともに活性化したのは、扁桃体、腹側線条体、前帯状皮質、島皮質、眼窩前頭皮質、内側前頭皮質、後頭側頭骨皮質である。官能的な写真を見ているときの男女の脳活動を比較した別の研究で、ウォーレンとその同僚らは、視床下部、扁桃体、海馬のｆＭＲＩ活動は、女性よりも男性の方が活発だったが、線条領域 (尾、側坐核) は男女で同じように活発だったと報告した [Hamann et al., 2004]。

二つのＰＥＴ研究において、性的に刺激する映像を見せられた男性の視床下部の後部が活性化している [Stoleru et al., 1999; Redoute et al., 2000]。活性化したこの領域は、これまでに述べてきた同様の研究では、報告されていない。ルドゥーテらは、オスのラットの視床下部の後部を刺激すると、交尾と、交尾の機会を得るために棒を押す動作（こうすれば報酬が得られると教え込まれた動作）を誘発する、とした初期の報告と類似していることを指摘している［Redoute et al., 2000］。

5……脳活動の映像化から、オルガスムという現象の何がわかるのか？

近年、高性能の脳スキャナ（ＰＥＴとｆＭＲＩ）が出現し、初めてわれわれは、生きて目覚めている人間の脳のあらゆる部分で、特定の刺激や反応に応じて活性化する領域を確認することができた。その結果、多岐にわたる研究分野の研究者の間で、まさしく領域争い《ランドラッシュ》が発生し、それぞれが多様な刺激や認知プロセス、反応に関して、脳の未知の活動領域を研究している。

この技術的なチャンスを利用している者たちは、研究を行ない、脳が活性化する（オルガスムの間など）局所的な領域を突き止めた今、むしろ戸惑いを感じている。脳の特定の領域が何をしているのか、その情報からオルガスムに果たす独特の役割についてひらめきが得られるのか、どう理解したらよいのか、映像化は挑戦したいことの一つであるが、そこから何がわかるのだろうか？

オルガスムの間に、活性化する（あるいは活性化しない）とわかっている特定の脳領域の役割について、他の研究者の発見を確認するべきかもしれない。たとえば、島皮質はオルガスム中に活性化することがわかっており、痛みの分野の研究者は、島皮質が痛みの刺激を受けて活性化することを発見している。すなわち、この場合、島皮質は、痛みと快感の両方に反応する部位ということである。なぜ両方を兼ねる（あるいは両方に反応する）ことができるのだろうか？　この領域には、痛みと快感に共通する特性があるのだろうか？　おそらく、痛みと快感という異なった実際の感覚とは関係なく、感情の現われに（顔をゆがめるのは、苦悶からなのか、オルガスムを感じ始めているからなのか）、共通する特性があるのではないか？あえて「なぜなぜ物語」（物事の始まりを説明するために創り上げられた物語）を創作し、異なる研究結果のつじつまを合わせてみよう。性的反応やオルガスムを研究しているわけではないが、性的反応やオルガスム中に活性化する、他の種の「同名の脳構造」に注目する研究者の研究結果を見直せば、脳で起きていることに光を当てることができるかもしれない。ここで重要な限定条件は「同名」である。これは、研究者が名づけた脳領域のことである。「同名」の脳領域は、さまざまな種に存在する。たとえば、小脳は人間とラットに存在する。

特定の同名の脳構造においては、異なる領域や、同じ領域に存在する異なるニューロンでさえもが、まったく異なる機能を果たしていることは、よく知られている。したがって、注意すべき点は、まったく異なる二つの作用（快感と痛みなど）が起きているときに、特定の脳領域の活動が記録されたからといって、この二つの作用が同じように機能的に関連しているとは限らないということである。それでも、これは確かに合理的な作業仮説であり、さらなる研究で検証できる。

特定の脳領域に存在する異なるニューロンが、二つの異なるプロセス（痛みと快感）に関わる可能性は、当然ある。オルガスム中に活性化される脳のさまざまな部位の機能を理解できれば、最終的には、何がオルガスムを快感としているのかについて、統一した概念を作り出すことができるだろう。脳イメージングが何を伝えているのかという疑問に立ち戻り、多様な脳の各部位の何がオルガスムに貢献しているのかを理解すれば、脳に存在するニューロンが、いかにしてオルガスム中に快感を感じさせるのかを理解することにもなるはずである。また、快感や痛み、感覚の認知、記憶、思考といった、より一般的な分野についても理解できるようになるだろう。すなわち、こうした研究は、意識的な経験をひもとこうとする科学的な試みの一つなのである。

次章では、本章で議論した脳領域の役割に関する基本認識を、それぞれの構造の何がオルガスムの役に立つのかを理解するために、別の文脈で説明する。こうした説明が苦手な方は、すべての人にとっての最大の謎を取り上げた最終章に進んでいただいてもかまわない。では、ニューロンは、どうやって意識を生じさせるのだろうか?

第23章 いかに脳は、オルガスムを生じさせているか？

たとえば、ビデオカメラがどうやって録画するかを知りたいとしたら、テープレコーダーが録音する原理や、テレビ画面で黒と白の点の集合がどうやって画像を作り出しているのか、連続した静止画が映画では動いて見えるという錯覚がいかにして作り出されるのかなど、ある程度のことを知っていたら大いに役に立つだろう。すでに得ている知識は、ビデオカメラの機能についてのヒントにはなるが、ビデオカメラには「新しい」特徴もある。単に機能を集めただけという程度は超えているのである。

いかに脳が、オルガスムを生じさせているのか？

われわれの得ている理解について、譬えて言えば、テープレコーダー、テレビ、撮影用カメラの仕組みについて、若干のことを知っている段階にすぎない。いわば「ビデオカメラ」と同じように、オルガスムは現に存在しているが、それがどう機能するのかを、われわれは理解していない。われわれは、すでにわかっている脳の部位にどういう役割があって、オルガスムに関わっているのか、オルガスムを強めるのか、独特の性質を作り出しているのかを、解明しなければならないだけである。いくつかの脳の部位の性質を検討し直せば、こうした部位が、オルガスムにどう関わっているのかを、解明できる可能性はある。これは、行動神経科学における基本的な手法であり、現在の知識レベルで、われわれが取りうる最善の策である。

1……オルガスム中に活性化する辺縁系の構造と機能

オルガスム中に活性化する脳の一部は、「辺縁系」として大まかに知られている部分の構成要素である。「辺縁（Limbis）」は、ラテン語の「縁（Limbus）」に由来し、「端、境界、へり」を意味しており、大脳半球が脳幹とつながる領域の周囲にある部位をさす。辺縁系のもともとの概念は、一八七八年にフランス人の神経学者ポール・ブローカが「大脳辺縁葉」として作ったものだ。これは、相互に隣接して輪状のものを形成する独特な脳構造を解剖学的に説明したものである。これが「辺縁系」に発展し、関連する部分も増えた。この概念は、現在さらに発展してキメラとなり、一部は解剖学的に、一部は機能的に定義されている。

基本構造に立ち戻れば、厚みを増し、たわみ、包み込むようになる前の人間の胎児の脳でもはっきりした構造ができているが、想像力を膨らませれば、脳はミッキー・マウスの風船に似ている。二つの耳が二つの大脳半球で、ミッキーの頭は脳幹を表わす。脳幹は、視床・視床下部・小脳を含む脳幹下部をあわせたものである。脳全体は空洞で、最初はチューブのようなものとして現われる。風船の壁が厚さを増していくかのようだが、空洞はそのまま残り、成人期に突入する。脳の空洞部分は「室」と呼ばれている。

脳構造を考えるもう一つのイメージは、丸太の空洞の中に、石づきの短いマッシュルームが二つ膨れあがっているというものだ。二つの大脳半球が、二つのマッシュルームで、石づきの先端部分の丸太の空洞から生えている。想像力豊かなこのモデルにおいて、「辺縁葉」は、ほぼ、マッシュルームの傘の裏にあたるだろう。脳の場合、マッシュルームの傘の裏を時計になぞらえると、扁桃体は七時の位置にあり、海馬は三時から六時の間にある。帯状皮質は、だいたい九時から時計の頂点をすぎた二時までの位置だ。これらのたとえは、脳の部位の名前を考えれば、それほど突飛なものではない。海馬はこの部位の脳構造が馬の形に似ているし、扁桃体は「アーモンド」を意味するラテン語を語源とし、構造がよく似ている。また、下オリーブの「下」は位置を示しているのであり、価値が低いということではない。辺縁葉のイメージは、当初、大きく広げられ、そのうちの一つは「嗅脳」あるいは「脳の鼻」（「臭覚のための脳」）として機能するというものだった。これは、臭覚経路が、扁桃体を覆う皮質領域へと伸びていることに基づいていた。

パペッツは、一九三七年、辺縁葉の構成部分のいくつかを別の「系」にまとめて視床下部と視床を組み込み、環状につなげた。この系は、海馬（近年、「海馬体」に改められた。海馬体は厳密な意味での海馬の横にある「海馬台」の複合体で、海馬に投射する）から、視床下部の後部にある乳頭体に伸び、そこから、視床前核、帯状皮質、内嗅皮質、海馬につながり、再び乳頭体に戻る。これはその後、研究者らによって「パペッツの情動回路」と名づけられた。この系のさまざまな構成部分が損傷したり、刺激を受けたりすると、病的な泣き笑いや攻撃姿勢などの「感情」行動に影響が出ることがわかっている。

視床下部を、「辺縁葉」「嗅脳」「パペッツの情動回路」からなるキメラに統合し、概念上の混合状態が作り出された。ポール・マクリーンは、一九五二年、この概念上の混合状態を用いて、辺縁「葉」の概念を広げて、辺縁「系」にすることを提案した。彼は、「辺縁」の構成要素は、どの専門家が何を要素とするかによってばらつきはあるが、現在のところ、海馬、扁桃体、帯状回が含まれることは合意されていると主張した。マクリーンは、これらの構成要素がつなげる領域（隔膜、視床下部、視床前核、脳幹神経節の構成部分）も含まれるとした。辺縁葉そのもの（人間の場合、人間の皮質構造よりも、人間以外の脊椎動物種の脳構造に似ているため、より「原始的」だとされている）は、どちらかといえば感情（感覚）作用を担っており、人間で高度に発達している外側新皮質は、どちらかといえば認知（知的）作用を担っているとまとめている［MacLean, 1952, 1955］。

ナウタとフェールタークによると、「辺縁系の一部に含める現在の基準は、シナプスが視床下部に近いこと」だという［Nauta and Feirtag, 1986］。ジョン・フレンチによる「四つのF——食べる、挑む、逃走する、交尾する」（4-F's-Feeding, Fighting, Fleeing, and Mating）と題した講演は、不評を買ったが、そこで提唱されたように、辺縁系は動機づけされた行動が実行に移されるときに作用する。こうした行動パターンには、視床下部が大きな影響を与える。視床下部は、こうした作用（およびホルモン分泌）を調整するだけでなく、「自律系の頭部神経節」とも呼ばれ、身体の各機能、すなわち、心拍数、血圧、体温、発汗、唾液分泌、涙、消化器の分泌と働き、嘔吐、排尿、排便、もちろん子宮収縮、勃起、射精のコントロールもしている。

辺縁葉と視床下部をつなげると、海馬体の出力経路（円蓋）が形成される。比喩をまとめると、キノコの石づき部分を丸太に接ぐと、円蓋（ラテン語の「弓」を語源とする）経路と、それを出力経路とする海馬がたわんだ一対の羊の角の形を作り、角の先端に位置する海馬は扁桃体を突き刺す格好になる。

この構造を想像しづらいとしても、想像できない人は他にも多くいるから安心してほしい。脳のこの部分は、複雑な三次元のらせん構造をしており、視覚化はとくに難しい。ここで詳細に説明したのは、（とりわけ）性的興奮やオルガスム、その他の「動機づけされた」状態で活性化する脳構造を紹介するためである。

動機づけは、継続的な刺激に対する反応を調整する神経の仕組みに関わりがある。言い換えると、空腹や満腹が動機づけになるとされるのは、途切れることなく提供される食物に対する摂食反応を調整するからである。一方、まばたき反応は、受けた刺激に対する比較的一定した反応であり、動機づけではない。「比較的」というのは重要な指摘である。「もっとも単純な」反応――たとえば、ひざ反射は、少なくとも知覚ニューロンと運動ニューロンとの間に一つだけあるシナプスが関わる――でさえも、自発的な行為で調整できるからだ（ひざ反射を試そうとしているときに、その足の前にアンティークの壺が置いてあった場合を想像してみてほしい）。

「辺縁系」という用語を使うときは、重要な指摘をもう一つ、追加しなければならない。この用語は頻繁に使われており、本書でも使っているのだが、著名な神経解剖学者ラリー・W・スワンソンが、その効果は限定的だとしていることである［Larry W. Swanson, 1999］。

辺縁系という言葉は、現在、さまざまな研究者によって、さまざまな使われ方をしており、もはや用をなさなくなっている。この言葉が使われるのは、感情表現、もっとあいまいに言えば、内臓作用に関係する前脳の一部を指す場合だ。これがマクリーンが提唱した本来の概念に一致しているとしても、現在では、辺縁系を構成する部位は、認知や運動をコントロールする仕組みにも関係していることがわかっている。この仕組みには、当初定義されていたように、解剖学的に明確な限界がないうえ、一般的な限界さえ存在していない〔……〕。辺縁系という用語は、明らかにその有用性を失っているのだが、その代わりとなる用語はいまだに登場していない。

スワンソンは、内側部位（辺縁葉）と側面部位（皮質と脳幹神経節）とに、二分することを提案している。彼は、内側前脳束を出力経路とする視床下部と、内側被膜から外側被膜を出力経路とする側面部位（皮質から脳幹神経節）との調整に、内側部位が大いに役立っていると考えている。スワンソンは、次のように

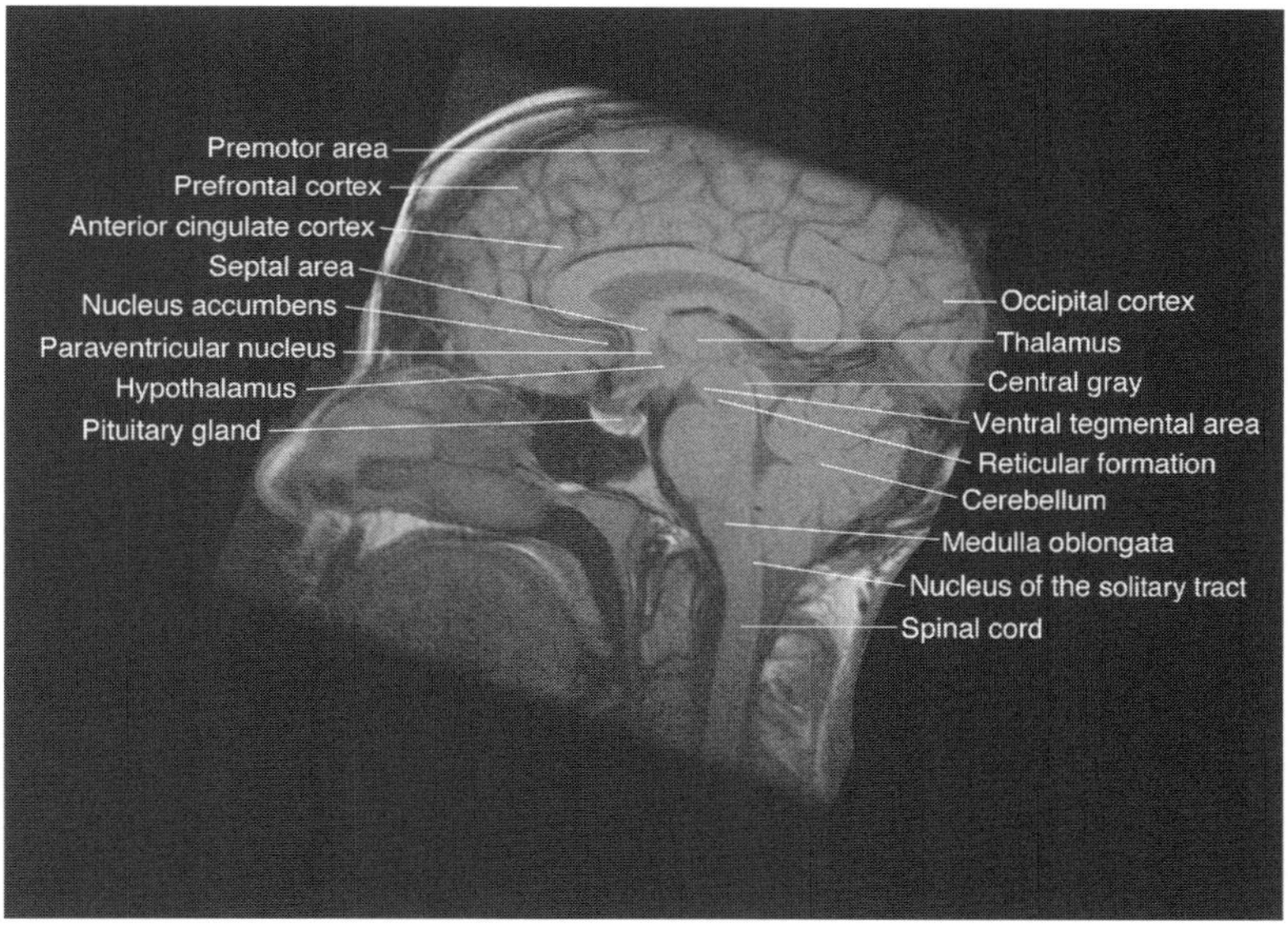

MRI で見た脳。頭部は左側を向いている。本書で説明している脳構造の一部が示されているが、扁桃体・海馬・脳幹神経節を含む脳構造の一部は反対側（右側）にあるため、ここでは示されていない。（ニュージャージー医科・歯科大学、ニュージャージー医学校放射線学部、Wen-Ching Liu 教授のご好意により掲載）

［図内の脳の部位名］

（左側の上から）
運動前野
前頭前皮質
前帯状皮質
中隔野
側坐核
視床下部室傍核
視床下部
下垂体

（右側の上から）
後頭皮質
視床
中心灰白質
腹側被蓋領域
網様体
小脳
延髄
孤束核
脊髄

まとめている［Swanson, 1999］。

「おそらく、これまで神経科学に取り組んできた人びとが提唱した基本的な二分法は、大まかに言って、側面前脳系（認知）と内側前脳系（内臓系）を指すものとなってしまったのだろう。だが、これは明らかに統一されるべきだ」。

2……オルガスムを「リバース・エンジニアリング」できるか？

オンライン百科事典のウィキペディア（英語版）は、「リバース・エンジニアリング」をこう定義している。

「物（機器など）を〔……〕分解し、その機能を詳細に分析するプロセスである。通常は、先行製品を複製しなくても、同じ機能を果たすような、新たな機器の製造を目的とする」。

この機器が、オルガスムを感じさせる脳であるとすると、脳を構成するさまざまな要素のうち、作用の分担状況を分析し、オルガスムを概念的に作り出す脳を作り上げることは可能だろうか？　言い換えると、オルガスムに関わる脳の構成要素を特定し（たとえば、側坐核、帯状皮質、島皮質、扁桃体、海馬、**視床下部室傍核**など）、（オルガスムに関わらない環境での研究に基づいて）各要素の機能について何らかのことを学べば、各要素を組み合わせてオルガスムを作り出すことができるのだろうか？

簡単に言えば、その答えは「できない」である。あるいは、少なくとも現段階では。これは、多くの行動神経科学者が、実現を目指してきた課題の典型例である。科学者らは、脳の多様な部位の機能と、食べる、飲む、挑む、逃走する、交尾する、学ぶといった行動パターンを取らせるために、脳がどのように調整しているのかを解明しようとしているのである。

これから述べる議論から、この任務がどれほど難しいかがわかるだろう。おそらく、リバース・エンジニアリング計画の手始めとして最適な部位は、視床下部室傍核である。視床下部室傍核ニューロンについては、いくつかのことがわかっている。オキシトシンを作り出す。オルガスムを感じている間は活性化する。活性化すると、オキシトシンが下垂体後葉から血流に分泌される。オキシトシンの増加に反応して、子宮は精力的に収縮する。女性は、この収縮によってオルガスムの快感が増すという。

視床下部室傍核

視床下部室傍核は、射精においても、不可欠の役割を果たす。ラットの場合、このニューロンはドーパミンによって（D４**受容体**において）刺激され、オピオイドペプチドに阻害される［Melis, Succu, et al., 2005］。視床下部室傍核のニューロン**軸索**は下垂体後葉へと伸び、そこから血流にオキシトシンを分泌する。これらのニューロンから伸びるその他のオキシトシンを含んだ軸索は**脊髄**に沿って下行し、勃起と射精をコントロールする腰仙骨部のニューロンへと伸びる。これは、神経解剖学的（分子ラベリング）トレーサー法が示すとおりである［Veronneau-Longueville et al., 1999］。こうしてオキシトシンは、女性においてはオルガスムを感じる際のホルモンとして、男性においてもオルガスムを感じる際のホルモンであるとともに、オルガスムにおける**神経伝達物質**として機能する［Argiolas & Melis, 2005］。

このニューロンを活性化することで、認知レベルに達するのか、あるいはニューロンがその他に、どのようにしてオルガスムを認知させるのかは、わかっていない。視床下部室傍核のその他の機能に関しては、本書の執筆者の一人（コミサリュック）は、妻が息子に授乳するたびに、生理学的な認知現象が必ず繰り返し起きることを不思議に思ってきた。赤ん坊が一、二分ほど母乳を飲んでいると、三つの現象が必ず同じ順序で起きたのである。一つ目は、突然、喉が渇いたといって、妻がグラス一杯の水を頼むことだ。二つ目は、「暗い色のカーテンか雲が、上から降りてくるような感じなの。悲しいというか、落ち込むというか、一瞬、そんな気分に襲われる。言葉にするのは難しいのだけど」といったことを言うことだ。三つ目は、時計のように正確に一五秒から二〇秒経つと、「やっと母乳が出てきたわ」と言うことだった。

下垂体後葉から血流にオキシトシンが放出され、母乳が出るまでには約一五秒から二〇秒かかる。すなわち、突然の喉の渇きや、「暗い色のカーテン」は、明らかに視床下部室傍核が活性化する時間と連動している。動物を使った研究から、視床下部室傍核が水飲み行動をコントロールすることがわかっている [Gutman, Jones & Ciriello, 1988]。さらに、乳汁分泌と水分を取る行為との連関性が、生理的に対応していることも明らかだ(母親が授乳によって失われた体液を補うなど)。だが、「暗い色のカーテンが降りてきて、落ち込む」というのは、謎である。ここで示唆される興味深い点は、視床下部室傍核ニューロンが活性化すると、突然の喉の渇き、視覚イメージをともなう、表現しづらい気分の急な変化といった、認知的な気づきが生じることだ。この点が理解しづらければ、脳のその他の領域の役割を理解することは、もっと難しい。

側坐核

側坐核は、fMRIのデータでわかるように、女性がオルガスムを感じていると活性化する。この核は、辺縁系の前面の端にあるが、中脳と間脳が接する腹側被蓋領域のニューロンから大量のドーパミンを受け取る。ホルステージらは、男性がオルガスムを感じていると、この腹側被蓋領域が活性化することを発見した [Holstege et al., 2003]。すなわち、男性でも女性でもオルガスムを感じていると、明らかに同じドーパミン系が活性化される。活性化が観察された脳領域が男女で異なっていたのは、一つのコイン(中脳辺縁ドーパミン系)の表裏みたいなものである。性差かと思われていたが、手法が異なっていたためだったようだ。コミサリュックやウィップル、クローフォードらのデータはｆＭＲＩによって、ホルステージらのデータはＰＥＴによって得られたものだった。それぞれの感度や解像度は、同じではないのである。

オルガスムの強さは、ドーパミンを阻害すると弱くなり、刺激すると強くなる。ニコチンやコカインの「ラッシュ」（陶酔感）が続く間は、側坐核が活性化する。これは、オルガスムのような感覚だと表現される。シュルツによると、ラットの場合、「ラットがコカイン注射を受けるためにレバーに近づき、レバーが押されるとすぐに動きを止めるとき、側坐核ニューロンが活性化し、数秒続くことが示された」［Schultz, 2000］。また、電極が側坐核に取りつけられると、ラットは、こうした電極を通して電気刺激を受けようと、懸命に棒を押す。すなわち、側坐核の活性化は、快感だけでなく、期待感をもたらすようだということで、これは興味深い。オルガスムの要素――理解することも、類似した機能を作り上げることも非常に困難――以上に、この課題は一層複雑化している。

帯状皮質

オルガスムを感じると、心拍数・血圧・瞳孔径がほぼ二倍になるが、これはすべて**自律神経系**の交感神経が、非常に強く活性化されることを示している。帯状皮質もここに含まれることがあり、オルガスムによってだけではなく［Komisaruk, Whipple, Crawford, et al., 2004］、痛みの刺激によっても活性化される［Casey, Morrow, et al., 2001］。どちらの場合も交感神経を活性化し、そのため、心拍数、血圧、その他の「ストレス」反応が強くなるからである。

帯状皮質に電気刺激を加えると、動物や人間の呼吸機能と心臓血管機能が強化されることから［Lofving, 1961; Hoff, Kell & Carroll, 1963］、**交感神経系**から出ている自律神経に関連していることがわかる。さらに肌に苦痛刺激を加えると、ＰＥＴで測定されるように、前帯状皮質が活性化する［Talbot et al., 1991; Coghill et al.,

1994]。逆に、人間の前帯状皮質（あるいは島皮質）が損傷していると、痛み——「苦痛」[Coghill et al., 1994]、または、痛みの「不快な情動的構成要素」[A. K. P. Jones et al., 1991]——に対する情動（感情的）反応が変化する。たとえば、ヴォートが報告したように、「前帯状皮質を損傷した患者は、不快な知覚刺激が身体のどの部分で起きているかを認知するが、それを気に留めることはない。〔……〕ＰＥＴ研究から、大うつ病によって前帯状皮質（の活動）が減少すると、この領域の機能が阻害されることがわかった」[Vogt, 1999]。ヴォートは、前帯状皮質を「調整に影響を与える」ことに関わる特徴があるとした。

別のＰＥＴ研究から、前帯状皮質は、痛み刺激だけでなく、快感刺激にも反応することがわかった。これは、オルガスムを感じている間、活性化することとも一致している[Komisaruk, Whipple, Crawford, et al., 2004]。フランシスらは、「少なくともいくつかの対象物では、膝下野などの前帯状皮質の部位が活性化されることがわかった。〔……〕それに対して、〔……〕気持ちのよい手触り、味覚や嗅覚の刺激から、この領域が、痛みや嫌いな味といった感情的にマイナスの刺激を処理することのみに関わっているわけではない、と言える」と述べている[Francis et al., 1999]。

前帯状皮質は、自律神経の一つである交感神経系の機能によって、痛みやオルガスムといった生理的な直接刺激だけでなく、認知できるだけのストレスへの反応にも関わっているようだ。クリチェリーらは、帯状皮質を損傷した三人の患者についてこう記している[Critchley et al., 2003]。

〔患者らは〕努力を要する認知度テスト〔精神的ストレスや、七を迅速に引き算していく〕に対して、心臓血管反応が鈍くなった。〔……〕健康な人の場合、精神的ストレスを与える課題によって最大血圧が大幅に高くなり（一七水銀柱ミリメートル）、心拍数も上がる（一分に七拍）が、これらの患者には、こうした現象が見られなかった。〔……〕前帯状皮質を損傷した患者は、いくつかの交感神経反応が

「鈍い」という異常があった。たとえば、立ち上がる際に問題（仰向けから突然立ち上がると、通常、血圧が上がるなど）が起きるということは、前帯状皮質の活動が、恒常的な自律神経機能に、密接に関係していることを示している。

患者の認知度テストの出来は、平均的だった。クリチェリーらは、こう結論づけている。

前帯状皮質を損傷した患者の自律神経（とくに交感神経）が、状況にふさわしく機能しないという観察結果は、解剖学的な神経画像データの裏付けとなっている。すなわち、努力を要する認知作業や肉体作業を行なう際は、自律神経を適度に興奮させるために、この領域が必要であるという証拠があるからだ。

他の研究者らは、帯状皮質には、もっと広く認知に関わるような、よく似た役割があると主張している[Bush, Luu & Posner, 2000]。彼らは、「人間の場合、情動障害の治療によって前帯状皮質が損傷すると、苦痛を感じなくなったり、情緒不安定になったりするなど人格が大きく変わる〔……〕。（損傷によって）不注意になり、運動不能症（無動）状態になる」と指摘している。また、前帯状皮質には、包括的で総合的な機能があると主張した。すなわち、「知覚・運動・認知・感情に関わる情報などを〔……〕個別に処理し、出力に関しては〔……〕脳の他の領域での作用や、認知・運動・内分泌・内臓反応（の調整）に影響を及ぼす」などがある。

このように、帯状皮質には、オルガスムの強い感覚を伝え、オルガスムの特徴である自律神経活動を刺激するという、二重の機能があるようだ。このため、帯状皮質が、オルガスムの発生に中心的な役割を担うものとして位置づけられているのだろう。すでに述べたような帯状皮質に関するさまざまな説明の一つに、オルガスムの多様な特質を含めても、広げすぎということはないと思われる。

島皮質

島皮質は、オルガスムを感じている間に活性化し、中でも喜びと痛みという直感的な感情を調整する。ペンフィールドとフォークは、人間に電気刺激を与えて、島皮質前部が刺激を受けると、主に内臓感覚が生じることを発見した［Penfield and Faulk, 1955］。

スモールらは、被験者が大きな意欲を感じているときにチョコレートを食べて、チョコレートをとても好ましいものと位置づけた場合、活性化する領域の一つが島皮質であることを、ＰＥＴ研究によって確認した［Small et al., 2001］。このため、島皮質は、報酬価値が表われる脳領域の一つであると言える。少なくとも食べ物ではそうなのだが、おそらく、もっと一般的な報酬でも同じだろう。味覚が脳に到達する第一の神経経路は、**孤束核**の最上部を経由するものである。孤束核の最下部は、頚部周辺からの入力を受ける。味覚経路は、孤束核から島皮質に延びており、島は、快感を与える味覚と感覚を、何らかの方法で調整するようだ。

コグヒルらも、ＰＥＴスキャンを用いたが、「振動触覚刺激（肌にそっとあてがうブザー）ではなく、不愉快な熱刺激が、反対側の島皮質前部を活性化することがわかった。〔……〕振動触覚刺激を与えたときよりも、痛みを与えたときの方が血流が大幅に増えることが観察されたのは、この脳領域だけ」であることを発見した［Coghill et al., 1994］。別の研究者は、痛みを刺激が、脊髄から上行する際の神経経路が、後部視床核に至る脊髄視床路であること、その後、島を経由して、扁桃体と鼻周囲皮質に至ることを指摘している［Casey, Minoshima, et al., 1994］。これらの研究者らは、この系が「痛みの記憶、動機づけ、情動の要素」の根底にあると主張している。逆に、人間の島皮質（あるいは前帯状皮質）が損傷していると、痛みに対する情動反応が変化することが報告されている。

より明確に認知できる嫌悪の要素（ＰＥＴスキャンの最中に思い出した悲しみ）は、島皮質前部の周囲の活性化に関わっていた。この活性化は、映画を見て悲しくなったり、思い出してうれしくなったりして活性化する場合よりも、大きかった［Reiman et al. 1997］。この発見から、研究者らはこの領域が気分を落ちこませるような認知刺激や内受容性（内臓）の知覚刺激に対する情動反応に関わっていると主張している。島皮質の活動は、オルガスムを感じている間だけでなく、出産のときも子宮頸部周辺を刺激されて影響を受けるため、産後のうつ症状にも関与していると推測できるのではないだろうか。すべてを考慮すると、ここで説明した発見から、島皮質は、オルガスムによって生じた強い感情を調整する重要な役割を担っている可能性があると言えるのである。

海馬と扁桃体

扁桃体も海馬も、オルガスムを感じていると活性化する。どちらも、側頭葉（精神運動）てんかんの影響を受けやすい。発作が起きると、嗅覚や味覚を錯覚するといった幻覚のような感覚が前兆として現われ［Nauta, 1972］、オルガスムを感じさせる場合もある。さらに、扁桃体を損傷すると多くの動物に「過剰性欲」がもたらされ、ふさわしくない対象に性欲を感じることが多い。これは「精神盲」と呼ばれる状態である。

このように、扁桃体はオルガスムの感覚と性的刺激の認識を仲介し、統合するようである。ある意味、これは脳活動のＣＴ映像化による研究の発見と一致している。この研究では、感情的な映画を見た後、扁桃体と海馬体が活性化し、「こうした領域が、ある種の外受容性の感覚刺激に対する情動反応に関わることを示した」［Reiman et al. 1997］のである。

扁桃体と海馬はつながっている。海馬の主な機能は、短期的な記憶である。海馬を損傷すると、患者は短期の記憶は失うが、長期の記憶を失うわけではない。「印刷されたページを読み進めていくにしたがって、最初に書かれていたことをすっかり忘れてしまう。新しく知り合った人に話しかけると、その人が突然知らない人に変わってしまい、名前とやって来た理由を尋ね直し、会話を途切れさせることもあった」といったことが発生する［Nauta & Feirtag, 1986］。

想像によるオルガスムであっても、オルガスムを感じている間は海馬が活性化することから、海馬はオルガスムの認知に関わる側面を調整するという重要な機能を果たしているようだ。

扁桃体も、おそらくオルガスムの認知に関わる要素を調整する。これは、ナウタとフェールタークの結論と一致している［Nauta and Feirtag, 1986］。

扁桃体は、下側頭皮質と前頭葉（とくに前頭葉の眼窩面）に向かって、皮質突起を伸ばしている。すなわち、新皮質に伸びているということであり、その新皮質において辺縁系に送られる知覚データが最終的に具体化されるのである。扁桃体が、新皮質の入力を選別しているのは、明らかである。おそらく、観念作用と認知作用に介入しているのだろう。〔……〕扁桃体は、まるで、脳が世の中を認識する過程に関与しているようである。

オルガスムを感じている間に、活性化される脳の部位は、心臓血管、内臓運動、ホルモン、快楽、記憶、その他の認知プロセスなど、オルガスムを成り立たせるプロセスに関わっていることがわかっている。オルガスムをもたらすために、これらの脳の部位がどのように調整され、組み合わされているのかについては、オルガスム以外の状況におけるこれらの部位の機能から、多少のアイデアが得られている。だが、オルガスムをリバース・エンジニアリングするには、先は長いのである。

3……オルガスムを発生させている脳回路

スワンソンは、性的反応やオルガスムに関わることがわかっている脳の部位に、感覚刺激が到達する経路について、有益な情報を簡潔にまとめている [Swanson, 1999]。これらの脳部位は、どのようにつながっているのだろうか。オルガスムの特徴である内臓活動（心拍数・血圧・膣の湿潤・射精など）を引き起こす主な出力経路は、どこなのだろうか。

これから、スワンソンの記述に基づいて、こうした情報到達の経路をまとめてみる [Swanson, 1999]。性的興奮やオルガスム中に活性化すると報告された、さまざまな脳部位のうち、基本的な接続経路についての概要を示しておく。

海馬体（本来の海馬とは異なる）は、海馬を経由して、海馬乳頭体・前方視床核・内嗅皮質へと伸びている。前方視床核と帯状回は、海馬複合体へと伸び、海馬乳頭体からの刺激も受ける。海馬乳頭体は、海馬と中隔からの刺激を受ける。これは、近年の神経解剖学による証拠に基づいた、現代的なパペッツの情動回路である。

海馬体は、新皮質から刺激を受け、新皮質へ出力する。このように、内臓と認知の両法の機能を調整する重要な役割を果たしている。

本来の海馬は、外側中隔核・側坐核・前頭前皮質の一部へ投射する。外側中隔核は、内側中隔核に投射し、これは海馬に投射する。中隔核も、視床下部と脳幹下部との間で、入出力を行なっている。

帯状回も、新皮質連合野・線条体・橋灰白質に伸び、橋灰白質は小脳に投射する。これは重要な機能を持つ経路で、この経路によって、「感情に関わる」脳システムは、（錐体外路体性運動）「筋肉運動をコントロールする」脳システムに影響する場合がある。

オルガスムを感じている際は、相互につながる脳領域——海馬・帯状皮質・線条体・視床下部・小脳——のほとんどが活性化することが、ｆＭＲＩやＰＥＴ研究によって示されたことから、海馬体と扁桃体との間にも、重要な情報経路があると言える。

扁桃体は、大きく四つに分かれている。

（1）皮質内側部分（主に嗅覚の入力を受ける）。

（2）基底外側部分（新皮質との間で入出力を行なう）。

（3）中心部分（視床下部と脳幹副交感神経核に投射する）。

（4）内側基底部分（視床の内側背側核に、内側背側核は前頭新皮質に投射し、再び内側基底部分に戻る）。

前頭新皮質は、感覚システムへ投射し、調整もする。扁桃体も、中隔と視床下部腹内側部に投射し、そこから脳幹網様体・中心灰白質・自律神経核へと投射する。オルガスムを感じている際、扁桃体・網様体・中心灰白質領域も活性化する。

まとめると、こうした海馬や扁桃体のシステムは、感情に関わる脳部位と認知に関わる脳部位との情報交換経路となり、内臓・体性運動・認知・感情の各過程を統合する。これらはすべて、オルガスムを構成する要素である。

別の知覚（痛み）は、脊髄の薄膜Ｉ（外膜）を経由して、身体から視床下部腹内側核の後部部分へ伝わる。この部分は、前帯状皮質を経て、扁桃複合体や鼻周囲皮質などの辺縁系構造へと投射される［Coghill et al., 1994］。

嗅覚は、扁桃体を覆う梨状皮質に届き、扁桃体の皮質内側部分へと投射する。そこからは、少なくとも視床下部に投射する。

内臓感覚活動は、孤束核（脊髄の真上にある脳幹の下部に位置する延髄に存在する）が経路となり、女性の体内生殖器構造・消化管（味覚も含む）・呼吸器系・心臓系からの情報を受け、「内臓感覚毛体」（神経線維の「リボン」）を経由して、視床下部に投射する［Nauta & Feirtag, 1986］。fMRIによる研究から、迷走神経（脳に至る主な内臓感覚投射経路）に電気刺激を加えると、小脳と視床が活性化することがわかっている［Chae et al., 2003］。

ナウタとフェールタークは、知覚活動はどうやってこのシステムに到達するのかという疑問に対し、簡潔に答えている［Nauta and Feirtag, 1986］。

新皮質が処理する全感覚（視覚・聴覚・体性感覚）は、扱う情報の一部を、二つある皮質部位のどちらか一方あるいは両方に向ける。二つとは、前頭連合皮質と下側頭連合皮質である。この二つの領域は、巨大な線維束（鉤状束）でつながっている。下側頭皮質は、内側嗅領に投射するが、ここは海馬体皮質を経由して、海馬へ届く皮質経路である。前頭皮質の環状部分（唯一、新皮質に存在する部分）は、視床下部に投射し〔……〕、内臓・内分泌物・視床下部連続体の感情メカニズムへ、阻害されることなくつながっている。新皮質のその他の部分は、そこまで直接的にはつながっていない。それでは、前頭皮質とは何だろうか？　〔……〕ここには、主要な知覚領域がないことが特徴だ。完全なる連合皮質なのである。

4……「痛み」と「快感」は、脳内の同じ現象なのか？

オルガスムのプロセスをリバース・エンジニアリングするのが、複雑であることは明らかである。これをより複雑にしているのが、性交と痛みが関連しているように見えるという、興味深い観察結果である。実際、性交やオルガスムに至るマスターベーションをしているときの表情は、痛みや苦痛を感じているようにも見える。この現象を受け、われわれは、痛みによる刺激と生殖器による刺激の両方に反応して活性化する、脳領域について研究することにしたのである。

A・K・P・ジョーンズらは、人間に痛み刺激が加えられると、前帯状皮質が活性化することを発見し、脳のこの領域の活性化だけが、痛みの「苦痛」要素が現われたものであると主張している［A. K. P. Jones et al. 1991］。女性がオルガスムを感じているときも、前帯状皮質が活性化することがわかっている。前帯状皮質は大きく、多様性に富んだ脳領域であると思われ、痛みやオルガスムが、この領域にある同一のニューロンを活性化させるのかどうかはまだわかっていないが、以下の推測は、成り立つと思われる。

おそらく、痛みやオルガスムの感覚とは異なるような、痛みやオルガスムの感情（感情《エモーション》の語源は「外に向く動作」である）を生じさせる前帯状皮質の領域が存在する。ただし、この痛みとオルガスムは、正反対のものである。痛みという、オルガスムの快感とはまったく異なり、好ましくもない感覚を生じさせる別のニューロンがあるに違いない。だが、どちらのニューロンも、運動の表現という共通する要素を生じさせる前帯状皮質の、同じ領域に投射しているのではないだろうか。

痛みとオルガスムの感覚信号を伝える主な軌道（脊髄視床路）は、脊髄を経由して脳に到達する。これが強い興奮を生じさせ、前帯状皮質を経由して、おそらく共通する運動調節経路を活性化させる。重要な問いは、この二つの神経系（痛みと快感の経路）は、どこで分かれるのか。痛みの感覚に対して、喜びの感覚を生じさせるニューロンはどこにあるのか、である。

フランシスらは、この課題に対してこう答えている［Francis et al. 1999］。

ニューロンのレベルでは、報酬と懲罰に関わるニューロン集団が別に存在するはずで、実際、それを示す例がある。視覚・味覚・嗅覚などの刺激に対応する、霊長類の眼窩前頭皮質である。〔……〕気持ちよい触り心地（ベルベット）、おいしい味（砂糖）、いい香り（バニラ）などのすべてが、眼窩前頭皮質を活性化し、同じ皮質の別の領域でも同じ効果が確認された。〔……〕その一次体性感覚野皮質は、触り心地がよくてやわらかい触覚刺激（ベルベット）よりも、中途半端な強さの刺激（ざらざらした木片）の方に、より大きく反応した。一方、眼窩前頭皮質は、ざらざらしたさわり心地よりも、感じのよい触覚刺激に大きく反応したのである。

先に挙げた、痛み感覚を生じさせるニューロンと、快感を生じさせるニューロンとの違いを問うことによって、神経科学における究極の疑問に行き着く。すなわち、われわれの脳にあるどのニューロンが、人が経験するような、さまざまな興奮・知覚・感覚を生じさせるのだろうか？　痛みをつらく感じ、快感を気持ちよく感じるのは、なぜだろうか？　これに対する答を得ることが、神経科学における究極の目標である。オルガスムそのものを理解しようとするのは、オルガスムを研究することによって、いくつかの鍵を得ることができるからである。

第24章 われわれの意識とは何か？・オルガスムとは何か？

1……脳のどの領域が、オルガスムの官能的な興奮を生じさせるのか？

最後に、質問を一つ提起して、本書を終えたいと思う。

脳のどの領域が、オルガスムの官能的な興奮を生じさせるのだろうか？

これは、科学者が常に疑問に思っていることである。物事の仕組みがどう機能するのか。身体あるいは脳のある活動が、別の活動について何を教えてくれるのか。機能障害が起きた場合に、改善を図るには何ができるか。これらを解明すべく力を注いでいるのである。

脳のどの部位がオルガスムを生じさせるのかは、まだ回答の得られていない根本的な疑問だ（回答を得られないものではないことを願っている）。もしオルガスムが、オルガスム中に活性化する平滑筋（**不随意筋**）や横紋筋（**随意筋**）から生じる**再帰求心性**の知覚活動をすべて合わせたものを超えた、脳の現象であるとするならば（おそらく、それ「以上」だと思うが）、どのニューロンが、どのようにして快感という経験を生じさせているのか、という疑問に突きあたる。その答えは、ＰＥＴやｆＭＲＩといったイメージング技術を超えた概念を必要とする問題であるに違いない。

本書では、快感や痛みといった用語を、その意味を理解しているかのように漠然と使ってきた。快感と痛みの違いは、誰もがわかっていると仮定しているのだが、実際には、他者が何を経験しているのかは誰もわからないのである。ここから提起される課題は、要するに、意識とは何か、どのようにして生み出されるのか、ということである。単なる神経細胞という科学にすぎないものが、痛みや喜び、空腹や渇き、熱さや冷たさ、赤や緑、夢、概念といった強力な現実をどうやって作り出しているのだろうか？

ニューロンが、いかにして意識（オルガスムを含むさまざまな感覚）を作り出すのかを説明しようとすると、次の逸話が思い出される（少なくとも、現時点では）。ある意味、譬え話にでも頼らなければ、その疑問に行き着くことができないからであろう。この逸話は、相対性理論についての説明を依頼されたとき、アルバート・アインシュタインが持ち出したものである［Esar, 1952］。


私は、ある国で、目の不自由な友人と一緒に歩いていた。暑かったので、私が冷たいミルクが飲みたいと言ったところ、「ミルクだって？」と言って、その友人が聞いてきた。

「飲むということはわかるんだが、ミルクって何だ？」。

「白い液体だよ」と私が答える。

「液体はわかるんだが、白いって、どういうことだ？」。

「白鳥の羽の色さ」。

「羽はわかるんだが、白鳥ってどういうものだ？」。

「首が曲がった鳥だよ」。

「首はわかるんだが、曲がるってどういうことだ？」。

私は、彼の手をそっと取って、まっすぐに伸ばしてやった。

「これがまっすぐ」と言った。それから肘のところで曲げてやった。

「そして、これが曲がるということだよ」。

「ああ」と、その目の見えない友人は大声を上げて言った。

「きみの言うミルクが何か、わかったよ」。


少なくとも、この質問によって、少しばかり焦点を絞ることができる。意識とは、ニューロンによって生み出されていることは確かだが、身体のすべてのニューロンが意識を生み出すわけでないこともわかっている。たとえば、脊髄と脳の神経経路が切断されている人の場合、つま先をつねると足を引っ込める反応が起きるが、つねられていることはわからない。つねられれば脊髄ニューロンが活性化するが、足が身体の一部ではあっても、活性化によって痛みを知覚するわけではないからだ。

一般的には、意識は、大脳皮質のニューロンの活動によって生み出されると考えられている。これはおそらく正しいだろう。だが、大脳皮質以外のニューロン活動が、別の意識を生じさせている証拠もある。たとえば「盲視」という現象がそうで、視覚に関わる大脳皮質が損傷を受けているために臨床的に目が見えない人の場合でも、視覚的に正しく判断ができたりするのである［Cowey, 2004］。

さらに、大脳皮質ニューロンは、意識を生じさせることなく、活性化することもある。同僚であるデビッド・サマーズが行なった、ある実験を例に挙げよう。彼は、光る輪の中に入れた光るディスクを、被験者に見せた。このディスクと輪は、別々に光らせることができる。輪の中にディスクを入れ、その真ん中に、目立つような印をつけておいた。彼は、参加者の視覚皮質での動きをｆＭＲＩで捉えて記録し、しごく当然の結果を得た。被験者が中央の印を見つめている場合、光る輪が視覚領域を活性化させ、その領域が光るディスクによって活性化される領域を、同心円状に囲んでいたのである。そして、ディスクと輪の両方を同時に被験者に見せ、中心点を凝視したまま、ディスクか輪のどちらかだけに「集中する」よう言った。被験者が指示通りにし、輪ではなくディスクに集中した場合、視覚皮質の別の部位が活性化し、逆でも同じ結果になった。すなわち、物理的な光の情報はほぼ同じだったのだが、被験者がどちらの刺激に集中するかによって、視覚皮質の反応が異なったのである。明らかに、意識を生じさせるニューロンと生じさせないニューロンの活性化は、どこかの時点で何かが違っていたに違いない。

ベンジャミン・リベットは、興味深い発見を報告している［Benjamin Libet, 1999］。たとえば、意識的に指を動かすという行為が、実は、意思に基づいて動かすというそのプロセスに関連した、電気生理学的な活性化を受けて起きた行為であることを発見したのである。ここから、神経生理学的な「自由意志」の基盤と「自分」の本質に関して、微妙な課題が現われる。リベットの発見は、「自分」が決定する前に、ニューロンが決定を下すという、強い違和感を感じさせる概念を打ち出すことになったのである。

これまで「自分」が決定を下したことがあったのか、あるいは、自由意志とは脳内ニューロンのそれまでの活性化によってもたらされた幻想なのか、という問題である。言い換えれば、「自分」は、自分のニューロンの活動をコントロールできるのか、あるいはニューロンが「自分」をコントロールしているのか、ということである。ちなみに、リベットは、脳内のニューロン活動が、どのようにして意識的な経験に変換されるのかについては取り上げていない。すなわち、自覚的な意識の本質は何か、それを生み出すニ

▼**盲視**　大脳の視覚野が損傷によって「見える」と意識できないのに、「見えている」という現象。見えると知覚できないモノの位置を正確に指でさしたり、棒のタテ／ヨコを当てたりすることができる。

ユーロンはどのようにして意識を持たせるのか。また、意識する段階にあるとき、「少しばかり」の意識を生み出すために最低限、どのくらいのニューロンが必要で、意識を生み出すために、ニューロンは何をしなければならないのか。わかっている限りでは、記録史上、こうした根源的な疑問に答えた人物は一人もいない。

2……オルガスムの感覚を検証できる仮説はまだない

意識を理解する一つの方法は、アインシュタインが、友人に「ミルク」を説明しようとしたような比喩であろう。以降の議論の結論は、意識とは、われわれが知っている、理解していると思っている四次元を超えた次元に存在する現実だということである。

高さ・縦・横という三次元は、すでに理解されていると考えられている。では、第四次元とは何かというと、時間である。時間は本当に理解されているのだろうか？　時間は、合成することも、ビンに詰めることもできない。多くの物理学者が、宇宙の始まりだと考えている（近年では考えていたというべきか）「ビッグバン」以前には、何が存在していたのかを想像すると、疑問がわいてくる。もし何も存在しなかったとすれば、時間は存在していたのだろうか。物質が何もない状態でも、時間は存在しうるのだろうか。「無」とは何か。宇宙が存在する以前には何も存在していなかったとすれば、その無とは非常に微小なものだったのか、あるいはとてつもなく巨大なものだったのだろうか。宇宙が存在する以前は、果てしない虚無があったのか、それとも無限に小さなものがあったのか。後者だとすれば、その「外側」には何があったのか。そして、今日存在する宇宙の外側には何があるのだろうか。

この頭の体操のポイントは、「時間」や「無」といった常識で、よく知っていると思っていたことが、実は非常に謎に満ちていて、把握しがたいものだと理解するのは難しくない、ということを示すことである。それによって、もし時間が次元であるとすれば、その次元とは、常識的な本質と謎に満ちた本質とを持ち合わせたものだということになる。

おそらく、同じ見方を意識にも当てはめることができるだろう。痛みを経験する場合のように、明らかすぎるほど明らかなことである。痛みとは、たまたま脳内に存在するいくつかの細胞の化学反応の結果にすぎない、と自ら言い聞かせたとしても、回答にはなっていない。

もし意識が、われわれが常に組み込まれている第五次元に投射するニューロン活動だとしたら、どうだろうか？　われわれが何かを知っているのは、目覚めている間にそれを経験するからだ（眠っている間は消えているのに、夢として再び現われるのは、なぜか。夢もまた同じように現実である——意識が形を変えたものなのだ）。われわれは、時間が第四次元であることを知っているように、意識が第五次元であることにも気がついている。しかし、どちらもビンに詰めることはできない。どちらにも、われわれがすんなり理解できる三次元とは異なる要素がある。独特の要素があるといっても、深さが時間とは異なる要素を持っているように、別の次元の要素があると確証を与えてくれるものは何だろうか？

意識を第五次元とする考え方は、やっかいである。われわれが、本当には理解していないものを説明しようとしているのだから。世の中には、一〇を超える次元について考えることも可能だ、とする物理学者が数多くいる。物理学者の長所は、受け入れられている（数学的）規則を、論理的かつ正しく理解していることを基盤として、さまざまな概念を受け入れるところだ。その一つの例は、アインシュタインの「$E=mc^2$」だ。誰もが、E（エネルギー）とm（質量）の概念を問題なく理解している。想像力をふくらませれば、c（光の速度）の概念も理解できる。だが、光の速度の二乗を説明する物理概念は存在しない。これは、数学の規則を発展させて数学的に組み立てられた概念だからだ。だが、これは数学と数学的に集約されたエネルギーとの関係性をうまく説明している。物理学者は、基本的に同じものである、数学の方法論的な限界と意味を用いて、四次元以上の次元が存在すると納得しているのである。

これは、科学ではなく、信仰だと批判することはできる。信仰は、「魂」のような複雑な概念に対する大きな疑問や、都合のよい概念について、きれいに説明している。科学と信仰の大きな違いは、科学が見解に反証する手段を提供していることである。科学の場合、自らの見解が間違っていることを示すために実験を行なう。自らの理論を積極的に検証し、自らの仮説を崩そうと試みる。科学はすばらしい見解に反証を試みて失敗することで前進し、そうした数々の反証に耐えた概念を受け入れるのである。真に証明されたものはまだ存在していないが、いくつかの概念にはその正しさを証明するような証拠が多数あり、徹底して検証されているために、真実であるように見える。科学と比べると、信仰は概念に反証する手段を提供しないが、実際のところ、それは本来の目的でもないのである。

追加の次元を含むものとして意識を捉える概念は、それよりも高次元の存在を否定する方法を持つことができるのであれば、まさに科学である。現時点で、われわれは、ニューロン活動が、どのようにして別の次元に映し出されるのかを示すモデルを提供できていない。青信号で進み、赤信号で止まる、といった実用的な日常行為として単純化できるような次元に具体化できていないのである。

脳活動（一〇〇〇億単位のニューロンの活動である。それぞれのニューロンが、一〇〇〇以上のシナプスを持っている）が、われわれが議論するこのような五次元をどのように作り出すのか、あるいは作り出しうるのか、わかってはいない。科学者として、われわれは信仰と科学の狭間に捕らわれている。意識的な経験の科学的根拠は、いずれ解明されるはずだが、意識は、われわれのすぐ傍らにあるにもかかわらず、腹立たしいほど捉えにくいものなのである。この五次元とそこに存在するもの、すなわちオルガスムの感覚を検証できるほど重要な仮説を打ち立てることは、いまだにできていないのである。

［訳者あとがき］

「オルガスムの神秘や謎」を超えて、「人間の意識とは何か」に迫る書

福井昌子

本書は、Barry R. Komisaruk, Carlos Beyer-Flores, Beverly Whipple, *The Science of Orgasm* の全訳である。書名のとおり、最新の研究知見をもとに「オルガスム」を科学的に捉えようとした考察の成果であり、専門領域で高い評価を得たのはもちろん、さまざまな分野から反響を呼び、すでに「セクシュアリティ研究の古典」と称されている。セクシュアリティ科学研究財団（The Foundation for the Scientific Study of Sexuality）より、もっとも優れた性科学分野の研究書に贈る「ボニー＆バーン・バロー賞」を受賞している。

著者について

執筆者の一人、バリー・R・コミサリュック博士（Barry R. Komisaruk Ph.D.）は、米国ニュージャージー州にあるラトガース大学心理学部の教授であり、ニュージャージー医科歯科大学放射線学部の准教授も兼任している。コミサリュック博士は、生物学や動物行動学、精神生物学、神経内分泌学などを研究してきたが、現在の関心の中心は、性器への刺激によって感じられるオルガスムに反応する脳領域と、そう

した刺激を脳に伝える神経経路を突き止めることである。また、脊髄損傷後の性反応や性器への刺激による痛みを妨げる神経の仕組みについても研究している。これらの研究には、主に機能的磁気共鳴画像法（ｆＭＲＩ）を用い、人間だけでなく、動物も対象に行なっているとのことである。

コミサリュック博士は、論文執筆が一四九本（書籍と要約は除く）という膨大な数にのぼり（二〇一一年時点）、世界的に多数の引用がなされているようだ。性科学研究学会の「ヒューゴ・ビーゲル研究賞」（性科学における卓越した研究者に贈られる）を一九八九年に受賞したのをはじめ、数々の賞にも輝いている。また、国立一般医科学研究所（米国国立衛生研究所に設置されている研究所）のプログラム・ディレクター、『アーカイブス・オブ・メディカル・リサーチ』誌（査読付きの医学論文掲載誌）の編集委員（一九九八年以降）、米国国立保健衛生医学博物館の科学諮問委員（二〇〇六年以降）などを務めている。世界各地で開かれている国際会議などにも多数招待されて講演を行なっており、その回数は一九六三年から二〇一一年までで七二回に及ぶという。

カルロス・バイヤー＝フローレス博士（Carlos Beyer-Flores Ph.D.）は、メキシコシティで生まれ、米国カリフォルニア州立大学、メキシコ国立自治大学で博士号を取得後、米国カリフォルニア州立大学ブレイン・リサーチ・センターで神経内分泌学の研究を続けた。母国メキシコのトラスカラ国立工科学院高等研究所の創設に携わり所長となり、トラスカラ自治大学学長も務めていた。二〇〇本以上の研究論文を発表し（二〇〇六年時点）、「メキシコ科学アカデミー国家賞」をはじめとして多数の賞に輝いている。しかし残念ながら、二〇一三年一〇月二二日、心臓発作により急逝した。

ビバリー・ウィップル博士（Beverly Whipple Ph.D., R.N., FAAN）については、ご存知の方も多いかもしれない。彼女は、セックス・カウンセラーとしても長い実績をもち、女性の性機能研究についてのパイオニアとも言える性科学者であり、ラトガース大学教授を務めた（現在は名誉教授）。ウィップル博士の名を世に知らしめたのは、一九八二年に刊行された *The G Spot: And Other Recent Discoveries About Human Sexuality*（邦訳『Gスポット』講談社）であろう（A・ラダス、J・ベリーとの共著）。同書は、世界一九か国語に翻訳され、世界的なベストセラーとなった。この「Gスポット」とは、本書にあるように膣前壁にある性感帯であり、医学的にはドイツの産婦人科医エルンスト・グレフェンベルグ博士によって一九五〇年に発見されたのだが、現在のように一般的に通用する用語となったきっかけは、この『Gスポット』であり、それで初めて性感帯として認知されたと言っても過言ではない。日本においても、この本が出版された際、さまざまな雑誌やテレビで取り上げられ大きな話題になったが、このとき初めてこの用語を知ったという人がほとんどだったろう。

重要な女性の性感帯が、一九八二年に至るまで一般的に認知されていなかったということは、今から振り返ると驚くべきことだが、これは、性に関する（とくに女性の性的快楽に関する）社会的な偏見や抑圧が、いかに強く残り続けていたかという証左でもあろう。ウィップル博士は、セックス・カウンセラーとしての経験と性科学者としての研究をもとに、この「Gスポット」の存在に注目したのだが、その背景にある動機としては、彼女が「女性」であったということも大きかったのではないかと思われる。性科学の発展、Gスポットをめぐる話題や論議は、「女性の性的快楽の主体化」という問題と深い関わりがあると思われるからである。そして、性に関するこうした姿勢は、オルガスムを「人生でもっとも不思議な経験の一つ」（序文より）として、科学的に分析するという本書の姿勢にも通底するものだと思われる。この「Gスポット」をめぐる論争については、後述したい。

本書の反響について

本書『オルガスムの科学』は、こうした第一線で活躍してきた研究者たちが、最新の研究成果をもとに、

「オルガスム」を科学的に捉えようとした考察の成果であり、さまざまな方面から高く評価されている。たとえば、米国医学会でもっとも権威のある学会誌とされている『米国医師会誌』（*The Journal of the American Medical Association*）では、「現象としてのオルガスムについてだけでなく、広く性的快感に関する、現時点での最新の科学的な理解を集約した、素晴らしくまとまった一冊」と絶賛されている。また、コロンビア大学医科大学院のヒルダ・ハッチャーソン博士は、「人間のセクシュアリティ研究の古典となることは間違いない。〔……〕今後、専門分野の研究者にとっても、またセクシュアリティに関心を抱く者にとっても、本書を読まないということはありえないだろう」と評価している。そして前述したように、セクシュアリティ科学研究財団による「ボニー＆バーン・バロー賞」を受賞するに至っている。

本書は、専門家だけでなく、広く一般層からも反響を呼んでいる。たとえば、『パブリッシャーズ・ウィークリー』誌には、「オルガスムの不思議について、生物学から神経科学まで、現代科学が解明している研究成果の集大成」であり、「このオルガスムへの探究によって、脳と身体の複雑で捉えにくい相互作用に迫るものだ」との書評が掲載された。また、世界的なベストセラーとなった『愛はなぜ終わるのか』（邦訳：草思社）の著者ヘレン・フィッシャー博士（ラトガース大学研究教授）は、次のような賛辞を述べている。

オルガスムとは、しびれるような体験であり、謎に満ちた経験である。なぜオルガスムは、気持ちよいのだろうか？　逆に、オルガスムを感じさせないものとは、何なのだろうか？　男性のオルガスムと女性のオルガスムとは、違うのだろうか？　オルガスムには、異なる種類があるのだろうか？　その種類は、どのくらいあるのだろうか？　加齢は、オルガスムに影響を与えるのだろうか？　私は本書を読んで、これらの疑問だけでなく、さらに多くの疑問を解消することができた。本書は、性への認識だけでなく、人生までも変えてしまうかもしれない一冊である。

さらには、意外に思われるかもしれないが、保健衛生の立場からも、本書は注目されたようだ。米国保健福祉省の公衆衛生局長官を務めてきたデビッド・サッチャー氏は、「性的な健康」という視点から、本書について次のように述べている。

性的な健康という問題に携わる者にとって、本書は非常に価値がある。オルガスム障害や性機能障害、医薬品やホルモンのオルガスムへの影響、さらに病気による影響などについて、詳細に解説してくれているからである。セクシュアリティを健康で満足のいく生活の一つの条件にするための最新の洞察が盛り込まれた本書は、性的な健康を考えるために不可欠である。

以上のように、本書は、オルガスムへの最新の研究成果をまとめた性科学の専門書という枠組みを超えて、性やオルガスムへの認識を刷新するような、広く社会的な反響をもたらしたのである。

本書の内容について

本書を読まれた読者も、それまでのオルガスムというものの認識を、一新される思いを持たれることだろう。オルガスムとは、性器への刺激によって得られる快感やその絶頂だというのが衆目の一致するところだと思うが、性器以外からの刺激によっても得られるという事実に、まず驚かされる方が多いのではないだろうか。肩に触れられただけで、さらに想像だけでも、オルガスムを感じてしまうという人がおり、それは血圧の上昇や瞳孔の拡大などで医学的に確認できるというのだ。さらに、脊髄を損傷し下半身が不随でも感じる人がいる話に至っては、まさに人体の不思議と驚異に感嘆してしまう。

また、オルガスムと健康という問題についての検証も、多くの人の興味を惹くところだろう。著者たちは、さまざまな研究成果をもとに、年齢や喫煙の有無など他の要素を考慮しても、オルガスムの頻度と死亡率が反比例すると指摘する。たとえば中年男性の場合では、オルガスム時に血液中に分泌されるデヒドロエピアンドロステロンというホルモンの量と心臓病発生率の低下が関連し、さらに射精の回数が多いと前立腺ガンの発症率が低くなることを示す研究もあるという。そうしたいくつもの証拠から、著者らは「オルガスムは健康によい」という結論を導いているが、これは「保健衛生」の問題としても注目されるべきかもしれない。

脳とオルガスムとの関係については、近年、fMRIやPETによって、オルガスムを感じた際に脳のどの部分が活性化されるのかが視覚的に確認できるようになってきた。そうした研究成果を多数取り入れているのも本書ならではであろう。執筆者の一人コミサリュック博士が、この研究を中心的に進めているからだ。彼は、オルガスムによって、視床下部・辺縁系・新皮質・脳幹神経節・小脳・脳幹下部など、脳の各部分が活性化されることを確認しただけでなく、男性と女性とでは異なることも発見している。しかし残念ながら、活性化した脳の領域がどのような役割を果たしているのかまでは、明確に突き止められていないという。

著者らが最終的に目指しているのは、それぞれの脳領域が担う役割の解明や、オルガスムの正体を解明することを超えて、脳にあるどのニューロンが興奮や知覚、感覚を生じさせるのかを明らかにすることにあるという。オルガスムはその切り口の一つにすぎない。つまり、著者らの狙いは、オルガスムの解明を通して、人間の脳の働きやその仕組み、人間の意識の解明に迫ることにある。彼らからすれば、性行為とは人間も含めた動物の行動の一つであり、人間や動物の脳や神経の働きや仕組み、人間の意識と行動との関係を解明するための取っかかりでしかないというわけだ。本書で引用されているベンジャミン・リベットの報告にあるように、「『自分』は、自分のニューロンの活動をコントロールできるのか、あるいはニューロンが『自分』をコントロールしているのか」という根源的な問いかけ対するに答えを得るためなのだ。

この問いかけに対する回答は、まだ得られていない。著者らも含めた多くの科学者がさまざまな視点から、多様な手法を駆使して現在も研究を続けているということだが、著者らが述べているように、「意識は、われわれのすぐ傍らにあるにもかかわらず、腹立たしいほど捉えにくいもの」なのである。

本書は、オルガスムという性的反応についての一般的な見方を覆し、さまざまな学問的な知見や科学技術の進歩による機材を使って、人間の脳の機能、意識の解明へと向かう研究の軌跡である。そして、そこから見出されるのは、「オルガスムの神秘や謎」とは、医学ではいまだ解明できない人間の「意識」というもの自体の謎であり、つまりは人類の普遍的な課題である「人間」という存在そのものの謎につながる深遠な問題だということではないだろうか。

クリトリスとGスポットの「発見」と受難、そして論争の歴史

「Gスポット」という重要な女性の性感帯が、一九八二年に至って初めて、本書の著者ウィップル博士らによって一般的に知らしめられたことは前述した。ところが、女性の性的快楽器官には、永年の隠蔽や無視、そして受難に満ちた、さらに驚くべき歴史が秘められており、近年、そうした歴史を明らかにする著作や研究が相次いでいるので、余談ながらその一端をご紹介したい。

古代ギリシアから続く西洋の解剖学の歴史の中で、クリトリスの存在は、長年、男性解剖学者たちから無視されつづけ、解剖学的に「発見」されたのは一六世紀に至ってからであるという。イタリアのマテオ・コロンボ（一五一六～五九年）という医師・解剖学者が、「ヒステリー発作」を起こした女性患者の治

療中に、偶然その器官を「発見」し、それを「隠されたもの」「鍵」を意味するギリシャ語「クレイス」を語源とする「クリトリス」と名付けた（フェデリコ・アンダーシ『解剖学者』角川書店）。これは、「コロンブスの新大陸発見」と並び称して「コロンボの新器官発見」とも称されるらしいが、コロンボの「世紀の発見」は、彼が公表したところ、数日のうちに「異端・瀆神・魔術・悪魔崇拝」の嫌疑により講義室で逮捕され、裁判にかけられ投獄された。そして、その論稿は没収され、彼の死後数世紀を経るまでその発見は言及することが許されなかったという（クリストファー・ライアンほか『性の進化論』作品社）。

さらに、中世の魔女狩りにおいては、クリトリスは魔女だけが持つ「悪魔の乳首」とされ、これを持っていることが明らかになった女性は、魔女として火炙りに処せられたという記録が残っているという。クリトリスを忌むべきものとして扱うという意味では、現在でもアフリカ諸国などで広く行なわれている「女子割礼」（少女からクリトリスなどを切除してしまうこと）も同様だが、これを現在では非難している欧米においても、じつは「ヒステリー治療」の一環として二〇世紀初頭まで行なわれていたという事実があるという（イェルト・ドレント『ヴァギナの文化史』作品社）。この小さな器官が、認知され、その機能を認められるまでには、こうした長い暗黒の歴史が続いてきた（今も続いている）のである。

クリトリスの存在は、近代になって数世紀をかけて認知されていったわけだが、二〇世紀中盤に至って、新たな女性の性的快楽器官の存在が、専門家の間で注目されるようになった。性についての初めての科学的調査である『キンゼイ報告』（一九四八年）などに、膣内の刺激だけでオルガスムを感じるという女性の証言があったためである。そして本書に述べられているように、一九五〇年、ドイツの産婦人科医エルンスト・グレフェンベルク博士が、「膣の数センチ奥の上壁には、刺激によって勃起する部位があり、そこを刺激し続けると尿道が拡がり、やがて女性はオルガスムに達する」という論文を発表し、その後、本書の著者ウィップル博士らによって、グレフェンベルグ博士の頭文字を取って「Gスポット」と名づけられた。さらに、グレフェンベルク博士の論文の中には、「この部位を刺激してオルガスムに達すると、女性は膣口から体液を〝射精〟し、人によっては一〇センチほど飛ぶこともある」との観察もあった。これは、英語では「Female Ejaculation」つまり「女性の射精」と記述されるが、日本では「潮吹き」と呼ばれている現象である。この現象については、それまでもポルノグラフィなどでの描写はあったが、医学的には否定されており、この論文で初めて医学的に確認されたのだった。

ところが、この「Gスポット」と「潮吹き」については、その後も、現在に至るまで医学的な論争が続いている。著名なマスターズ&ジョンソン両博士は、「Gスポット」の存在と「膣内オルガスム」を裏付ける報告を行ない、ウィップル博士はファイバースコープで撮影した隆起したGスポットの映像を公表している。また、アメリカのマイケル・ペリー博士は、「Gスポットを刺激すると、尿道から、無色透明の体液が大量の分泌される。ただし、尿道から出るとは言っても、尿とはまったく異なる成分である」と発表している。

その一方で、イタリア性科学センターの研究者ビンチェンゾ・プッポとジュリア・プッポは、Gスポットは存在せず、膣内オルガズムもあり得ないと、『クリニカル・アナトミー』誌に発表している。また近年でも、二〇一〇年に、英国のキングス・カレッジ・ロンドンの研究グループが、一八〇〇人の双子の女性を対象に聞き取り調査し、Gスポットの存在を否定する研究成果を発表している。

さらに、イタリアのエマニュエル・ジャニーニ博士は、二〇〇八年、英国の科学雑誌『ニュー・サイエンティスト』誌に、Gスポットは「確かに存在するが、全員に備わっているわけではない」という研究結果を発表した。「膣内オルガスムを感じたことがある」と答えた女性と、「感じたことはない」と答えた女性の膣内を超音波でスキャンしたところ、前者の膣前壁は確かに厚みがあったというのである。その後、同博士は、二〇一四年、女性を絶頂に導く「究極のエリア」は特定のスポット（点）ではなく、陰核・尿道・膣（ＣＵＶ）複合体という「敏感な領域」であると『ネイチャー・レビューズ・ウロロジー』誌に発表している。

こうした歴史、そして現在も続く論争を見ていると、女性のオルガスムへの偏見と抑圧を目の当たりにするとともに、人間の身体とは、医学の発展やｆＭＲＩやＰＥＴなどの科学技術の進歩では解明しきれない深遠なものであるという、本書の最終章の著者たちの見解が再確認されるような気がする。

＊

本書を翻訳するにあたっては、作品社編集長の内田眞人さん、懇切な校正をしていただいた山本規雄さん、本書を翻訳する機会をつくって下さった翻訳家の藤田真利子さんをはじめ、お名前を挙げきれないほどたくさんの方々にお力を貸していただいた。みなさまに、心よりの感謝を申し上げます。

二〇一四年一一月

女性の尿道周辺にあり、性的刺激を受けて膨らむ膣前壁をさす。恥骨の裏と子宮頚部の間あたり。ドイツの産婦人科医グラフェンベルグ博士が「明らかな性感帯」であると指摘し［Grafenberg, 1950］、ペリーとウィップル〔本書の著者〕が博士の頭文字を取って名づけた［Perry and Whipple, 1981］。

副交感神経系
自律神経系の一部で、脳や脊髄仙骨部から出ている。副交感神経系の神経節は、内臓の付近または内部に存在する。主な機能は、心拍数を下げる、血圧を低下させる、消化管を刺激するなど、温存と回復である。ペニスの勃起もコントロールする。**交感神経系**の対義語。

不随意筋（平滑筋）
心臓（ただし心臓は平滑筋ではなく横紋筋に分類される）・胃・子宮・血管の筋肉など、通常は、随意に調整できない筋肉をさす。**随意筋（横紋筋）**の対義語。

不随意神経系
自律神経系を参照。

辺縁系
構造的・機能的に関連し、交尾・飲食・攻撃など感情や動機に基づく行為の調整とコントロールに関わる脳の部位を概念的にまとめたもの。

[マ行]

門脈
門脈は、胃・小腸・結腸・直腸上部・膵臓・脾臓からの静脈血を、肝臓に送る血管のこと。門脈の両側は毛細血管である。したがって、血液は通常、心臓→動脈→毛細血管網→静脈→心臓と流れるが、肝臓につながる門脈を経由する場合は、心臓→動脈→毛細血管網→門脈→毛細血管網→静脈→心臓となる。

[ラ行]

リガンド
ニューロンや細胞上の**受容体**に結合する化学物質。

ロードシス
ラットなどのメスが交尾の際に取る体位。ペニスの挿入を促すように臀部を上げ、膣を開くこと。

[アルファベット]

ｆＭＲＩ（機能的磁気共鳴画像法）
ニューロン活動の局所的な変化に基づいて、脳活動を３次元映像で映し出す方法。ニューロン活動はニューロンに供給される血液に含まれる特定の部位の酸素を変化させる。この変化によって、血液中の鉄分（ヘモグロビン）の磁気特性が変化する。その結果、強い磁場に局所的に摂動が発生する。これによってニューロン活動を表わすコンピュータ画像が生成される。

GABA 様作用
神経伝達物質であるGABA（ガンマアミノ酪酸）を生成するニューロン、またはGABAに反応するニューロン。

PET（ポジトロンCT）
脳活動を画像化する方法の一つで、存続期間の短い放射性物質を静脈内投与し、部分的な濃度を測定する。ある領域におけるニューロン活動が増減するにしたがい、血流と、ひいては放射能の局所的な濃度も増減する。放射性物質が局所的に集中している位置をコンピュータで３次元マッピングする。脳を解剖学的にスキャンした画像に重ね合わせ、脳活動（特定の感覚刺激や認知テスト、運動などに関わる活動）の領域的な変化を示す。

Ｇスポット（グラフェンベルグ・スポット）

脊髄神経
脊髄から出ている31対の神経で、感覚神経根と運動神経根という二本に分かれて、**脊髄**につながっている。感覚神経根は末梢部からの情報を脳に伝え、運動神経根は脳と**脊髄**からの命令を主に骨格筋に伝える。

セロトニン作動性
神経伝達物質であるセロトニンを生成·放出する、または、セロトニンに反応するニューロンの性質のこと。

選択的セロトニン再取り込み阻害剤(SSRIs)
うつ治療に用いられる薬剤の一つ。うつ症状は、シナプスにおける**神経伝達物質**セロトニン濃度が低下していることが、原因の一つであると考えられている。シナプス前細胞から放出されたセロトニンは、シナプス後細胞の細胞膜上にあるセロトニン**受容体**に結合するが、結合しないセロトニンはシナプス前細胞に**再取り込み**される。SSRIはこの**再取り込み**が起きないよう、シナプス前細胞のセロトニントランスポーターに選択的に作用し、セロトニンの**再取り込み**を阻害する。

［タ行］
脱抑制
状況に対する反応としての衝動や感情を抑えることが不能になった状態。

中枢神経系（末梢神経系）
大脳·脳幹·小脳·**脊髄**で構成され、神経系の作用の中枢を担う。この中枢神経系から出る線維を末梢神経系と言い、脳神経と**脊髄神経**がある。**脊髄**では大脳から運動の指令が下降し、末梢神経を経由して筋肉に伝わる。一方、痛覚や触覚などの感覚の情報は末梢から**脊髄**に届けられ、**脊髄**を上行して大脳へ伝えられる。

ドーパミン作動性
神経伝達物質であるドーパミンを生成·放出する、または、ドーパミンに反応するニューロンの性質のこと。

［ナ行］
二重盲検試験
治験を行なう際、被験者を、治験薬などが投与される群（処置群）と既存医薬品や有効成分を含まない偽薬(プラセボとも言う)などが投与される群（対照群）などに分け、被験者にも治験担当医師などにもその処置内容がわからないようにして行なう試験。**非盲検試験**の対義語。

［ハ行］
半減期
（1）放射性化合物の放射能が半分になるまでに必要な時間。
（2）物質や活動が半分になるまでに必要な時間。

反射
膝反射·射乳·乗駕反応など、特定の刺激に対する特定の典型的反応を指す。

非盲検試験
治験を行なう際、被験者を、治験薬などが投与される群（処置群）と既存医薬品や有効成分を含まない偽薬(プラセボとも言う)などが投与される群（対照群）などに分け、被験者にも治験担当医師などにもその処置内容がわかっている状態で行なう試験。**二重盲検試験**の対義語。

瞳孔の拡張など、通常は随意に調整できない機能をコントロールする神経系の一部。**随意神経系**の対義語。

神経修飾物質
ニューロンによって生成される物質で、シナプスに放出されると、シナプス後細胞に作用する刺激への反応を変化させる。シナプス後細胞を発火させることはない。

神経線維
脳や**脊髄**から伸びるニューロンの細長い線維。末梢部（皮膚・筋肉・内臓など）との間で､神経活動をやりとりする。人間の場合、個々の神経線維は毛髪より細く、数メートルの長さのものもある。

神経伝達物質
ニューロンによって生成される物質で、シナプスに放出されると、シナプス後細胞の細胞膜上にある**受容体**に結合し、シナプス後細胞を刺激または抑制する。

神経ペプチド
ニューロンによって生成されるペプチド（アミノ酸が鎖状につながったもの）で、シナプスに放出されると、**神経伝達物質**または**神経修飾物質**として機能する。

神経ホルモン
ニューロンによって生成される物質で、血液に直接分泌される。血液によって身体の別の部分に運ばれ、分泌腺や平滑筋上で作用する。

随意筋（横紋筋）
手足・胴体・顔面筋肉など､「随意」にコントロールされる筋肉｡顕微鏡で観察すると、随意筋の筋線維には縞模様（横紋）が見られる。**不随意筋（平滑筋）**の対義語。

随意神経系
脳・**脊髄**のニューロンと、関連する「随意」筋（手足・胴体・顔面など）をコントロールする末梢神経を指す。**自律神経系（不随意神経系）**の対義語。

性交疼痛症
膣を刺激されたときに、反復的または持続的に、不快感あるいは痛みを感じること。

生殖器によらないオルガズム
生殖器によるオルガズムと同じように感じるものの、生殖器以外を刺激されたときに感じるオルガズム。

性ホルモン／性ステロイドホルモン
主に性腺（卵巣・睾丸）から分泌されるステロイドホルモンの総称（胎盤・副腎からも分泌される）。卵巣から分泌されるものと、睾丸から分泌されるものは、共通の化学構造（ステロイド）がわずかに異なっている。女性ホルモン（エストロゲン、黄体ホルモンなど）と男性ホルモン（アンドロゲン）がある。

脊髄
脊椎骨（脊柱）にあるニューロンで、頚椎（首・頭蓋骨から肋骨上部まで）、胸椎（胸・背中上部・肋骨のあたりまで）、腰椎（背の下側・肋骨下部から骨盤上部まで）､仙椎（骨盤のあたり）、尾椎からなる。末梢部（手足・胴体・内臓など）からの知覚神経インパルスを、脳に、また脳からの運動インパルスを末梢部に伝える。

孤束核（ＮＴＳ）
大脳や小脳と**脊髄**をつなぐ中継地点である延髄（**脊髄**の真上の脳幹下部）の内部にある神経の細く長い塊。迷走神経によって、胸部、腹部、骨盤内臓器（心臓･胃･子宮頚部など）からの神経活動が伝わる。味覚および内臓感覚、さらには呼吸･血圧･拍調節などの自律神経**反射**の中継核として機能している。

コリン作動性
神経伝達物質であるアセチルコリンを生成･放出する、またはアセチルコリンに反応するニューロンの性質のこと。

［サ行］
再帰求心性（リアファレント）
最初の感覚反応によって引き起こされる臓器の知覚反応をさす。たとえば、子宮に物理的な刺激を加えて生じる知覚活動によって、視床下部ニューロンから血液にオキシトシンが分泌される。オキシトシンは子宮の筋肉を収縮させる。子宮収縮によって生じる子宮の知覚活動は､再帰求心性である。

再取り込み
シナプス前細胞から放出された**神経伝達物質**が、シナプス後細胞の細胞膜上にある**受容体**と結合せず、放出したシナプス前細胞に再び取り込まれるプロセス。

細胞体
ニューロンの生存に不可欠な細胞核を含む、ニューロンの部位。

作動薬（アゴニスト）
神経伝達物質のニューロン**受容体**を介し、細胞を活性化させる物質。刺激を加えて強めるように調整をする。**拮抗薬**（アンタゴニスト）の対義語。

潮吹き（*female ejaculation*）
女性の尿道から、尿とは化学成分が異なる体液が３～5ml（5mlは小さじ１杯程度）ほど噴出すること。

軸索
神経細胞体から他のニューロンに神経インパルスを伝える細長い線維。

視床下部室傍核（ＰＶＮ）
脳の前視床下部にあるニューロンの塊で、体内のオキシトシンを最も多く生成する。活性化されると（乳首や生殖器を刺激する、オルガズムを感じている間など）、こうしたニューロンが、下垂体後葉に伸びる**軸索**と**脊髄**に伸びる**軸索**を経由して、血液にオキシトシンを分泌する。

ジストロフィー
筋肉が弱くなり萎縮する進行性の障害。

受精能獲得
精子が卵子を受精させることができるようにする生化学的なプロセス。

受容体
細胞膜あるいは細胞内（ニューロンや腺細胞など）に存在する（または埋め込まれている）タンパク質分子で、特定の**リガンド**（**神経伝達物質**･ホルモン･薬剤など）と選択的に結合し、細胞内の一連の代謝反応を調整する。

自律神経系（不随意神経系）
心拍、血圧、胃腸の働き、発汗、唾液分泌、

用語解説

・解説文中の太字の用語は、項目としてほかに解説があるものである。

［ア行］

アドレナリン作動性

神経伝達物質であるノルアドレナリン（ノルエピネフリンとも言う）を生成・放出する、あるいはノルアドレナリンに反応するニューロンの性質のこと。

陰茎海綿体

陰茎内部にある、一対の棒状のスポンジ状組織。白膜に覆われており、内部にある「静脈洞（海綿体）」が充血することによって陰茎が勃起する。

会陰（えいん）

女性では外陰部と肛門、男性では陰嚢と肛門との間にある皮膚の部分。

オキシトシン作動性

神経伝達物質であるオキシトシンを生成・放出する、またはオキシトシンに反応するニューロンの性質のこと。

［カ行］

拮抗薬（アンタゴニスト）

神経伝達物質、**神経修飾物質**、ホルモンなど、神経活性物質の作用を抑制する物質。**作動薬（アゴニスト）**の対義語。

偽薬対照研究

薬の臨床研究において、被験者を、治験薬などが投与される群（処置群）と既存医薬品や有効成分を含まない偽薬（プラセボとも言う）などが投与される群（対照群）とに分け、対照群に偽薬を投与し、治験薬の有効性や副作用の有無などについて調べる研究。

逆行性射精

精液が尿道から外に放出されるのではなく、膀胱に「逆行して」射精されること。前立腺を切除すると、尿道括約筋の神経が調整されなくなるため、前立腺切除後に起きる場合がある。

求心性（アファレント）（知覚）

末端から中枢に向かう方向性のこと。

筋緊張

筋肉が継続的かつ一定に収縮する様子。筋肉の「張り」。たとえば、「気をつけ」で立つと、背中と足の姿勢筋が緊張する。

交感神経系

自律神経の一部。**脊髄**の胸部や腰部から出ている。交感神経系の神経節の大半は、**脊髄**の両側のすぐ外側に位置している。主な機能は、心拍数を増やす、心臓の収縮力を高め、呼吸しやすいように気道を広げる、手のひらの発汗や瞳孔の拡大を促すなどである。交感神経系が活性化すると射精が起きる。**副交感神経系**の対義語。

Whipple, B., Ogden, G. & Komiraruk, B. R. 1992. Physiological correlates of imagery induced orgasm in women. *Archives of Sexual Behavior* 21: 121-133.

Whipple, B., & Scura, K. W. 1989. HIV and the older adult: taking the necessary precautions. *Journal of Gerontological Nursing* 15: 15-19.

Wildt, L., Kissler, S., Licht, P., & Becker, W. 1998. Sperm transport in the human female genital tract and its modulation by oxytocin as assessed by hysterosalpingoscintigraphy, hysterotonography, electrohysterography and Doppler sonography. *Human Reproduction Update* 4: 655-666.

Wilson, G. T. 1981. The effects of alcohol on human sexual behavior. In *Advances in Substance Abuse: Behavioral and Biological Research*, vol. 2, ed. N. K. Mells. Greenwich, CT: JAI Press.

Wincze, J. P., Albert, A., & Bansal, S. 1993. Sexual arousal in diabetic females: physiological and self-report measure. *Archives of Sexual Behavior* 22: 587-601.

Wirshing, D. A., Pierre, J. M., Marder, S. R., Saunders, C. S., & Wirshing, W. C. 2002. Sexual side effects of novel antipsychotic medications. *Schizophrenia Research* 56: 25-30.

Woodrum, S. T., & Brown, C. S. 1998. Management of SSRI-induced sexual dysfunction. *Annals of Pharmacotherapy* 32: 1209-1215.

Woods, N. F. 1984. *Human Sexuality in Health and Illness*. St. Louis: CV Mosby.
ナンシー・F・ウッズ編『ヒューマン・セクシュアリティ（臨床看護篇、ヘルスケア篇）』尾田葉子ほか訳、日本看護協会出版会、1993 年。

World Health Organization. 1992. *International Statistical Classification of Disease and Related Health Problems*. Geneva: World Health Organization.
世界保健機関／原編『疾病、傷害および死因統計分類提要』厚生省大臣官房統計情報部／編。

Yang, C. C., Bowen, J. R., Kraft, G. H., Uchio, E. M., & Kromm, B. G. 2000. Cortical evoked potentials of the dorsal nerve of the clitoris and female sexual dysfunction in multiple sclerosis. *Journal of Urology* 164: 2010-2013.

Zemishlany, Z., Aizenberg, D., & Weizman, A. 2001. Subjective effects of MDMA ("Ecstasy") on human sexual function. *European Psychiatry* 16: 127-130.

Zesiewicz, T. A., Heilal, M., & Hauser, R. A. 2001. Sildenafil citrate (Viagra) for the treatment of erectile dysfunction in men with Parkinson's disease. *Movement Disorders* 16: 305-308.

Zifa, E., & Fillion, G. 1992. 5-HT receptors. *Pharmacological Reviews* 44:401-458.

Zivadinov, R., Zorzon, M., Locatelli, L., Stival, B., Monti, F., Nasuelli, D., Tommasi, M. A., Bratina, A., & Cazzato, G. 2003. Sexual function in multiple sclerosis: a MRI, neurophysiological and urodynamic study. *Journal of Neurological Science* 210: 73-76.

Zumpe, D., Bonsall, R. W., & Michael, R. P. 1993. Effects of the nonsteroidal aromatase inhibitor, fadrazole, on the sexual behavior of male cynomolgus monkeys (Macaca fascicularis). *Hormones and Behavior* 27: 200-215.

crimination in Parkinson's disease. *Human Brain Mapping* 11: 131-145.

Weeks, D. J. 2002. Sex for the mature adult: health, self-esteem and countering ageist stereotypes. *Sexual and Relationship Therapy* 17: 231-240.

Weijmar Schultz, W. C. M., van de Wiel, H. B. M., Klatter, J. A., Sturm, B. E., & Nauta, J. 1989. Vaginal sensitivity to electric stimuli: theoretical and practical implications. *Archives of Sexual Behavior* 18: 87-95.

Wermuth, L., & Stenager, E. 1995. Sexual problems in young patients with Parkinson's disease. *Acta Neurologica Scandinavica* 91: 435-455.

Wesinger, S. R., Baum, M. J., & Erskine, M. S. 1993. Mating-induced Fos-like immunoreactivity in the rat forebrain: a sex comparison and a dimorphic effect of pelvic nerve transection. *Journal of Neuroendocrinology* 5: 557-568.

Whipple, B. 1978. Sexual counseling of couples after a mastectomy or a myocardial infarction. *Nursing Forum* 23: 85-91.

Whipple, B. 1990. Female sexuality. In *Sexual Rehabilitation of the Spinal-Cord-Injured Patient*, ed. J. F. Leyson. Clifton, NJ: Humana Press.

Whipple, B. 2000. *Guide to Healthy Living for Men and Those Who Love Them*. New York: Pfizer. Videotape.

Whipple, B. 2002a. Does the partner have a role in the treatment of erectile dysfunction? Paper presented at 10th World Congress of the International Society for Sexual and Impotence Research, Montreal. September 22–26［勃起不全の治療において、パートナーに何らかの役割があるのか？このペーパーは、モントリオールで 9 月 22 日から 26 日にかけて開催された、国際セクシュアル・インポテンス研究学会、第 10 回国際会議で発表された］。

Whipple, B. 2002b. Women's sexual pleasure and satisfaction: a new view of female sexual function. *Female Patient* 27: 39-44.

Whipple, B. 2005. *Lecture on Sexuality in Mid-life and Beyond*. Montreal: World President's Organization.

Whipple, B., & Brash-McGreer, K. 1997. Management of female sexual dysfunction. In *Sexual Function in People with Disability and Chronic Illness: A Health Professional's Guide*, ed. M. L. Sipski & C. J. Alexander. Gaithersburg, MD: Aspen.

Whipple, B., Gerdes, C. A., & Komisaruk, B. R. 1996. Sexual response to self-stimulation in women with complete spinal cord injury. *Journal of Sex Research* 33: 231-240.

Whipple, B., & Gick, R. 1980. A holistic view of sexuality: education for the professional. *Topics in Clinical Nursing* 1: 91-98.

Whipple, B., & Komisaruk, B. R. 1985. Elevation of pain threshold by vaginal stimulation in women. *Pain* 21: 357-367.

Whipple, B., & Komisaruk, B. R. 1988. Analgesia produced in women by genital self-stimulation. *Journal of Sex Research* 24: 130-140.

Whipple, B., & Komisaruk, B. R. 1997. Sexuality and women with complete spinal cord injury. *Spinal Cord* 35: 136-138.

Whipple, B., & Komisaruk, B. R. 2002. Brain (PET) responses to vaginal-cervical self-stimulation in women with complete spinal cord injury: preliminary finding. *Journal of Sex and Marital Therapy* 28: 79-86.

Whipple, B., Myers B., & Komisaruk, B. R. 1998. Male multiple ejaculatory orgasms: a case study. *Journal of Sex Education and Therapy* 23: 157-162.

Utian, W. H. 1975. Effect of hysterectomy, oophorectomy and estrogen therapy on libido. *International Journal of Obstetrics and Gynecology* 84: 4314-4315.

Vale, J. 1999. Ejaculatory dysfunction. *BJU International* 83: 557-563.

Valenstein, E. S. 1973. *Brain Control: A Critical Examination of Brain Stimulation and Psychosurgery*. New York: John Wiley and Sons.

Vance, E. B., & Wagner, N. N. 1976. Written descriptions of orgasm: a study of sex differences. *Archives of Sexual Behavior* 5: 87-98.

Van der Schoot, D. K. E., & Ypma, A. F. G. V. M. 2002. Seminal vesiculectomy to resolve defecation-induced orgasm. *BJU International* 90: 761-762.

Van Geelen, J. M., van de Weijer, P. H., & Arnolds, H. 1996. Urogenital symptoms and their resulting discomfort in non-institutionalized 50-75-year-old Dutch women. *Nederlands Tijdschrift voor Geneeskunde* 140: 713-716.

Van Goozen, S. H. M., Wiegant, V. M., Endert, E., Helmond, F. A., & Van de Poll, N. E. 1997. Psychoendocrinological assessment of the menstrual cycle: the relationship between hormones, sexuality and mood. *Archives of Sexual Behavior* 26: 359-382.

Veening, J. G., & Coolen, L. M. 1998. Neural activation following sexual behavior in the male and female rat brain. *Behavioural Brain Research* 92: 181-193.

Veronneau-Longueville F., Rampin, O., Freund-Mercier, M.-J. Tang, Y., Calas, A., Marson, L., McKenna, K. E., Stoeckel, M.-E., Benoit, G., & Giuliano, F. 1999. Oxytocinergic innervation of autonomic nuclei controlling penile erection in the rat. *Neuroscience* 93: 1437-1447.

Vinik, A., & Richardson, D. 1998. Erectile dysfunction in diabetes. *Diabetes Reviews* 6:16-33.

Vogt, B. A. 1999. Cingulate cortex. In *Encyclopedia of Neuroscience*, ed. G. Adelman & B. H. Smith. New York: Elsevier.

Waldinger, M. D., Zwinderman, A. H., & Olivier, B. 2003. Antidepressants and ejaculation: a double blind, randomized, fixed-dose study with mirtazapine and paroxetine. *Journal of Clinical Psychopharmacology* 23: 467-470.

Wallen, K., Winston, S., Gaventa, M., Davis-Dasilva, M., & Collins, D. C. 1984. Periovulatory changes in female sexual behavior and patterns of ovarian steroid secretion in group living rhesus monkeys. *Hormones and Behavior* 29: 322-337.

Wang, C., Cunningham, G., Dobs, A., Iranmanesh, A., Matsumoto, A. M., Snyder, P. J., Weber, T., Berman, N., Hull, L., & Swedloff, R. S. 2004. Long term testosterone gel (Andro-Gel) treatment maintains beneficial effects on sexual function and mood, lean and fat mass, and bone mineral density in hypogonadal men. *Journal of Clinical Endocrinology and Metabolism* 89: 2085-2098.

Warner, M. D., Peabody, C. A., & Whiteford, H. A. 1987. Trazodone and priapism. *Journal of Clinical Psychiatry* 48: 244-245.

Waters, C., & Smolowitz, J. 2005. Impaired sexual function. In *Parkinson's Disease and Nonmotor Dysfunction*, ed. R. F. Pfeiffer. New York: Humana Press.

Waxenburg, S. E., Drellich, M. G., & Sutherland, A. M. 1959. The role of hormones in human behavior. I: Changes in female sexuality after adrenalectomy. *Journal of Clinical Endocrinology* 19: 193-202.

Waxenburg, S. E., Frinkheimer, J. A., Drellich, M. G., & Sutherland, A. M. 1960. The role of hormones on human behavior. II: Changes in sexual behavior in relation to vaginal smears of breast cancer patients with oophorectomy and adrenalectomy. *Psychosomatic Medicine* 22: 435-442.

Weder, B., Azari, N. P., Knorr, U., Seitz, R. J., Keel, A., Nienhusmeier, M., Maguire, R. P., Leenders, K. L., & Ludin, H.-P. 2000. Disturbed functional brain interactions underlying deficient tactile object dis-

Stoleru, S., Gregoire, M.-C., Gerard, D., Decety, J., Lafarge, E., Cinotti, L., Lavenne, F., Le Bars, D., Vernet-Maury, E., Rada, H., Collet, C., Mazoyer, B., Forest, M. G., Magnin, F., Spira, A., & Comar, D. 1999. Neuroanatomical correlates of visually evoked sexual arousal in human males. *Archives of Sexual Behavior* 28: 1-21.

Stone, C. P. 1932. The retention of copulatory ability in male rabbits following castration. *Journal of Genetic Psychology* 40: 296-305.

Stone, C. P. 1938. Loss and restoration of copulatory activity in adult male rats following castration and subsequent injections of testosterone propionate. *Endocrinology* 23: 529.

Suckling, J., Lethaby, A., & Kennedy, R. 2003. Local oestrogen for vaginal atrophy in postmenopausal women. *Cochrane Database of Systematic Reviews* 4: CD001500.

Sugrue, D. P., & Whipple, B. 2001. The Consensus-Based Classification of Female Sexual Dysfunction: barriers to universal acceptance. *Journal of Sex and Marital Therapy* 27: 221-226.

Swaab, D. F., & Fliers, E. 1985. A sexually dimorphic nucleus in the human brain. *Science* 228: 1112-1115.

Swanson, L. W. 1999. Limbic system. In *Encyclopedia of Neuroscience*, ed. G. Adelman & B. H. Smith. New York: Elsevier.

Szechtman, H., Adler, N. T., & Komisaruk, B. R. 1985. Mating induces pupillary dilatation in female rats: role of pelvic nerve. *Physiology and Behavior* 35: 295-301.

Tagliamonte, A., Fratta, W., & Gessa, G. L. 1974. Aphrodisiac effect of L-DOPA and apomorphine in male sexually sluggish rats. *Experientia* 30: 381-382.

Talbot, J. D., Marrett, S., Evans, A. C., Meyer, E., Bushnell, M. C., & Duncan, G. H. 1991. Multiple representations of pain in human cerebral cortex. *Science* 251: 1355-1358.

Terzian, H., & Dalle Ore, G. 1955. Syndrome of Kluver and Bucy: reproduced in man by bilateral removal of the temporal lobes. *Neurology* 5: 373-380.

Tetel, M. J., Getzinger, M. J., & Blaustein, J. D., 1993. Fos expression in the rat brain following vaginal-cervical stimulation by mating and manual probing. *Journal of Neuroendocrinology* 5: 397-404.

Thorek, M. 1924. Experimental investigation of the role of the Leydig, seminiferous, and sertolic cells and effects of testicular transplantation. *Endocrinology* 8: 61-90.

Thornhill, R., Gangestad, S. W., & Comer, R. 1995. Human female orgasm and mate fluctuating asymmetry. *Animal Behavior* 50: 1601-1615.

Tiihonen, J., Kuikka, J., Kupila, J., Partanen, K., Vainio, P., Airaksinen, J., Eronen, M., Hallikaninen, T., Paanila, J., Kinnunen, I., & Huttunen, J., 1994. Increase in cerebral blood flow of right prefrontal cortex in man during orgasm. *Neuroscience Letters* 170: 241-243.

Timmers, R. L., Sinclair, L. G., & James, R. A. 1976. Treating goal-directed intimacy. *Social Work* 401-402.

Travers, S. P., & Norgren, R. 1995. Organization of orosensory responses in the nucleus of the solitary tract of rat. *Journal of Neurophysiology* 73: 2144-2162.

Turna, B., Apaydin, E., Semerci, B., Altai, B., Cikili, N., & Nazli, O. 2005. Women with low libido: correlation of decreased androgen levels with female sexual function index. *International Journal of Impotence Research* 17: 148-153.

Udry, J. R., & Morris, N. M. 1968. Distribution of coitus in the menstrual cycle. *Nature, London* 227: 593-596.

Uitti, R. J., Tanner, C. M., Rajput, S. H., Goetz, C. G., Klawans, H. L., & Thiessen, B. 1989. Hypersexuality with antiparkinsonian therapy. *Clinical Neuropharmacology* 12: 375-383.

1270.

Sirpurapu, K. B., Gupta, P., Bhatia, G., Maurya, R., Nath, C., & Palit, G. 2005. Adaptogenic and anti-amnesic properties of *Evolvulus alsinoides* in rodents. *Pharmacology, Biochemistry, and Behavior* 81: 424-432.

Slob, A. K., Koster, J., Radder, J. K., & van der Werff ten Bosch, J. J. 1990. Sexuality and psychophysiological functioning in women with diabetes mellitus. *Journal of Sex and Marital Therapy* 16: 59-69.

Small, D. M., Zatorre, R. J., Dagher, A., Evans, A. C., & Jones-Gotman, M. 2001. Changes in brain activity related to eating chocolate: from pleasure to aversion. *Brain* 124: 1720-1733.

Smith, D. E., Wasson, D. R., & Apter-Marsh, M. 1984. Cocaine- and alcohol-induced sexual dysfunction in patients with addictive disease. *Journal of Psychoactive Drugs* 16: 359-361.

Smith, E. R., Damassa, D. A., & Davidson, J. M. 1977. Plasma testosterone and sexual behavior following intracerebral implantation of testosterone propionate in the castrated male rat. *Hormones and Behavior* 8: 77-87.

Smith, P. E., & Engle, E. T., 1927. Experimental evidence regarding the role of the anterior pituitary in the development and regulation of the genital system. *American Journal of Anatomy* 40: 159-217.

Soulairac, A., & Soulairac, M. L. 1957. Action de l'amphetamine, de noradrenaline et de l'atropine sur le comportement sexual du rat male. *Journal of Physiology, Paris* 49: 381-385.

Sovner, R. 1983. Anorgasmia associated with imipramine but not desipramine: case report. *Journal of Clinical Psychiatry* 44: 345-346.

Spector, M. P., & Carey, M. P. 1990. Incidence and prevalence of sexual dysfunctions: a critical review. *Archives of Sexual Behavior* 19: 389-409.

Spinella, M. 2001. *The Psychopharmacology of Herbal Medicines*. Cambridge, MA: MIT Press.

Stahl, S. M. 1999. Conventional neuroleptic drugs for schizophrenia and novel antipsychotic agents. In *Essential Psychopharmacology*. Cambridge: Cambridge University Press.
スティーヴン・M・ストール『精神薬理学エセンシャルズ――神経科学的基礎と応用』仙波純一訳、メディカル・サイエンス・インターナショナル、1999年。

Starkman, M. N., & Schteingart, D. E., 1981. Neuropsychiatric manifestations of patients with Cushing's syndrome: relationship to cortisol and adrenocorticotropic hormone levels. *Archives of Internal Medicine* 141: 215-219.

Steers, W. D. 2000. Neural pathways and central sites involved in penile erection: neuroanatomy and clinical implications. *Neuroscience and Biobehavioral Reviews* 24: 507-516.

Steidle, C., Schwartz, S., Jocoby, K., Sebree, T., Smith, T., & Bachand, R., 2003. AA2500 testosterone gel normalizes androgen levels in aging males with improvements in body composition and sexual function. *Journal of Clinical Endocrinology and Metabolism* 88: 2673-2681.

Stein, E. A., Pankiewicz, J., Harsch, H. H., Cho, J. K., Fuller, S. A., Hoffmann, R. G., Hawkins, M., Rao, S. M., Bandettini, P. A., & Bloom, A. 1998. Nicotine-induced limbic cortical activation in the human brain: a functional MRI study. *American Journal of Psychiatry* 155: 1009-1015.

Steinach, E. 1940. *Sex and Life*. New York: Viking.

Steinach, E., & Peczenik, O. 1936. Diagnostischer Test fur hormone-bedingre Storungen der mannlichen sexualfunktion und seineklinische Anwendung. *Wiener Klinische Wochenschrift* 49: 388.

Steinman, J. L., Komisaruk, B. R., Yaksh T. L., & Tyce, G. M. 1983. Spinal cord monoamines modulate the antinociceptive effects of vaginal stimulation in rats. *Pain* 16: 155-166.

Stenager, E., Stenager, E. N., Jensen, K., & Boldsen, J. 1990. Multiple schlerosis: sexual dysfunctions. *Journal of Sex Education and Therapy* 16: 262-269.

of Andrology 41: 71-78.

Shafik, A. 2000. Mechanism of ejection during ejaculation: identification of a urethrocavernosus reflex. *Archives of Andrology* 44: 77-83.

Shen, W. W. 1997. The metabolism of psychoactive drugs: a review of enzymatic, biotransformation and inhibition. *Biological Psychiatry* 41: 814-826.

Shen, W. W., & Sata, L. S. 1990. Inhibited female orgasm resulting from psychotropic drugs: a five year updated clinical review. *Journal of Reproductive Medicine* 35: 11-14.

Shen, W. W., Urosevich, A., & Clayton, D. W. 1999. Sildenafil in the treatment of female sexual dysfunction induced by selective serotonin reuptake inhibitors. *Journal of Reproductive Medicine* 44: 535-542.

Sherwin, B. B. 1988. A comparative analysis of the role of androgen in human male and female sexual behavior: behavioral specificity, critical thresholds, and sensitivity. *Psychobiology* 16:416-425.

Sherwin, B. B. 1993. Sexuality and the menopause. In *The Modern Management of the Menopause*, ed. G. Berg & M. Hammer. New York: Parthenon.

Sherwin, B. B., & Gelfand, M. M. 1987. The role of androgen in the maintenance of sexual functioning in oophorectomized women. *Psychosomatic Medicine* 49: 397-409.

Sherwin, B. B., Gelfand, M. M. & Brender, W. 1985. Androgen enhances sexual motivation in females: a prospective cross-over study of sex steroid administration in the surgical menopause. *Psychosomatic Medicine* 47: 339-351.

Shifren, J. L., Braunstein, G. D., Simon, J. A., Casson, P. R., Buster, J. E., Redmond, G. P., Burki, R. E., Ginsburg, E. S., Rosen, R. C., Leiblum, S. R., Caramelli, K. E., & Mazer, N. A. 2000. Transdermal testosterone treatment in women with impaired sexual function after oophorectomy. *New England Journal of Medicine* 343: 682-688.

Simmons, D. A., & Yahr, P. 2002. Projections of the posterodorsal preoptic nucleus and the lateral part of the posterodorsal medial amygdala in male gerbils, with emphasis on cells activated with ejaculation. *Journal of Comparative Neurology* 444: 75-94.

Simpson, J. A., & Weiner, E. S. C., eds. 2002a. Orgasm. *Oxford English Dictionary*. Oxford: Clarendon Press.

Simpson, J. A., & Weiner, E. S. C., eds. 2002b. Paraphilia. *Oxford English Dictionary*. Oxford: Clarendon Press.

Singer, I. 1973. *The Goals of Sexuality*. New York: Schocken.

Singer, J., & Singer, I. 1972. Types of female orgasm. *Journal of Sex Research* 8: 255-267.

Singh, D., Meyer, W., Zambarano R. J., & Hurlbert, D. F. 1998. Frequency and timing of coital orgasm in women desirous of becoming pregnant. *Archives of Sexual Behavior* 27: 15-29.

Sipski, M. L. 2001. Sexual response in women with spinal cord injury: neurologic pathways and recommendations for the use of electrical stimulation. *Journal of Spinal Cord Medicine* 24: 155-158.

Sipski, M. L., & Alexander, C. J. 1995. Spinal cord injury and female sexuality. *Annual Review of Sex Research* 6: 224-244.

Sipski, M., Alexander, C., & Rosen, R. 1995. Orgasm in women with spinal cord injuries: a laboratory-based assessment. *Archives of Physical Medicine and Rehabilitation* 76: 1097-1102.

Sipski, M. L., Alexander, C. J., & Rosen, R. 2001. Sexual arousal and orgasm in women: effects of spinal cord injury. *Annals of Neurology* 49: 35-44.

Sipski, M. L., Komisaruk, B., Whipple, B., & Alexander, C. J. 1993. Physiologic responses associated with orgasm in the spinal cord injured female. *Archives of Physical Medicine and Rehabilitation* 74:

rics and Gynecology 180: 319-324.

Sayle, A. E., Savitz, D. A., Thorp, J. M., Jr., Hertz-Picciotto, I., & Wilcox, A. J. 2001. Sexual activity during late pregnancy and risk of preterm delivery. *Obstetrics and Gynecology* 97: 283-289.

Schally, A. V. 1978. Aspects of hypothalamic regulation of the pituitary gland. *Science* 202: 390-402.

Schiavi, R. C., Schreiner-Engel, P., Mandeli, J., Schanzer, H., & Cohen, E. 1990. Healthy aging and male sexual function. *American Journal of Psychiatry* 147: 776-771.

Schiavi, R. C., Stimmel, B. B., Mandeli, J., & Rayfield, E. J. 1993. Diabetes mellitus and male sexual function. *Diabetologia* 36: 665-675.

Schiavi, R. C., & White, D. 1976. Androgen and male sexual function: a review of human studies. *Journal of Sex and Marital Therapy* 2: 214-228.

Schindler, A. E. 1975. Steroid metabolism of fetal tissues. II: Conversion of androstenedione to estrone. *American Journal of Obstetrics and Gynecology* 123: 265-268.

Schover, L. R., Thomas, A. J., Lakin M. M., Montague, D. K., & Fischer, J. 1988. Orgasm phase dysfunction in multiple sclerosis. *Journal of Sex Research* 25: 548-554.

Schreiner, L., & Kling, A. 1953. Behavioral changes following rhinencephalic injury in cat. *Journal of Neurophysiology* 16: 643-659.

Schreiner-Engel, P. 1980. Female sexual arousability: its relation to gonadal hormones and the menstrual cycle. Ph.D. diss., New York University.

Schreiner-Engel, P. 1983. Diabetes mellitus and female sexuality. *Sexuality and Disability* 6: 83-92.

Schreiner-Engel, P., Schiavi, R. C., Smith, H., & White, D. 1981. Sexual arousability and the menstrual cycle. *Psychosomatic Medicine* 43: 199-214.

Schreiner-Engel, P., Schiavi, R. C., White, D., & Ghizzani, A. 1989. Low sexual desire in women: the role of reproductive hormones. *Hormones and Behavior* 23: 221-234.

Schultz, W. 2000. Multiple reward signals in the brain. *Nature Reviews: Neuroscience* 1: 199-207.

Schwartz, M. B., Bauman, J. E., & Masters, W. H. 1982. Hyperprolactinemia and sexual disorders in men. *Biological Psychiatry* 17: 861-876.

Schwartz, R. H., Milteer, R., & Le Beau, M. A. 2000. Drug-facilitated sexual assault ("date rape"). *Southern Medical Journal* 93: 558-561.

Scura, K. W., & Whipple, B. 1995. HIV infection and AIDS in the elderly. In *Gerontological Nursing*, ed. M. Stanley & P. G. Beare. Philadelphia: F. A. Davis.

Seecof, R., & Tennant, F. S., Jr. 1986. Subjective perceptions to the intravenous "rush" of heroin and cocaine in opiate addicts. *American Journal of Drug and Alcohol Abuse* 12: 79-87.

Segraves, R. T. 1992. Overview of sexual dysfunction complicating the treatment of depression. *Journal of Clinical Psychiatry* 53 (suppl. 10B): 4-10.

Segraves, R. T. 1993. Treatment-emergent sexual dysfunction in affective disorder: a review and management strategies. *Journal of Clinical Psychiatry Monograph* 11: 57-60.

Segraves, R. T. 1995. Yohimbine may alleviate sexual dysfunction. *Psychopharmacology Update* 6: 4.

Segraves, R. T., Clayton, A., Croft, H., Wolf, A., & Warnock, J. 2004. Bupropion sustained release for the treatment of hypoactive sexual desire disorder in premenopausal women. *Journal of Clinical Psychopharmacology* 24: 339-342.

Semans, J. 1956. Premature ejaculation: new approach. *Southern Medical Journal* 49: 353-358.

Sem-Jacobsen, C. W. 1968. *Depth-Electrographic Stimulation of the Human Brain and Behavior*. Springfield, IL: Charles C Thomas.

Shafik A. 1998. The mechanism of ejaculation: the glans-vasal and urethromuscular reflexes. *Archives*

Reiman, E. M., Lane, R. D., Ahern, G. L., Schwartz, G. E., Davidson, R. J., Friston, K. J., Yun, L. S., & Chen, K. 1997. Neuroanatomical correlates of externally and internally generated human emotion. *American Journal of Psychiatry* 154: 918-925.

Reynolds, R. D. 1997. Sertraline induced anorgasmia treated with intermittent refazodone (letter). *Journal of Clinical Psychiatry* 58: 89.

Riley, A. J. 1999. Life-long absence of sexual drive in a woman associated with 5α-dyhydrotestosterone deficiency. *Journal of Sex and Marital Therapy* 25: 73-78.

Robbins, M. B., & Jensen, G. 1978. Multiple orgasms in males. *Journal of Sex Research* 14: 21-26.

Robinson, P. 1976. *The Modernization of Sex*. London: Paul Elek.

Rodgers, J. E. 2001. *Sex: A Natural History*. New York: Henry Holt.

Rodriguez-Sierra, J. F., Crowley, W. R., & Komisaruk, B. R. 1975. Vaginal stimulation induces sexual receptivity to males, and prolonged lordosis responsiveness in rats. *Journal of Comparative and Physiological Psychology* 89: 79-85.

Rosen, R. C. 2000. Prevalence and risk factors of sexual dysfunction in men and women. *Current Psychiatry Reports* 2: 189-195.

Rosen, R. C. 2002. Assessment of female sexual dysfunction: review of validated methods. *Fertility and Sterility* 77: S89-S93.

Rosen, R., Lane, R., & Menza, V. 1999. Effects of SSRIs on sexual function: a critical review. *Clinical Psychopharmacology* 19: 67-86.

Rosenblatt, J., & Aronson, L. R. 1958. The decline of sexual behavior in male cats after castration with special reference to the role of prior sexual experience. *Behaviour* 12: 285-338.

Roussis, N. P., Waltrous, L., Kerr, A., Robertazzi R., & Cabbad, M. F. 2004. Sexual response in the patient after hysterectomy: total abdominal versus supracervical versus vaginal procedure. *American Journal of Obstetrics and Gynecology* 190: 1427-1428.

Rowe, D. W., & Erskine, M. S. 1993. C-fos proto-oncogene activity induced by mating in the preoptic area, hypothalamus and amygdala in the female rat: role of afferent input via the pelvic nerve. *Brain Research* 621: 25-34.

Rowland, D. L., Kallan, K. H., & Slob, A. K. 1997. Yonimbine, erectile capacity, and sexual response in men. *Archives of Sexual Behavior* 26: 49-62.

Rowland, D. L., & Tai, W. 2003. A review of plant-derived and herbal approaches to the treatment of sexual dysfunction. *Journal of Sex and Marital Therapy* 29: 185-205.

Safi, A. M., & Stein, R. A. 2001. Cardiovascular risks of sexual activity. *Current Psychiatry Reports* 3: 209-214.

Sakakibara, R., Shinotoh, H., Uchiyama, T., Sakuma, M., Kashiwado, M., Yoshiyama, M., & Hattori, T. 2001. Questionnaire-based assessment of pelvic orgasm dysfunction in Parkinson's disease. *Autonomic Neuroscience: Basic and Clinical* 17: 76-85.

Salmon, V. J., & Geist, S. H. 1943. The effect of androgens upon libido in women. *Journal of Clinical Endocrinology* 3: 235-238.

Sansone, G., & Komisaruk, B. R. 2001. Evidence that oxytocin is an endogenous stimulator of autonomic sympathetic preganglionics: the pupillary dilatation response to vaginocervical stimulation in the rat. *Brain Research* 898: 265-271.

Sapolsky, R. M. 1985. Stress induced suppression of testicular function in the wild baboon: role of glucocorticoids. *Endocrinology* 116: 2273-2278.

Sarrel, P. M. 1999. Psychosexual effects of menopause: role of androgens. *American Journal of Obstet-*

genitalia of the female rat. *Brain Research* 408: 199-204.

Petridou, E., Giokas, G., Kuper, H., Mucci, L. A., & Trichopoulos, D. 2000. Endocrine correlates of male breast cancer risk: a case-control study in Athens, Greece. *British Journal of Cancer* 83: 1234-1237.

Pfaus, J. G., Damsma, G., Wenkstern, D., & Fibiger, H. C. 1995. Sexual activity increases dopamine transmission in the nucleus accumbens and striatum of female rats. *Brain Research* 693: 21-30.

Pfaus, J. G., & Gorzalka, B. B. 1987. Opioids and sexual behavior. *Neuroscience and Biobehavioral Reviews* 11: 1-34.

Pfaus, J. G., & Heeb, M. M. 1997. Implications of immediate-early gene induction in the brain following sexual stimulation of female and male rodents. *Brain Research Bulletin* 44: 397-407.

Philipp, M., Kohnen, R., & Benkert, O. 1993. A comparison study of moclobemide and doxepin in major depression with special reference to effects on sexual dysfunction. *International Clinical Psychopharmacology* 7: 149-153.

Phillips, A. G., Pfaus, J. G., & Blaha, C. D. 1991. Dopamine and motivated behavior: insights provided by in vivo analysis. In *Mesocorticolimbic Dopamine System: From Motivation to Action*, ed. P. Willner & J. Scheel-Kruger. London: Wiley.

Phillips, N. A. 2000. Female sexual dysfunction: evaluation and treatment. *American Family Physician* 62: 127-136, 141-142.

Phoenix, C. H. 1973. The role of testosterone in the sexual behavior of laboratory male rhesus. In *Symposium of the IVth International Congress of Primatology*, vol. 2, ed. C. H. Phoenix. Basel: Karger.

Phoenix, C. H. 1974. Effects of dihydrotestosterone on sexual behavior of castrated male rhesus monkeys. *Physiology and Behavior* 12: 1045-1055.

Pilowsky, L. S., Mulligan, R. S., Acton, P. D., Ell, P. J., Casta, D. C., & Kerwin, R. W. 1997. Limbic selectivity of clozapine. *Lancet* 350: 490-491.

Plaut, S. M., Graziottin, A., & Heaton, J. P. W. 2004. *Fast Facts – Sexual Dysfunction*. Oxford: Health Press.

Pleim, E. T., Matochik, J. A., Barheld, R. J., & Auerbach, S. B. 1990. Correlation of dopamine release in the nucleus accumbens with masculine sexual behavior in rats. *Brain Research* 524: 160-163.

Ploner, M., Gross, J., Timmermann, L., & Schnitzler, A. 2002. Cortical representation of first and second pain sensation in humans. *Proceedings of the National Academy of Sciences USA* 99: 12444-12448.

Poline, J. B., Holmes, A., Worsley, L., & Friston, K. J. 1997. Making statistical inferences. In *Human Brain Function*, ed. R. S. J. Frackowiak, K. J. Friston, C. D. Frith, R. J. Dolan & J. C. Mazziotta. New York: Academic Press.

Preskorn, S. H. 1995. Comparison of the tolerability of bupropion, fluoxetine, imipramine, nefazodone, paroxetine, sertraline and venlafaxine. *Journal of Clinical Psychiatry* 50 (suppl. 6): 12-21.

Ramachandran, V. S., & Blakeslee, S. 1999. *Phantoms in the Brain: Human Nature and the Architecture of the Mind*. London: Fourth Estate.
V・S・ラマチャンドラン／サンドラ・ブレイクスリー『脳のなかの幽霊』山下篤子訳、角川書店、1999 年。

Randich, A., & Gebhart, G. F. 1992. Vagal afferent modulation of nociception. *Brain Research* 17: 77-99.

Reading, P. J., & Will, R. G. 1997. Unwelcome orgasms. *Lancet* 350: 1746.

Redoute, J., Stoleru, S., Gregoire, M.-C., Costes, N., Cinotti, L., Lavenne, F., Le Bars, D., Forest, M. G., & Pujol, J.-F. 2000. Brain processing of visual sexual stimuli in human males. *Human Brain Mapping* 11: 162-177.

Nieschlag, E. 1979. The endocrine function of the human testis in regard to sexuality. In *Sex, Hormone and Behaviour*, Ciba Foundation Symposia, vol. 62. Amsterdam: Excerpta Medica.

Noble, J. 1996. *Textbook of Primary Care Medicine*. St. Louis, Mo: Mobsy.

Norden, M. J. 1994. Buspirone treatment of sexual dysfunction associated with selective serotonin re-uptake inhibitors. *Depression* 2: 109-112.

O'Connor, D. B., Archer, J., & Woo, F. C. 2004. Effects of testosterone on mood, aggression, and sexual behavior in young men: a double-blind, placebo-controlled, cross-over study. *Journal of Clinical Endocrinology and Metabolism* 89: 2837-2845.

Odent, M. 1999. *The Scientification of Love*. London: Free Association Books.

Ogawa, S., Lee T. M., Kay, A. R., & Tank, D. W. 1990. Brain magnetic resonance imaging with contrast dependent on blood oxygenation. *Proceedings of the National Academy of Sciences USA* 87: 9868-9872.

Ortega-Villalobos, M., Garcia-Bazan, M., Solano-Flores, L. P., Ninomiya-Alarcon, J. G., Guevara-Guzman, R., & Wayner, M. J. 1990. Vagus nerve afferent and efferent innervation of the rat uterus: an electro-physiological and HRP study. *Brain Research Bulletin* 25: 365-371.

Ottesen, B., Pedersen, B., Nielsen, J., Dalgaard, D., Wagner, G., & Fahrenkrug, J. 1987. Vasoactive intestinal polypeptide (VIP) provokes vaginal lubrication in normal women. *Peptides* 8: 797-800.

Paget, L. 2001. *The Big O*. New York: Broadway Books.

Papez, J. W. 1937. A proposed mechanism of emotion. *Archives of Neurology and Psychiatry* 38: 725-743.

Park, K., Kang, H. K., Seo, J. J., Kim H. J., Ryu, S. B., & Jeong, G. W. 2001. Blood-oxygenation-level-dependent functional magnetic resonance imaging for evaluating cerebral regions of female sexual arousal response. *Urology* 57: 1189-1194.

Penfield, W. 1958. Functional localization in temporal and deep Sylvian areas. *Research Publications – Association for Research in Nervous and Mental Disease* 36: 210-226.

Penfield, W. & Faulk, M. E., Jr. 1955. The insula: further observations on its function. *Brain* 78: 445-470.

Penfield, W., & Rasmussen, T. 1950. *The Cerebral Cortex of Man*. New York: Macmillan.
ワイルダー・ペンフィールド／セオドア・ラスミュッセン『脳の機能と行動』岩本隆茂ほか訳、福村出版、1986 年。

Perelman, M. 2001. Sildenafil, sex therapy, and retarded ejaculation. *Journal of Sex Education and Therapy* 26: 13-21.

Perot, P., & Penfield, W. 1960. Hallucinations of past experience and experiential responses to stimulation of temporal cortex. *Transactions of the American Neurological Association* 85: 80-84.

Perry, J. D., & Whipple, B. 1981. Pelvic muscle strength of female ejaculators: evidence in support of a new theory of orgasm. *Journal of Sex Research* 17: 22-39.

Perry, J. D., & Whipple, B. 1982. Multiple components of the female orgasm. In *Circumvaginal Musculature and Sexual Function*, ed. B. Graber. New York: S. Karger.

Persky, H., Charney, N., Lief, H. I., O'Brien, C. P., Miller, W. R., & Strauss, D. 1978. The relationship of plasma estradiol level to sexual behavior in young women. *Psychosomatic Medicine* 40: 523-535.

Persky, H., Lief, H. I., Strauss, D. Miller, W. R., & O'Brien, C. P. 1978. Plasma testosterone level and sexual behavior of couples. *Archives of Sexual Behavior* 7: 157-173.

Persky, H., O'Brien, C. P., & Kahn, M. A. 1976. Reproductive hormone levels, sexual activity and moods during the menstrual cycle. *Psychosomatic Medicine*. 38: 62-63.

Peters, L. C., Kristal, M. B., & Komisaruk, B. R. 1987. Sensory innervation of the eternal and internal

cin-facilitated sexual receptivity in rats. *Physiology and Behavior* 56: 1057-1060.

Morales, A., Condra, M., Owen, J., Surridge, D., Fenemore, J., & Harris, C. 1987. Is yohimbine effective in the treatment of organic impotence? Results of a controlled trial. *Journal of Urology* 137: 1168-1172.

Moralí, G., Larsson, K., & Beyer, C. 1977. Inhibition of testosterone induced sexual behavior in the castrated male rat by aromatase blockers. *Hormones and Behavior* 9: 203-213.

Mos, J., Mollet, I., Tolboom, J. T. B. M., Waldinger, M. D., & Olivier, B. 1999. A comparison of the effects of different serotonin reuptake blockers on sexual behavior of the male rat. *European Neuropsychopharmacology* 9: 123-135.

Mould, D. E. 1980. Neuromuscular aspects of women's orgasms. *Journal of Sex Research* 16: 193-201.

Mulhall, J. P., & Goldstein, I. 1996. Epidemiology of erectile dysfunction. In *Diagnosis and Management of Male Sexual Dysfunction*, ed. J. J. Mulcahy. New York: Igaku-Shoin.

Muller, W. E., Singer, A., Wonnemann, M., Hafner, U., Rolli, M., & Schafer, C. 1998. Hyperforin represents the neurotransmitter reuptake inhibiting constituent of hypericum extract. *Pharmacopsychiatry* 31 (suppl. 1): 81-85.

Murphy, M. R., Checkley, S. A., Seckl, J. R., & Lightman, S. L. 1990. Naloxone inhibits oxytocin release at orgasm in man. *Journal of Clinical Endocrinology and Metabolism* 71: 1056-1058.

Murrell, T. G. 1995. The potential for oxytocin (OT) to prevent breast cancer: a hypothesis. *Breast Cancer Research and Treatment* 35: 225-229.

Nadler, R. D. 1975. Sexual cyclicity in captive lowland gorillas. *Science* 189: 813-814.

Naftolin, F., Ryan, K. J., Davies, L. J., Reddy, V. V., Flores, F., Petro, L., Kuhn, M., White, R. J., Takaoka, Y., & Wolin, L. 1975. The transformation of estrogens by central neuroendocrine tissues. *Recent Progress in Hormone Research* 31: 295-319.

Nagle, C. A., & Denari, J. H. 1983. The cebus monkey (Cebus apella). In *New World Primates*, ed. J. P. Hearn. Lancaster, UK: MTP Press.

Nathorst-Boos, J., von Schoultz, B., & Carlstrom, K. 1993. Effective ovarian removal and estrogen replacement therapy: effects on sexual life, psychological well being, and androgen status. *Journal of Psychosomatic Obstetrics and Gynaecology* 14: 283-293.

Nauta, W. J. H. 1972. Neural associations of the frontal cortex. *Acta Neurobiologiae Experimentalis* 32: 125-140.

Nauta, W. J. H., & Feirtag, M. 1986. *Fundamental Neuroanatomy*. New York: W. H. Freeman.
Walle J. H. Nauta, Michael Feirtag『ナウタ神経解剖——神経科学入門』川村祥介・伊藤博信監訳、広川書店、1992 年。

Ness, T. J., Randich, A., Fillingim, R., Faught, R. E., & Backensto, E. M. 2001. Left vagus nerve stimulation suppresses experimentally induced pain. *Neurology* 56: 985-986.

Nestler, J. E., & Duman, R. S. 1998. G proteins. In *Basic Neurochemistry*, ed. G. J. Siegel, B. W. Agranoff, R. Wayne Albers, S. K. Fisher, & M. D. Anduhler. Baltimore: Lippincott Williams and Wilkins.

Netter, F. H. 1986. *The Ciba Collection of Medical Illustrations. Nervous System. Part 1: Anatomy and Physiology*. Summit, NJ: Ciba Pharmaceutical.

Neubig, R. R., & Thomsen, W. J. 1989. How does a key fit a flexible lock? Structure and dynamics in receptor function. *Bioessays* 11: 136-141.

Newton, N. 1955. *Maternal Emotions: A Study of Women's Feelings toward Menstruation, Pregnancy, Childbirth, Breast Feeding, Infant Care and Other Aspects of Their Femininity*. New York: Paul B. Hoeber.

Mendelson, C. R. 1996. Mechanisms of hormone action. In *Textbook of Endocrine Physiology*, ed. J. E. Griffin & S. R. Ojeda. Oxford: Oxford University Press.

Messe, M. R., & Geer, J. H. 1985. Voluntary vaginal musculature contractions as an enhancer of sexual arousal. *Archives of Sexual Behavior* 14: 13-28.

Meston, C. M., & Frohlich, P. F. 2000. The neurobiology of sexual function. *Archives of General Psychiatry* 57: 1012-1030.

Meston, C. M.,& Heiman J. R. 2002. Acute dehydroepiandrosterone effects on sexual arousal in premenopausal women. *Journal of Sex and Marital Therapy* 28: 53-60.

Meston, C. M., Hull , E., Levin, R. J., & Sipski, M. 2004. Disorders of orgasm in women. *Journal of Sexual Medicine* 1: 66-68.

Meston, C. M., Levin, R., Sipski, M. L., Hull, E. M., & Heiman, J. R. 2004. Women's orgasm. *Annual Review of Sex Research* 25: 173-257.

Meuwissen, I., & Over, R. 1992. Sexual arousal across phases of the human menstrual cycle. *Archives of Sexual Behavior* 21: 101-119.

Michael, R. P., & Welegalla, J. 1968. Ovarian hormones and the sexual behavior of the female rhesus monkey (Macaca mulatta) under laboratory conditions. *Journal of Endocrinology* 41: 407-420.

Michael, R. P., & Wilson, M. 1973. Effects of castration and hormone replacement in fully adult male rhesus monkeys (Macaca mulatta). *Endocrinology* 95: 150-159.

Michael, R. P., Zumpe, D., & Bonsall, R. W. 1986. Comparison of the effects of testosterone and dihydrotestosterone on the behavior of male cynomolgus monkeys (Macaca fascicularis). *Physiology and Behavior* 36: 349-355.

Miller, B. L., Cummings, J. L., McIntyre, H., Ebers, G., & Grode, M. 1986. Hypersexuality or altered sexual preference following brain injury. *Journal of Neurology, Neurosurgery, and Psychiatry* 49: 867-873.

Miller, N. E. 1938. Old minds rejuvenated by sex hormones. *Science News Letter* 24:201.

Miller, N. S., & Gold, M. S. 1988. The human sexual response and alcohol and drugs. *Journal of Substance Abuse Treatment* 5: 171-177.

Minderhoud, J. M., Leemhuis, J. G., Kremer, J., Laban, E., & Smits, P. M. L. 1984. Sexual disurbances arising from multiple sclerosis. *Acta Neurologica Scandinavica* 70: 299-306.

Mirin, S. M., Meyer, R. F., Mendelson, J. H., & Ellingboe, J. 1980. Opiate use and sexual function. *American Journal of Psychiatry* 137: 909-915.

Mitchell, J. E., & Popkin, M. K. 1983. The pathophysiology of sexual dysfunction associated with antipsychotic drug therapy in males: a review. *Archives of Sexual Behavior* 12: 173-183.

Money, J. 1960. Phantom orgasm in the dreams of paraplegic men and women. *Archives of General Psychiatry* 3: 373-382.

Money, J. 1970. Use of androgen depleting hormone in the treatment of male sex offenders. *Journal of Sex Research* 6: 165-172.

Money, J., Wainwright, G., & Hingburger, D. 1991. *The Breathless Orgasm: A Lovemap Biography of Asphyxiophilia*. New York: Prometheus Books.

Monnier, M. 1968. *Functions of the Nervous System*. New York: Elsevier.

Montejo, A. L., Llorca, G., Izquierdo, J. A., & Rico-Villademoros F. 2001. Incidence of sexual dysfunction associated with antidepressant agents: a prospective multicenter study of 1022 outpatients. *Journal of Clinical Psychiatry* 62 (suppl. 3): 10-21.

Moody, K. M., Steinman, J. L., Komisaruk, B. R., & Adler, N. T. 1994. Pelvic neurectomy blocks oxyto-

stream/2433/118317/1/30_1697.pdf.

Maurice, W. L. 1999. *Sexual Medicine in Primary Care*. St. Louis, MO: Mosby.

Mazer, N. A. 2000. Transdermal testosterone treatment in women with impaired sexual function after oöphorectomy. *New England Journal of Medicine* 343: 682-688.

McCabe, M. P. 2002. Relationship functioning and sexuality among people with multiple sclerosis. *Journal of Sex Research* 39: 302-309.

McCann, S. M., & Ojeda, S. R. 1996. The anterior pituitary and hypothalamus. In *Textbook of Endocrine Physiology*, ed. J. E. Griffin & S. R. Ojeda. Oxford: Oxford University Press.

McCoy, N., & Davidson, J. M. 1985. A longitudinal study of the effects of menopause on sexuality. *Maturitas* 7: 203-210.

McDonald, P. C. 1971. Dynamics of androgen and estrogen secretion. In *Control of Gonadal Steroid Secretion*, ed. D. T. Baird & J. A. Strong. Edinburgh: Edinburgh University Press.

McKenna, K. E. 2005. The central control and pharmacological modulation of sexual function. In *Biological Substrates of Human Sexuality*, ed. J. S. Hyde. Washington, DC: American Psychological Association.

McKenzie, K. G., & Proctor, L. D. 1946. Bilateral frontal lobe leucotomy in the treatment of mental disease. *Canadian Medical Association Journal* 55: 433-439.

McMahon, C. G. 1998. Treatment of premature ejaculation with sertraline hydrochloride: single blind placebo controlled cross over study. *Journal of Urology* 159: 1935-1938.

McMahon, C. G., Abdo, C., Incrocci, L., Perelman, M., Rowland, D., Waldinger, M., & Zhong, C. X. 2004. Disorders of orgasm and ejaculation in men. *Journal of Sexual Medicine* 1: 58-65.

McMahon, C. G., & Touma, K. 1999a. Treatment of premature ejaculation with paroxetine hydrochloride. *International Journal of Impotence Research* 11: 241-245.

McMahon, C. G., & Touma, K. 1999b. Treatment of premature ejaculation with paroxetine hydrochloride as needed: 2 single blind placebo controlled cross over studies. *Journal of Urology* 161: 1826-1830.

McPherson, K., Herbert, A., Judge, A., Clarke, A., Bridgman, S., Maresh, M., & Overton, C. 2005. Psychosexual health 5 years after hysterectomy: population-based comparison with endometrial ablation for dysfunctional uterine bleeding. *Health Expectations* 8: 234-243.

Meaddough, E. L., Olive, D. L., Gallup, P., Perlin, M., & Kliman, H. J. 2002. Sexual activity, orgasm and tampon use are associated with a decreased risk for endometriosis. *Gynecologic and Obstetric Investigation* 53: 163-169.

Melis, M. R., & Argiolas, A. 1993. Nitric oxide synthase inhibitors prevent apomorphine and oxytocin-induced penile erection and yawning in male rats. *Brain Research Bulletin* 32: 71-74.

Melis, M. R., & Argiolas, A. 1995. Dopamine and sexual behavior. *Neuroscience and Biobehavioral Reviews* 19: 19-38.

Melis, M. R., Mauri, A., & Argiolas, A. 1994. Apomorphine and oxytocin induced penile erection and yawning in intact and castrated male rats: effect of sexual steroids. *Neuroendocrinology* 59: 349-354.

Melis, M. R., Succu S., Mascia, M. S., & Argiolas, A. 2005. PD-168077, a selective dopamine D4 receptor agonist, induces penile erection when injected into the paraventricular nucleus of male rats. *Neuroscience Letters* 379: 59-62.

Melkersson, K. 2005. Differences in prolactin elevation and related symptoms of atypical antipsychotics in schizophrenic patients. *Journal of Clinical Psychiatry* 66: 761-767.

Meloy, S. 2006. ABC News. http://abcnews.go.com/GMA/Living/story?id=235788&page=1.

Mah, K., & Binik, Y. M. 2001. The nature of human orgasm: a critical review of major trends. *Clinical Psychology Review* 21: 823-856.
Mah, K., & Binik, Y. M. 2005. Are orgasms in the mind or the body? Psychosocial versus physiological correlates of orgasmic pleasure and satisfaction. *Journal of Sex and Marital Therapy* 31: 187-200.
Maines, R. 1989. Socially camouflaged technologies: the case of the electromechanical vibrator. *Technology and Society Magazine, IEEE* 8: 3-11, 23.
Maixner, W., & Randich, A. 1984. Role of the right vagal nerve trunk in antinociception. *Brain Research* 298: 374-377.
Malatesta, V. J., Pollack, R. H., Crotty, T. D., & Peacock, L. J. 1982. Acute alcohol intoxication and female orgasmic response. *Journal of Sex Research* 18:1-17.
Malmnas, W. 1973. Monoaminergic influence on testosterone-activating copulatory behavior in the castrated male rats. *Acta Physiologica Scandinavica Supplementum* 395: 1-118.
Mantzaros, C., Georgiadis, E. J., & Trichopoulas D. 1995. Contribution of dihydrotestosterone to male sexual behavior. *BMJ (Clinical research ed.)* 310: 1289-1291.
Maravilla, K. R. 2006. Blood flow: magnetic resonance imaging and brain imaging for evaluating sexual arousal in women. In *Women's Sexual Function and Dysfunction: Study, Diagnosis, and Treatment*, ed. I. Goldstein, C. M.. Meston, S. R. Davis, & A. M. Traish. London: Taylor & Francis.
Maravilla, K. R., Cao, Y., Heiman, J. R., Yang, C., Garland, P. A., Peterson, B. T., & Carter, W. O. 2005. Noncontrast dynamic magnetic resonance imaging for quantitative assessment of female sexual arousal. *Journal of Urology* 173: 162-166.
Marberger, H. 1974. The mechanisms of ejaculation. In *Physiology and Genetics of Reproduction*, ed. E. M. Coutinho & F. Fuchs. New York: Plenum Press.
Margolis, J. 2004. *O: The Intimate History of the Orgasm*. New York: Grove Press.
ジョナサン・マーゴリス『みんな、気持ちよかった！――人類 10 万年のセックス史』奥原由希子訳、ヴィレッジブックス、2007 年。
Marks, L. S., Duda, C., Dorey, F. J., Macairan, M. L., & Santos, P. B. 1999. Treatment of erectile dysfunction with sildenafil. *Urology* 53: 19-24.
Marshall, J. F., Turner, B. H., & Teitelbaum, P. 1971. Sensory neglect produced by lateral hypothalamic damage. *Science* 174: 523-525.
Martinez-Gomez, M., Chirino R., Beyer, C., Komisaruk, B. R., & Pacheco, P. 1992. Visceral and postural reflexes evoked by genital stimulation in urethane-anesthetized female rats. *Brain Research* 575: 279-284.
Mas, M., González-Mora, J. L., Louilot, A., Solé, C., & Guadalupe, T. 1990. Increased dopamine release in the nucleus accumbens of copulating male rats as evidenced by in vivo voltammetry. *Neuroscience Letters* 110: 303-308.
Masters, W., & Johnson, V. 1966. *Human Sexual Response*. Boston: Little, Brown.
W・H・マスターズ／V・E・ジョンソン『人間の性反応――マスターズ報告 1』謝国権、ロバート・Y、竜岡訳、池田書店、1980 年。
Masters, W., & Johnson, V. 1970. *Human Sexual Inadequacy*. Boston: Little, Brown.
W・H・マスターズ／V・E・ジョンソン『人間の性不全――マスターズ報告 2』謝国権訳、池田書店、1980 年。
Matsuhashi, M., Maki, A., Takanami, M., Fujio, K., Miura, K., Nakayama, K., Shirai,, M., & Ando, K. 1984.「心因性インポテンス患者に対する Bromazepam の効果について」『泌尿器科紀要　第 30 巻第 11 号　』1697 ～ 1701 頁。http://repository.kulib.kyoto-u.ac.jp/dspace/bit-

Levy, A. 2002. Male sexual dysfunction and the primary care physician. Paper presented at New York University School of Medicine Conference. December 7.［男性の性機能不全および一次診療医について。このペーパーは、ニューヨーク大学医科大学での会議で 12 月 7 日に発表された］。

Lewis, R. W., Fugl-Meyer, K. S., Bosch, R., Fugl-Meyer, A. R., Laumann, E. O., Lizza, E., & Martin-Morales, A. 2004. Epidemiology/risk factors of sexual dysfunction. *Journal of Sexual Medicine* 1: 35-39.

Libet, B. 1999. Consciousness: neural basis of conscious experience. In *Encyclopedia of Neuroscience*, ed. G. Adelman & B. H. Smith. New York: Elsevier.

Lief, H. I. 1977. Inhibited sexual desire. *Medical Aspects of Human Sexuality* 7: 94-95.

Linde, K., Ramirez, G., Mulrow, C. D., Pauls, A., Weidenhammer, W., & Melchant, D. 1996. St. John's wort for depression an overview and meta-analysis of randomized clinical trials. *BMJ (Clinical research ed.)* 313: 253-258.

Lindvall, O., Bjorklund, A., & Skagerberg, G. 1984. Selective histochemical demonstration of dopamine terminal systems in rat and telencephalon: new evidence for dopaminergic innervation of hypothalamic neurosecretory nuclei. *Brain Research* 306: 19-30.

Lloyd, E. A. 2005. *The Case of the Female Orgasm: Bias in the Science of Evolution*. Cambridge, MA: Harvard University Press.

Loborit, H., & Huguenard, P. 1951. L'hibernation artificielle par moyen pharmacodynamiques et physiques. *Presse Médicale* 59: 1329.

Lofving, B. 1961. Cardiovascular adjustments induced from the rostral cingulate gyrus with special reference to sympatho-inhibitory mechanisms. *Acta Physiologica Scandinavica* 53 (suppl. 184): 1-82.

Longcope, C., Jaffee, W., & Griffing, G. 1981. Production rates of androgens and oestrogens in post-menopausal women. *Maturitas* 3: 215-223.

Lowenstein, L., Yarnitsky, D., Gruenwald, I., Deutsch, M., Sprecher, E., Gadalia, U., & Vardi, Y. 2005. Does hysterectomy affect genital sensation? *European Journal of Obstetrics, Gynecology, and Reproductive Biology* 119: 242-245.

Loy, J. 1971. Estrous behavior of free ranging rhesus monkeys (Macaca mulatta). *Primates* 12: 1-31.

Lue, T. F. 2000. Erectile dysfunction. *New England Journal of Medicine* 342: 1802-1813.

Lue, T. F. 2001. Neurogenic erectile dysfunction. *Clinical Autonomic Research* 11: 285-294.

Lue, T. F., Giuliano, F., Montorsi, F., Rosen, R., Andersson, K. E., Althof, S., Christ, G., Hatzichristou, D., Hirsch, M., Kimoto, Y., Lewis, R., McKenna, K., McMahon, C., Morales, A., Mucahy, J., Padma-Nathan, H., Pryor, J., Saenz de Tejada, I., Shabsigh, R., & Wagner, G. 2004. Summary of the recommendations on sexual dysfunction in men. *Journal of Sexual Medicine* 1: 6-23.

Lundberg, P. O. 1981. Sexual dysfunction in female patients with multiple sclerosis. *International Rehabilitation Medicine* 3: 32-34.

Lundberg, P. O. 2005. 個人的な会話から。8 月 24 日。

Maas, C. P., Weijengorg. P. T. M., & ter Kuile, M. M. 2003. The effect of hysterectomy on sexual functioning. *Annual Review of Sex Research* 14: 83-113.

Macfarlane, I., Bliss, M., Jackson, J. G. L., & Williams, G. 1997. The history of diabetes. In *Textbook of Diabetes*, ed. J. Pickup & G. Williams. Oxford: Blackwell Science.

MacLean, P. D. 1952. Some psychiatric implications of physiological studies on frontotemporal portion of limbic system (visceral brain). *Electroencephalography and Clinical Neurophysiology Supplement* 4: 407-418.

MacLean, P. D. 1955. The limbic system ("visceral brain") and emotional behavior. *American Medical Association Archives of Neurology and Psychiatry* 73: 130-134.

port through the female genital tract: evidence from vaginal sonography of uterine peristalsis and hysterosalpingoscintigraphy. *Human Reproduction* 11: 627-632.

Labbate, L. A., Croft, H. A., & Oleshansky, M. A. 2003. Antidepressant-related erectile dysfunction: management via avoidance, switching antidepressants, antidotes and adaptation. *Journal of Clinical Psychiatry* 64 (suppl. 10): 11-19.

Ladas, A. K., Whipple, B., & Perry, J. D. 1982. *The G Spot and Other Recent Discoveries about Human Sexuality*. New York: Holt, Rinehart and Winston.
A・ラダス／K・ウィップル／J・ペリー共著『Gスポット』大慈弥俊英訳、講談社、1983 年。

Ladas, A. K., Whipple, B., & Perry, J. D. 2005. *The G Spot and Other Recent Discoveries about Human Sexuality*. New York: Owl Books.

Landen, M., Eriksson, R., Agren, H., Fahlen, T. 1999. Effect of buspirone on sexual dysfunction in depressed patients treated with selective serotonin reuptake inhibitors. *Journal of Clinical Psychopharmacology* 19: 268-271.

Lane, R. M. 1997. A critical review of selective serotonin reuptake-inhibitor related sexual dysfunction: incidence, possible aetiology and implications for management. *Journal of Psychopharmacology (Oxford, England)* 11: 72-82.

Larsson, K., & Ahlenuis, S. 1999. Brain and sexual behavior. *Annals of the New York Academy of Sciences* 877: 292-308.

Larsson, K. Sodersten, P., & Beyer, C. 1973. Sexual behavior in male rats treated with estrogen in combination with dihydrotestosterone. *Hormones and Behavior* 4: 289-299.

Lauerma, H. 1995. A case of moclobemide induced hyperorgasmia. *International Clinical Psychopharmacology* 10: 123-124.

Laumann, E. O., Paik, A., & Rosen, R. C. 1999. Sexual dysfunction in the United States: prevalence and predictors. *JAMA: Journal of American Medical Association* 281: 537-544.

Laumann, E. O., Gagon, J. H., Michael, R. T., & Michael, S. 1994. *The Social Organization of Sexuality: Sexual Practices in the United States*. Chicago: University of Chicago Press.

Leiblum, S., Bachmann, G., Kammann, E., Calburn, D., & Schwartzman, L. 1983. Vaginal atrophy in the post-menopausal woman: the importance of sexual activity and hormones. *JAMA: Journal of American Medical Association* 249: 2195-2198.

Leitzmann, M. F., Platx, E. A., Stampfer, M. J., Willett, W. C., & Giovannucci, E. 2004. Ejaculation frequency and subsequent risk of prostate cancer. *JAMA: Journal of American Medical Association* 291: 1578-1586.

Le Vay, S. 1999. A difference in hypothalamic structure between heterosexual and homosexual men. *Science* 253: 1034-1037.

Le Vay, S. 1993. *The Sexual Brain*. Cambridge, MA: MIT Press.
サイモン・ルベイ『脳が決める男と女――性の起源とジェンダー・アイデンティティ』新井康允訳、文光堂、2000 年。

Levin, R. J. 1998. Sex and the human female reproductive tract – what really happens during and after coitus. *International Journal of Impotence Research* 10 (suppl. 1): S14-S21.

Levin, R. J. 2002. The physiology of sexual arousal in the human female: a recreational and procreational synthesis. *Archive of Sexual Behavior* 31: 405-411.

Levin, R. J. 2005. The mechanisms of human ejaculation – a critical analysis. *Sexual and Relationship Therapy* 20: 123-131.

Levine, S. B. 1998. *Sexuality in Mid-Life*. New York: Plenum Press.

Komisaruk, B. R., & Whipple, B. 1994. Complete spinal cord injury does not block perceptual responses to vaginal or cervical self-stimulation in women. *Society for Neuroscience Abstracts* 20: 961.

Komisaruk, B. R., & Whipple, B. 1995. The suppression of pain by genital stimulation in females. *Annual Review of Sex Research* 6: 151-186.

Komisaruk, B. R., & Whipple, B. 1998. Love as sensory stimulation: physiological effects of its deprivation and expression. *Psychoneuroendocrinology* 23: 927-944.

Komisaruk, B. R., & Whipple, B. 2000. How does vaginal stimulaton produce pleasure, pain and analgesia? In *Sex, Gender and Pain*, ed. R. B. Fillingim. Seattle: IASP Press.

Komisaruk, B. R., & Whipple, B. 2005. Brain activity imagining during sexual response in women with spinal cord injury. In *Biological Substrates of Human Sexuality*, ed. J. S. Hyde. Washington, DC: Amerian Psychological Association.

Komisaruk, B. R., & Whipple, B. 2005. Functional MRI of the brain during orgasm in women. *Annual Review of Sex Research* 16: 62-86.

Komisaruk, B. R., Whipple, B., Crawford A., Grimes, S., Kalnin, A, J., Mosier, K., Liu, W.-C., & Harkness, B. 2002. Brain activity (fMRI and PET) during orgasm in women, in response to vaginocervical self-stimulation. Program No. 841.17 Abstract Viewer/Itinerary Planner. Washington, DC: Society of Neuroscience. CD-ROM.

Komisaruk, B., Whipple, B., Crawford, A., Grimes, S., Liu, W.-C., Kalnin, A., & Mosier, K. 2004. Brain activation during vaginocervical self-stimulation and orgasm in women with complete spinal cord injury: fMRI evidence of mediation by the vagus nerves. *Brain Research* 1024: 77-88.

Komisaruk, B. R., Whipple, B., Gerdes, C., Harkness, B., & Keyes, J. W., Jr. 1997. Brainstem response to cervical self-stimulation: preliminary PET-scan analysis. *Society for Neuroscience Abstracts* 23: 1001.

Kothari, P. 1989. *Orgasm: New Dimensions*. Bombay: VRP Publishers.

Kothari, P., & Patel, R., eds. 1991. *The First International Conference on Orgasm, Proceedings*. Bombay: VRP Publishers.

Kotin, J., Wilbert, D. E., Verburg, D., & Soldinger, S. M. 1976. Thioridazine and sexual dysfunction. *American Journal of Psychiatry* 133: 82-85.

Kow, L., Pfaff, D. 1973-74. Effects of estrogen treatment on the size of receptive field and response threshold of pudendal nerve in the female rat. *Neuroendocrinology* 13: 299-313.

Kraemer, H. C., Becker, H. B., Brodie, H. K. H., Doering, C. H., Moas, R. H., & Hamburg, D. A. 1976. Orgasmic frequency and plasma testosterone levels in normal human males. *Archives of Sexual Behavior* 5: 125-132.

Krantz, K. E. 1958. Innervation of the human vulva and vagina: a microscopic study. *Obstetrics and Gynecology* 12: 382-396.

Krege, S., Bex, A., Lummen, G., & Rubben, H. 2001. Male-to-female trans-sexualism: a technique, results and long-term follow-up in 66 patients. *BJU International* 88: 396-402.

Krüger, T. H., Haake, P., Chereath, D., Knapp, W., Jaussen, O. E., Exton, M. S., Schedlowski, M., & Hartmann, U. 2003. Specificity of the neuroendocrine response to orgasm during sexual arousal in men. *Journal of Endocrinology* 177: 57-64.

Krüger, T. H. C., Haake, P., Hartmann, U., Schedlowski, M., & Exton, M. S. 2002. Orgasm-induced prolactin secretion: feedback control of sexual drive? *Neuroscience and Biobehavioral Reviews* 26: 31-44.

Krüger, T. H., Hartmann, U., & Schedlowski, M. 2005. Prolactinergic and dopaminergic mechanisms underlying sexual arousal and orgasm in humans. *World Journal of Urology* 23: 130-138.

Kunz, G., Beil, D., Deininger, H., Wildt, L., & Leyendecker, G. 1996. The dynamics of rapid sperm trans-

ality 10: 1-16.

Kinsey, A. C., Pomeroy, W. B., & Martin, C. E. 1948. *Sexual Behavior in the Human Male*. Philadelphia: W. B. Saunders.

アルフレッド・C・キンゼイほか『人間に於ける男性の性行為』永井潜・安藤画一訳、コスモポリタン社、1950 年。

Kinsey, A., Pomeroy, W., Martin, C., & Gebhard, P. 1953. *Sexual Behavior in the Human Female*. Philadelphia: W. B. Saunders.

アルフレッド・C・キンゼイほか『人間女性における性行動』朝山新一ほか訳、コスモポリタン社、1954 年。

Kirby, M., Jackson, G., Betteridge, J., & Friedli, K. 2001. Is erectile dysfunction a marker for cardiovascular disease? *International Journal of Clinical Practice* 55: 614-618.

Kirchner, A., Birklein, F., Stefan, H., Handwerker, H. 2001. Vagus nerve stimulation – a new option for the treatment of chronic pain syndromes? *Schmerz* 15: 272-277.

Knowlton, L. 2000. Sexuality and aging. *Psychiatric Times* 17 (1). www.psychiatrictimes.com/p000159.html.

Koeman, M., van Driel, M. F., Weijmar Schultz, W. C. M., & Mensink, H. J. A. 1996. Orgasm after radical prostatectomy. *British Journal of Urology* 77: 861-864.

Koller, W. C., Vetere-Overfield, B., Williamson, A., Busenbark, K., Nash, J., & Parrish, D. 1990. Sexual dysfunction in Parkinson's disease. *Clinical Neuropharmacology* 13: 461-463.

Kolodny, R. C. 1971. Sexual dysfunction in diabetic females. *Diabetes* 20: 557-559.

Komisaruk, B. R. 1971. Induction of lordosis in ovariectomized rats by stimulation of the vaginal cervix: hormonal and neural interrelationships. In *Steroid Hormones and Brain Function*, ed. C. H. Sawyer & R. A. Gorski. Berkeley: University of California Press.

Komisaruk, B. R., Adler, N. T., & Hutchison, J. 1972. Genital sensory field: enlargement by estrogen treatment in female rats. *Science* 178: 1295-1298.

Komisaruk, B. R., Bianca R., Sansone, G., Gomez, L. E., Cueva-Rolon, R., Beyer, C., & Whipple, B. 1996. Brain-mediated responses to vaginocervical stimulation in spinal cord-transected rats: role of the vagus nerves. *Brain Research* 708: 128-134.

Komisaruk, B. R., & Diakow, C. 1973. Lordosis reflex intensity in rats in relation to the estrous cycle, ovariectomy, estrogen administration, and mating behavior. *Endocrinology* 93: 32-41.

Komisaruk, B. R., Gerdes, C., & Whipple, B. 1997. "Complete" spinal cord injury does not block perceptual responses to genital self-stimulation in women. *Archives of Neurology* 54: 1513-1520.

Komisaruk, B. R., & Larsson, K. 1971. Suppression of a spinal and a cranial nerve reflex by vaginal or rectal probing in rats. *Brain Research* 35: 231-235.

Komisaruk, B. R., Mosier, K. M., Criminale, C., Liu, W.-C., Zaborszky, L., Whipple, B., & Kalnin, A. J. 2002a. Functional localization of brainstem and cervical spinal cord nuclei in humans with fMRI. *American Journal of Nueroradiology* 23: 609-617.

Komisaruk, B. R., & Sansone, G. 2003. Neural pathways mediating vaginal function: the vagus nerves and spinal cord oxytocin. *Scandinavian Journal of Psychology* 44: 241-250.

Komisaruk, B. R., & Whipple, B. 1984. Evidence that vaginal self-stimulation in women suppresses experimentally-induced finger pain. *Society for Neuroscience Abstracts* 10: 675.

Komisaruk, B. R., & Whipple, B. 1991. Physiological and perceptual correlates of orgasm produced by genital or non-genital stimulation. In *Proceedings of the First International Conference on Orgasm*, ed. P. Kothari & R. Patel, Bombay: VRP Publishers.

originates from the right hemisphere. *Neurology* 58: 302-304.

Jarolim, L. 2000. Surgical conversion of genitalia in transsexual patients. *BJU International* 85: 851-856.

Jensen, S. B. 1981. Diabetic sexual dysfunction: a comparative study of 160 insulin treated diabetic men and women in an age-matched control group. *Archives of Sexual Behavior* 10: 493-504.

Jentsch, J. D., & Roth, R. H. 2000. Effects of antipsychotic drugs on dopamine release and metabolism in the central nervous system. In *Neurotransmitter Receptors in Actions of Antipsychotics Medication*, vol. 3, ed. M. Lidow. Boca Raton, FL: CRC Press.

Johnson, S. D., Phelps, D. L., & Cottler, L. B. 2004. The association of sexual dysfunction and substance use among a community epidemiological sample. *Archives of Sexual Behavior* 33: 55-63.

Jones, A. K. P., Brown, W. D., Friston, K. J., Qi, L. Y., & Frackowiak, R. S. J. 1991. Cortical and subcortical localization of response to pain in man using positron emission tomography. *Proceedings of the Royal Society of London Series B* 244: 39-44.

Jones, K. P., Kingsberg, S., & Whipple, B. 2005. *ARHP Clinical Proceedings: Women's Sexual Health in Midlife and Beyond*. Washington, DC: Association of Reproductive Health Professionals.

Kall, K. L. 1992. Effects of amphetamine on sexual behavior of male i.v. users in Stockholm: a pilot study. *AIDS Education and Prevention* 4: 6-17.

Kaplan, H. S. 1974. *The New Sex Therapy*. New York: Quandrangle.
ヘレン・S・カプラン『ニュー・セックス・セラピー』野末源一訳、星和書店、1982 年。

Kaplan, H. S. 1979. *Disorders of Sexual Drive and Other New Concepts and Techniques in Sex Therapy*. Levittown, PA: Brunner/Mazel.

Kapur, S. 2004. How antipsychotics become anti "psychotic" from dopamine to salience to psychosis. *Trends in Pharmacological Sciences* 25: 402-406.

Kapur, S., & Mamo, D. 2003. Half a century of antipsychotics and still a central role for dopamine D2 receptors. *Progress in Neuropsychopharmacology and Biological Psychiatry* 27: 1081-1090.

Karama, S., Lecours, A. R., Leroux, J.-M., Bourgouin, P., Beaudoin, G., Joubert, S., & Beauregard, M. 2002. Areas of brain activation in males and females during viewing of erotic film excerpts. *Human Brain Mapping* 16: 1-13.

Kassirer, J. P. 2004. *On the Take: How Medicine's Complicity with Big Business Can Endanger Your Health*. New York: Oxford University Press.

Kayner, C. E., & Sager, J. A. 1983. Breast feeding and sexual response. *Journal of Family Practice* 17: 69-73.

Kenakin, T. P., Bond, R. A., & Bonner, T. I. 1992. Definition of pharmacological receptors. *Pharmacological Research* 44: 351-378.

Kendrick, K. M., & Dixson, A. F. 1983. The effect of the ovarian cycle on the sexual behavior of the common marmoset (Callithrif jacchus). *Physiology and Behavior* 30: 735-742.

Kettl, P., Zarefoss, S., Jacoby, K., Garman, C., Hulse, C., Rowley, F., Corey, R., Sredy, M., Bixler, E., & Tyson K. 1991. Female sexuality after spinal cord injury. *Sexuality and Disability* 9: 287-295.

Kim, H. L., Strelzer, J., & Gaebert, D. 1999. St. John's wort for depression: a meta-analysis of well defined clinical trials. *Journal of Nervous and Mental Disease* 187: 532-538.

Kim, S. K., Park, J. H., Lee, K. C., Park, J. M., Kim, J. T., & Kim, M. C. 2003. Long-term results in patients after rectosigmoid vaginoplasty. *Plastic and Reconstructive Surgery* 112: 143-151.

Kingsberg, S. A. 2002. The impact of aging on sexual function in women and their partners. *Archives of Sexual Behavior* 31: 431-437.

Kingsberg, S. A., & Whipple, B. 2005. Desire: understanding female sexual response. *Health and Sexu-*

Hoyle, C. H. V., Stones, R. W., Robson, T., Whitley, K., & Burnstock, G. 1996. Innervation of vasculature and microvasculature of the human vagina by NOS and neuropeptide-containing nerves. *Journal of Anatomy* 188: 633-644.

Hoyt, R. F., Jr. 2006. Innervation of the vagina and vulva: neurophysiology of female genital response. In *Women's Sexual Function and Dysfunction: Study, Diagnosis, and Treatment*, ed. I. Goldstein, C. M. Meston, S. R. Davis, & A. M. Traish. London: Taylor & Francis.

Hu, Z. Y., Bourreau, E., Jung-Testas, L., Robel, P., & Baulieu, E. E., 1987. Neurosteroids: oligodendrocyte mitochondria convert cholesterol to pregnenolone. *Proceedings of the National Academy of Sciences USA* 84: 8215-8219.

Hubscher, C. H., & Berkley, K. J. 1994. Responses of neurons in caudal solitary nucleus of female rats to stimulation of vagina, cervix, uterine horn and colon. *Brain Research* 21:1-8.

Hull, E. M., Muschamp, J. W., & Sato, S. 2004. Dopamine and serotonin influences on male sexual behavior. *Physiology and Behavior* 83: 291-307.

Hulter, B., Berne, C., & Lundberg, P. O. 1998. Sexual function in women with insulin dependent diabetes mellitus: correlation with neurological symptoms and signs. *Scandinavian Journal of Sexology* 1: 43-50.

Hulter, B., & Lundberg, P. O. 1995. Sexual function in women with advanced multiple sclerosis. *Journal of Neurology, Neurosurgery, and Psychiatry* 59: 83-86.

Hyde, J. S. 2005. *Biological Basis of Human Sexuality*. Washington, DC: American Psychological Association.

Hyndman, O. R., & Wolkin, J. 1943. Anterior chordotomy. *Archives of Neurology and Psychiatry* 50: 129-148.

Insel, T. R., Winslow, J. T., Williams, J. R., Hastings, N., Shapiro, L. E., & Carter, C. S. 1993. The role of neurohypophyseal peptides in the central mediation of complex social processes – evidence from comparative studies. *Regulatory Peptides* 45: 127-131.

Ito, T., Kawahara, K., Das, A., & Strudwick, W. 1998. The effects of ArginMax, a natural dietary supplement for enhancement of male sexual function. *Hawaii Medical Journal* 57: 741-744.

Ito, T. Y. & Kawahara, K. K. 2006. A randomized, double-blind placebo-controlled clinical study on the effects of ArginMax, a natural dietary supplement for enhancement of male sexual function［アルギンマックス（男性の性機能を強化する天然成分の栄養補助食品）の効果に関する、ランダムな二重盲検比較研究］。未発表原稿。

Ito, T. Y., Trant, A. S., & Polan, M. L. 2001. A randomized, double-blind placebo-controlled study of ArginMax, a nutritional supplement for enhancement of female sexual function. *Journal of Sex and Marital Therapy* 27: 541-549.

Jacobs, B. L., & Azmitia, E. C. 1992. Structure and function of the brain serotonin system. *Physiological Reviews* 72: 165-229.

Jacobsen, F. M. 1992. Fluoxetine induced sexual dysfunction and an open trial of yohimbine. *Journal of Clinical Psychiatry* 53: 119-122.

Jacoby, S. 1999. Great sex: What's age got to do with it? *AARP/Modern Maturity*. www.aarp.org/mmaturity/sept_oct99/greatsex.html.

Jacoby, S. 2005. Sex in America. *AARP: The Magazine*, July-August, 57-62, 114.

Janszky, J., Ebner, A., Szupera, Z., Schulz, R., Hollo, A., Szucs, A., & Clemens, B. 2004. Orgasmic aura – a report of seven cases. *Seizure* 13: 441-444.

Janszky, J., Szucs, A., Halasz, P., Borbely, C., Hollo, A., Barsi, P., & Mrinics, Z. 2002. Orgasmic aura

sponse to visual sexual stimuli. *Nature Neuroscience* 7: 411-416.

Harrison W. M., Rabkin J. G., Ehrhardt, A. A., Stewart, J. W., McGroth, P. J., Ross, D., & Quitkin, F. M. 1986. Effects of antidepressant medication on sexual function: controlled study. *Journal of Clinical Psychopharmacology* 6: 144-149.

Hartman, D., Monsma, F., & Civelli, O., 1996. Interaction of antipsychotic drugs with dopamine receptors subtypes. In *Antipsychotics*, ed. J. G. Coernansky. Berlin: Springer.

Hartman, W., & Fithian, M. 1984. *Any Man Can: The Multiple Orgasmic Technique for Every Loving Man*. Ner York: St. Martin's Press.

Hatzichristou, D., Rosen, R. C., Broderick, G., Clayton, A., Cuzin, B., Derogatis, L., Litwin, M., Meuleman, E., O'Leary, M., Quirk, F., Sadovsky, R., & Seftel, A. 2004. Clinical evaluation and management strategy for sexual dysfunction in men and women. *Journal of Sexual Medicine* 1: 49-57.

Heath, R. G. 1964. Pleasure response of human subjects to direct stimulation of the brain: physiologic and psychodynamic considerations. In *The Role of Pleasure in Behavior*, ed. R. G. Heath. New York: Harper and Row.

Heath, R. G., & Fitzjarrell, A. T. 1984. Chemical stimulation to deep forebrain nuclei in parkinsonism and epilepsy. *International Journal of Neurology* 18: 163-178.

Heeb, M. M., & Yahr, P. 2001. Anatomical and functional connections among cell groups in the gerbil brain that are activated with ejaculation. *Journal of Comparative Neurology* 439: 248-258.

Heller, C. G., Farney, J. P., & Myers, G. B. 1944. Development and correlation of menopausal symptoms, vaginal smear and urinary gonadotrophin changes following castration in 27 women. *Journal of Clinical Endocrinology* 4: 101-108.

Hermabessiere, J., Guy, L, & Boiteaux, J. P. 1999. Human ejaculation: physiology, surgical conservation of ejaculation (in French). *Progresse Urologie* 9: 305-309.

Herndon, J. G., Jr., Caggiula, A. R., Sharp, D., Ellis, D., & Redgate, E. 1978. Selective enhancement of the lordotic component of female sexual behavior in rats following destruction of central catecholamine-containing systems. *Brain Research* 141:137-151.

Higuchi, T., Uchide, K., Honda, K., & Negoro, H. 1987. Pelvic neurectomy abolishes the fetus-expulsion reflex and induces dystocia in the rat. *Experimental Neurology* 96: 443-455.

Hillegaart, V. S., Ahlenius, S., & Larsson, K. 1991. Region selective inhibition of male rat sexual behavior and motor performance by localized forebrain 5HT injections: a comparison with effects produced by 8-OH-DPAT. *Behavioural Brain Research* 42: 169-180.

Hilliges, M., Falconer, C., Ekman-Ordeberg, G., & Johansson, O. 1995. Innervation of the human vaginal mucosa as revealed by PGP 9.5 immunohistochemistry. *Acta Anatomica (Basel)* 153: 119-126.

Hite, S. 1976. *The Hite Report*. New York: Macmillan.

シェア・ハイト『オーガズム・パワー――真実の告白／ハイト・リポート』石渡利康訳、祥伝社、2000年。

Hoff, E. C., Kell, J. F., Jr., & Carroll, M. N., Jr. 1963. Effects of cortical stimulation and lesions on cardiovascular function. *Physiological Reviews* 43: 68-114.

Hollander, E., & McCarley, A. 1992. Yohimbine treatment of sexual side effects induced by serotonin reuptake blockers. *Journal of Clinical Psychiatry* 53: 207-209.

Hollander, X. 1981. Presentation at Fifth World Congress of Sexology, Jerusalem［エルサレムで開催された第５回性科学世界会議でのプレゼンテーション］。

Holstege, G., Georgiadis, J. R., Paans, A. M. J., Meiners, L. C., van der Graaf, F. H. C. E., & Reinders, A. A. T. S. 2003. Brain activation during human male ejaculation. *Journal of Neuroscience* 23: 9185-9193.

response. *Journal of Sex and Marital Therapy* 28: 101-121.

Goldstat, R., Briganti, E., Tran, J., Wolfe, R., & Davis, S. 2003. Transdermal testosterone improves mood, well being and sexual function in premenopausal women. *Menopause* 10: 390-398.

Goldstein, I. 2002. The urologist's role in erectile dysfunction in 2002. Paper presented at New York University School of Medicine Conference. December 7. ［勃起不全に関して泌尿器科医が果たす役割について。2002 年。このペーパーはニューヨーク大学医科大学での会議で 12 月 7 日に発表された］。

Goldstein, I., Siroky, M. B., Sax, D. S., & Krane, R. J. 1982. Neurological abnormalities in multiple sclerosis. *Journal of Urology* 128: 541-545.

Goldstein, I., Young, J. M., Fisher, J., Bangerter, K., Segerson, T., & Taylor, T. 2003. Vardenafil, a new phosphodiesterase type 5 inhibitor, in the treatment of erectile dysfunction in men with diabetes. *Diabetes Care* 26: 777-783.

Gorman, D. G., & Cummings, J. L. 1992. Hypersexuality following septal injury. *Archives of Neurology* 49: 308-310.

Gottesman, N. 2005. 50 歳以降の HIV について。*AARP: The Magazine*, July & August, 62.

Goy, R. W., & Resko, J. A. 1972. Gonadal hormones and behavior of normal and pseudohermaphroditic nonhuman female primate. *Recent Progress in Hormone Research* 28: 707-733.

Graber, B., & Kline-Graber G. 1979. Female orgasm: role of the pubococcygeus. *Journal of Clinical Psychiatry* 30: 34-39.

Gräfenberg, E. 1950. The role of urethra in female orgasm. *International Journal of Sexology* 3: 145-148.

Green, A. W. 1975. Sexual activity and the postmyocardial infarction patient. *American Heart Journal* 89: 246-252.

Green, J. D., Clemente, C. D., & DeGroot, J. 1957. Rhinencephalic lesions and behavior in cats: an analysis of the Kluver-Bucy syndrome with particular reference to normal and abnormal sexual behavior. *Journal of Comparative Neurology* 108: 505-545.

Greenblatt, R. B. 1943. Hormonal factors in libido. *Journal of Clinical Endocrinology* 3: 305-306.

Gutman M. B., Jones, D. L., & Ciriello, J. 1988. Effect of paraventricular nucleus lesions on drinking and pressor responses to ANG II. *American Journal of Physiology* 255: R882-887.

Hackbert, L., Heiman, J. R., & Meston, C. M. 1998. The effects of DHEA on sexual arousal in premenopausal women. Paper presented at the Annual Meeting of the International Academy of Sex Research, Stony Brook, NY. June 24. ［閉経前の女性の性的な興奮に及ぼす DHEA の効果について。このペーパーは、ニューヨーク州ストーニーブルックで 6 月 24 日に開催された性科学研究国際アカデミーの年次会合で発表されたもの］。

Haensel, S. M., Rowland, D. L., & Slob, A. K. 1995. Serotonergic drugs and masculine sexual behavior in laboratory rats and men. In *The Pharmacology of Sexual Function and Dysfunction*, ed. J. Bancroft. Amsterdam: Excerpta Medica.

Hagemann, J. H., Berding, G., Bergh, S., Sleep, D. J., Knapp, W. H., Jonas, U., & Stief, C. G. 2003. Effects of visual sexual stimuli and apomorphine SL on cerebral activity in men with erectile dysfunction. *European Urology* 43: 412-420.

Halpern C. R., Udry, J. R., Campbell, B., Suchindran, C., & Mason, G. A. 1994. Testosterone and religiosity as predictors of sexual attitudes and activity among adolescent males: a biosocial model. *Journal of Biosocial Science* 26: 217-234.

Halpern, C. R., Udry, J. R., & Suchindran, C. 1998. Monthly measures of salivary testosterone predict sexual activity in adolescent males. *Archives of Sexual Behavior* 27: 445-465.

Hamann, S., Herman, R. A., Nolan, C. L., & Wallen, K. 2004. Men and women differ in amygdala re-

during human coitus by radio-telemetry. *Journal of Reproduction and Fertility* 22: 243-251.

Francis, S., Rolls, E. T., Bowtell, R., McGlone, F., O'Doherty, J., Browning, A., Clare, S., & Smith, E. 1999. The representation of pleasant touch in the brain and its relationship with taste and olfactory areas. *Neuro-Report* 10: 453-459.

Frank, E., Anderson, C., & Rubenstein, D. 1978. Frequency of sexual dysfunction in normal couples. *New England Journal of Medicine* 299: 111-115.

Frazer, A., & Hensler, J. G. 1999. Serotonin, In *Basic Neurochemistry: Molecular, Cellular and Medical Aspects*, 6th ed., ed. G. S. Siegel, B. W. Agranoff, R. W. Albers, S. K. Fisher, & M. D. Uhler. Philadelphila: Lippincott Williams & Wilkins.

Freeman, W. 1958. Prefrontal lobotomy: final report of 500 Freeman and Watts patients followed for 10 to 20 years. *Southern Medical Journal* 51: 739-744.

Freeman, W. 1971. Frontal lobotomy in early schizophrenia: long follow-up in 415 cases. *British Journal of Psychiatry* 119: 621-624.

Freeman, W., & Watts, J. W. 1950. Psychosurgery. In *The Treatment of Mental Disorders and Intractable Pain*. Springfield, IL: Charles C Thomas.

Fugl-Meyer, K. S., Lewis, R. W., Bosch, R., Fugl-Meyer, A. R., Laumann, E. O., Lizza, E., & Martin-Morales, A. 2004. Definitions, classification, and epidemiology of sexual dysfunction. In *Sexual Medicine*, vol. 1: *Sexual Dysfunction in Men*, ed. T. Lue, F. Giuliano, S. Khoury, F. Montorsi, & R. Rosen. Paris: Health Publications.

Furuhjelm, M., Karlgren, E., & Carlstrom, K. 1984. The effect of estrogen therapy on somatic and psychiatrical symptoms in postmenopausal women. *Acta Obstetricia et Gynecologica Scandinavica* 63: 655-661.

Gandhi, N., Purandare, N., & Lock, M. 1993. Surgical castration for sex offenders: boundaries between surgery and mutilation are blurred. *British Medical Bulletin* 307: 1141.

Garner, W. E., & Allen, H. A. 1989. Sexual rehabilitation and heart disease. *Journal of Rehabilitation* 55: 69-73.

Gerstenberg, T. C., Levin, R. J., & Wagner, G. 1990. Erection and ejaculation in man: assessment of the electromyographic activity of the bulbocavernosus and ischiocavernosus muscles. *British Journal of Urology* 65: 395-402.

Ghadirian, A. M., Annable, L., & Belanger, M. C. 1992. Lithium, benzodiazepines, and sexual function in bipolar patients. *American Journal of Psychiatry* 149: 801-805.

Ghadirian , A. M., Chouinard, G., & Annable L. 1982. Sexual dysfunction and plasma prolactin levels in neuroleptic treated schizophrenic outpatients. *Journal of Nervous and Mental Disease* 170: 463-467.

Ghezzi, A. 1999. Sexuality and multiple sclerosis. *Scandinavian Journal of Sexology* 2: 125-140.

Giles, G. G., Severi, G., English, D. R., McCredie, M. R. E., Borland, R., Boyle, P., & Hopper, J. 2003. Sexual factors and prostate cancer. *BJU International* 92: 211-216.

Gil-Vernet, J. M., Jr., Alvarez-Vijande, R., Gil-Vernet, A., & Gil-Vernet, J. M. 1994. Ejaculation in men: a dynamic endorectal ultrasonographical study. *British Journal of Urology* 73: 442-448.

Girault, J. A., & Greengard, P. 1999. Principles of signal transduction. In *Neurobiology of Mental Illness*, ed. C. D. S. Charney, E. J. Nestler & B. S. Bunney. New York: Oxford Unversity Press.

Giuliano, F., & Julia-Guilloteau, V. 2006. Neurophysiology of female genital response. In *Women's Sexual Function and Dysfunction: Study, Diagnosis, and Treatment*, ed. 1. Goldstein, C. M. Meston, S. R. Davis, & A. M. Traish. London: Taylor & Francis.

Guiliano, F., Rampin, O., & Allard, J. 2002. Neurophysiology and pharmacology of female genital sexual

Faix, A., LaPray, J. F., Callede, O., Maubon, A., & Lanfrey, K. 2002. Magnetic resonance imaging (MRI) of sexual intercourse: second experience in missionary position and initial experience in posterior position. *Journal of Sex and Marital Therapy* 28: 63-76.

Farrell, S. A., & Kieser, K. 2000. Sexuality after hysterectomy. *Obstetrics and Gynecology* 95: 1045-1050.

Farrington, A. 2005. Female sexual health in midlife and beyond: addressing female sexual distress. *Health and Sexuality* 10: 2-16.

Fava, M., & Borofsky, G. F. 1991. Sexual disinhibition during treatment with a benzodiazepine: a case report. *Journal of Psychiatric Medicine* 21: 99-104.

Fedele, D., Coscelli, C., Santeusanio, F., Bortolotti, A., Chatenoud, L., Colli, E., Landoni, M., & Parazzini, F. 1998. Erectile dysfunction in diabetic subjects in Italy. *Diabetes Care* 21: 1973-1977.

Feiger, A., Kiev, A., Shrivastava, R. K., Wisselink, P. G., & Wilcox, C. S. 1996. Nefazodone versus sertraline in outpatients with major depression: focus on efficacy, tolerability and effect on sexual function and satisfaction. *Journal of Clinical Psychiatry* 57 (suppl. 2): 53-62.

Feldman H. A., Goldstein I., Hatzichristou, D. G., Krane, R. J., & McKinlay, J. B. 1994. Impotence and its medical and psychological correlates: results of the Massachusetts Male Aging Study. *Journal of Urology* 151: 54-61.

Feldman, H. A., Johannes, C. B., McKinlay J. B., & Longcope, C. 1998. Low dehydroepiandrosterone sulfate and heart disease in middle-aged men: cross-sectional results from the Massachusetts Male Aging Study. *Annals of Epidemiology* 8: 217-228.

Ferguson, D. M., Steidle, C. P., Singh, G. S., Alexander, J. S., Weihmiller, M. K., & Crosby, M. G. 2003. Randomized, placebo-controlled, double-blind, crossover design trial of the efficacy and safety of Zestra for Women in women with and without female sexual arousal disorder. *Journal of Sex and Marital Therapy* 29 (suppl. 1): 33-44.

Ferguson, J. K. W. 1941. A study of the motility of the intact uterus at term. *Surgery Gynecology and Obstetrics* 73: 359-366.

Ferguson, J. M. 2001. The effects of antidepressants on sexual functioning in depressed patients: a review. *Journal of Clinical Psychiatry* 62 (suppl. 3): 22-34.

Ferin, M. 1983. Neuroendocrine control of ovarian function in the primate. *Journal of Reproduction and Fertility* 69: 369-381.

Fernández-Guasti, A., Escalante, A. L., Ahlenius, S., Hillegaart, V., & Larsson, K. 1992. Stimulation of 5-HT1A and 5-HT1B receptors in brain regions and its effects on male rat sexual behavior. *European Journal of Pharmacology* 210: 121-129.

Filippi, S., Vignozzi, L., Vannelli, G. B., Ledda, F., Forti, G., & Maggi, M. 2003. Role of oxytocin in the ejaculatory process. *Journal of Endocrinological Investigation* 26: 82-86.

Filler, W., & Drezner, N. 1944. Results of surgical castration in women over forty. *American Journal of Obstetrics and Gynecology* 47: 122-124.

Fischer, S. 1973. *The Female Orgasm: Psychology, Physiology, Fantasy*. New York: Basic Books.

Fisher, C., Cohen, H. D., Schiavi, R. C., Davis, D., Furman, B., Ward, K., Edwards, A., & Cunningham, J. 1983. Patterns of female sexual arousal during sleep and waking: vaginal thermo-conductance studies. *Archives of Sexual Behavior* 12: 97-122.

Fox, C. A., Ismail, S., Love, D. N., Kirkham, E. E., & Loraine, J. A. 1972. Studies on the relationship between plasma testosterone levels and human sexual activity. *Journal of Endocrinology* 52: 51-58.

Fox, C. A., Wolff, H. S., & Baker, J. A. 1970. Measurement of intra-vaginal and intra-uterine pressures

De Leon, G., & Wexler, H. K. 1973. Heroin addiction: its relation to sexual behavior and sexual experience. *Journal of Abnormal Psychology* 81: 36-38.

De Lignieres, B. 1993. Transdermal dihydrotestosterone treatment of andropause. *Annals of Medicine* 25: 235-241.

Dennerstein, L., Lehert, P., Burger, H., & Dudley, E. 1999. Factors affecting sexual function of women in the mid-life years. *Climacteric* 2: 254-262.

Dieckmann G., Schneider-Joneitz, B., & Schneider, H. 1988. Psychiatric and neuropsychological findings after stereotactic hypothalamotomy, in cases of extreme sexual aggressivity. *Acta Neurochirurgica (Wien) Supplement* 44: 163-166.

Ding, Y. Q., Shi, J, Wang, D. S., Xu, J. Q., Li, J. L., & Ju, G. 1999. Primary afferent fibers of the pelvic nerve terminate in the gracile nucleus of the rat. *Neuroscience Letters* 272: 211-214.

Dixson, A. F. 1998. *Primate Sexuality: Comparative studies of the Prosimians, Monkeys, Apes and Human Beings*. Oxford: Oxford University Press.

Dixson, A., F., & Herbert, J. 1977. Gonadal hormones and sexual behavior in groups of adult talapoin monkeys (Miopithecus talapoin). *Hormones and Behavior* 8: 141-154.

DSM-IV-TR, 2000. www.Behavenet.com/capsules/disorders/dsm4TRclassification.htm.

Dunn, K. M., Cherkas, L. F., & Spector, T. D. 2005. Genetic influences on variation in female orgasmic function: a twin study. *Biology Letters* 1: 260-263.

Dunn, M. E., & Trost, J. E. 1989. Male multiple orgasms: a descriptive study. *Archives of Sexual Behavior* 18: 377-387.

Eisenbach, M. 1995. Sperm changes enabling fertilization in mammals. *Current Opinion in Endocrinology and Diabetes* 2: 468-475.

Elliot, H. C. 1969. *Textbook of Neuroanatomy*. Philadelphia: J. B. Lippincott.

Ellison, C. R. 2000. *Women's Sexualities: Generations of Women Share Intimate Secrets of Sexual Self-Acceptance*. Oakland, CA: New Harbinger.

Enzlin, P., Mathieu, C., & Demytteanere, K. 2003. Diabetes and female sexual functioning: a state-of-the-art. *Diabetes Spectrum* 16: 256-259.

Erowid. 2005. Heroin withdrawal increases libido. www.erowid.org/chemicals/heroin_faq.shtml.

Erskine, M. S., & Hanrahan, S. B. 1997. Effects of paced mating on c-fos gene expression in the female rat brain. *Journal of Neuroendocrinology* 9: 903-912.

Ervin, F. R. 1953. The frontal lobes: a review of the literature. *Diseases of the Nervous System* 14: 73-83.

Esar, E. 1952. *The Humor of Humor*. New York: Horizon Press.

Evans, R. W., & Couch, J. R. 2001. Orgasm and migraine. *Headache* 41: 512-514.

Everitt, B. J., Fuxe, K., & Hokfelt, T. 1974. Inhibitory role of dopamine and 5-hydroxytryptamine in the sexual behavior of female rats. *European Journal of Pharmacology* 29: 187-191.

Everitt, B. J., & Herbert, J. 1971. The effects of dexamethasone and androgens on sexual receptivity of female rhesus monkeys. *Journal of Endocrinology* 51: 575-588.

Everitt, B. J., Herbert, J., & Hamer, J. D. 1972. Sexual receptivity of bilaterally adrenalectomized female rhesus monkeys. *Physiology and Behavior* 8: 409-415.

Fadul, C. E., Stommel, E. W., Dragnev, K. H., Eskey, C. J., & Dalmau, J. O. 2005. Focal paraneoplastic limbic encephalitis presenting as orgasmic epilepsy. *Journal of Neurooncology* 72: 195-198.

Faerman, I., Jadzinsky, J., & Podolsky, S. 1980. Diabetic neuropathy and sexual dysfunction. In *Clinical Diabetes: Modern Management*, ed. S. Podolsky. New York: Appleton-Century-Crofts.

Cross, B. A., & Wakerley, J. B. 1977. The neurohypophysis. *International Reviews of Physiology* 16: 1-34.

Crouch, N. S., Minto, C. L., Laio, L.-M., Woodhouse, C. R. J., & Creighton, S. M. 2004. Genital sensation after feminizing genitoplasty for congenital adrenal hyperplasia: a pilot study. *BJU International* 93: 135-138.

Crowley, T. J., & Simpson, R. 1978. Methadone dose and human sexual behavior. *International Journal of the Addictions* 13: 285-295.

Cueva-Rolon, R., Sansone, G., Bianca, R., Gomez, L E., Beyer, C., Whipple, B., & Komisaruk, B. R. 1996. Vagotomy blocks responses to vaginocervical stimulation in genitospinal-neurectomized rats. *Physiology and Behavior* 60: 19-24.

Cunningham, S. T., Steinman, J. L., Whipple, B., Mayer, A. D., & Komisaruk, B. R. 1991. Differential roles of hypogastric and pelvic nerves in the analgesic and motoric effects of vaginocervical stimulation in rats. *Brain Research* 559: 337-343.

Cutler, W. B., Zacker, M., McCoy, N., Genovese-Stone, E., & Friedman, E. 2000. Sexual response in women. *Obstetrics and Gynecology* 95 (4, suppl. 1): S19.

Cytowic, R. 1998. *The Man Who Tasted Shapes*. Cambridge, MA: MIT Press.
リチャード・E・シトーウィック『共感覚者の驚くべき日常——形を味わう人、色を聴く人』山下篤子訳、草思社、2002 年。

Daniels, G. E., & Tauber, E. S. 1941. A dynamic approach to the study of replacement therapy in cases of castration. *American Journal of Psychiatry* 97: 905-918.

DasGupta, R., Kanabar, G., & Fowler, C. 2002. Pudendal somatosensory evoked potentials in women with female sexual dysfunction and multiple sclerosis. *International Journal of Impotence Research* 14: S83.

DasGupta, R., Wiseman, O. J., Kanabar, G., & Fowler, C. J. 2004. Efficacy of sildenafil in the treatment of female sexual dysfunction due to multiple sclerosis. *Journal of Urology* 171: 1189-1193.

Davenport, H. W. 1991. Early history of the concept of chemical transmission of the nerve impulse. *Physiologist* 34: 129-190.

Davey Smith, G., Frankel, S., & Yarnell, J. 1997. Sex and death: are they related? Findings from the Caerphilly cohort study. *BMJ (Clinical Research ed.)* 315: 1641-1644.

Davidson, J. M. 1980. The psychobiology of sexual experience. In *The Psychobiology of Consciousness*, ed. J. M. Davidson & R. J. Davidson. New York: Plenum Press.

Davis, A., Gilbert, K., Misiowiec, P., & Riegel, B. 2003. Perceived effect of testosterone replacement therapy in perimenopausal and postmenopausal women: an Internet pilot study. *Health Care for Women International* 24: 831-848.

Davis, K. B. 1929. *Factors in the Sex Life of Twenty-two Hundred Women*. New York: Harpers.

Davis, S. R., Davison, S. L., Donath, S., & Bell, R. J. 2005. Circulating androgen levels and self-reported sexual function in women. *JAMA: Journal of the American Medical Association* 294: 91-96.

Davis, S. R. , Guay, A. T., Shifren J. L., & Mazer, N. A. 2004. Endocrine aspects of female sexual dysfunction. *Journal of Sexual Medicine* 1: 82-86.

De Amicis, L. A., Goldberg, D. C., LoPiccolo J., Friedman, J., & Davies, L. 1985. Clinical follow-up of couples treated for sexual dysfunction. *Archives of Sexual Behavior* 14: 467-489.

Delay, J., Deniker, P., & Harl, M. 1952. Traitement des états d'excitation et d'agitation par une méthode medicamenteuse derivée de l'hibernotherapie [Therapeutic method derived from hiberno-therapy in excitation and agitation states]. *Annales Médico-Psychologiques (Paris)* 110: 267-273.

Immune System and Lengthen Your Life. Emmaus, PA: Rodale Press.

Chia, M. & Abrams, R. C. 2005. *The Multi-orgasmic Woman*. New York: Rodale Press.

Chia, M., & Arava, D. A. 1996. *The Multi-orgasmic Man*. San Francisco: HarperSanFrancisco.

Chia, M. Chia, M. Abrams, D., & Abrams, R. C. 2000. *The Multi-orgasmic Couple*. San Francisco: HarperSanFrancisco.

Chipolotti, L., Shallice, T., & Dolan, R. J. 2003. Human cingulate cortex and autonomic control: converging neuroimaging and clinical evidence. *Brain* 126: 2139-2152.

Chiriac, J. 2004. Freud and the "Cocaine Episode." www.freudfile.org/cocaine.html.

Choi, H. K., & Seong, D. H. 1995. Effectiveness for erectile dysfunction after the administration of Korean red ginseng. *Korean Journal of Ginseng Science* 19: 17-21.

Chuang, Y.-C., Lin, T.-K., Lui, C.-C., Chen, S.-D., & Chang, C.-S. 2004. Tooth-brushing epilepsy with ictal orgasms. *Seizure* 13: 179-182.

Clayton A. H., Zajecka, L., Ferguson, J. M., Filipiak-Reisnier, J. K., Brown, M. T., & Schwartz, G. E. 2003. Lack of sexual dysfunction with the selective noradrenaline reuptake inhibitor reboxetine during treatment for major depressive disorder. *International Clinical Psychopharmacology* 18: 151-156.

Clayton, D. O., & Shen, W. W. 1998. Psychotropic drug-induced sexual function disorders: diagnosis, incidence and management. *Drug Safety* 19: 299-312.

Coghill, R. C., Talbot, J. D., Evans, A. C., Meyer, E., Gjedde, A., Bushnell, M. C., & Duncan, G. H. 1994. Distributed processing of pain and vibration by the human brain. *Journal of Neuroscience* 14: 4095-4108.

Cohen, A. J., & Bartlik, B. 1998. Ginkgo biloba for antidepressant-induced sexual dysfunction. *Journal of Sex and Marital Therapy* 124: 139-143.

Cole, T. 1975. Sexuality and physical disabilities. *Archives of Sexual Behavior* 4: 389-403.

Collins, J. J., Lin, C. E., Berthoud, H. R., & Papka, R. E. 1999. Vagal afferents from the uterus and cervix provide direct connections to the brainstem. *Cell and Tissue Research* 295: 43-54.

Comarr, A. E., & Vigue, M. 1978. Sexual counseling among male and female patients with spinal cord injury and/or cauda equina injury. Parts I and II. *American Journal of Physical Medicine* 57: 107-227.

Coolen, L. M., Allard, J., Truitt, W. A., & McKenna, K. E. 2004. Central regulation of ejaculation. *Physiology and Behavior* 83: 203-215.

Cooper, A. J., Cernovsky, Z. Z., & Colussi, K. 1993. Some clinical and psychometric characteristics of primary and secondary premature ejaculators. *Journal of Sex and Marital Therapy* 19: 276-88.

Cooper, J. R., Bloom, F. E., & Roth, R. H. 2003. *The Biochemical Basis of Neuropharmacology*. New York: Oxford University Press.
ジャック・R・クーパー／フロイド・E・ブルーム／ロバート・H・ロス『神経薬理学——生化学からのアプローチ』樋口宗史監訳、メディカル・サイエンス・インターナショナル、2005年。

Cordoba, O. A., & Chapel, J. L. 1983. Medroxyprogesterone acetate antiandrogen treatment of hypersexuality in a pedophilic sex offender. *American Journal of Psychiatry* 140: 1036-1039.

Cowey, A. 2004. The 30th Sir Frederick Bartlett lecture: Fact, artifact, and myth about blindsight. *Quarterly Journal of Experimental Psychology. A, Human Experimental Psychology* 57: 577-609.

Critchley, H. D., Mathias, C. J., Josephs, O., O'Doherty, J., Zanini, S., Dewar, B. K., Cipolotti, L., Shallice, T., & Dolan, R. J. 2003. Human cingulate cortex and autonomic control: converging neuroimaging and clinical evidence. *Brain* 126: 2139-2152.

Burroughs, W. S. 1959. *Naked Lunch*. New York: Grove Press.
ウィリアム・S・バロウズ『裸のランチ』鮎川信夫訳、河出書房新社、1980 年など。

Bush, G., Luu, P., & Posner, M. I. 2000. Cognitive and emotional influences in anterior cingulate cortex. *Trends in Cognitive Sciences* 4: 215-222.

Cabin, V. S., Johannes, C. B., Avis, N. E., Mohr, B., Schocken, M., Skurnick, J., & Ory, M. 2003. Sexual functioning and practices in a multi-ethnic study of midlife women: baseline results from SWAN. *Journal of Sex Research* 40: 266-276.

Caggiula, A. R. 1970. Analysis of the copulation-reward properties of posterior hypothalamic stimulation in male rats. *Journal of Comparative Physiology and Psychology* 70: 399-412.

Caggiula A. R., Herndon, J. G., Jr., Scanlon, R., Greenstone, D., Bradshaw, W., & Sharp, D. 1979. Dissociation of active from immobility components of sexual behavior in female rats by central 6-hydroxydopamine: implications for CA involvement in sexual behavior and sensorimotor responsiveness. *Brain Research* 172: 505-520.

Calleja, J., Carpizo, R., & Berciano, J. 1988. Orgasmic epilepsy. *Epilepsia* 29: 635-639.

Cantor, J. M., Binik, Y. M., & Pfaus, J. G. 1999. Chronic fluoxetine inhibits sexual behavior in the male rat: reversal with oxytocin. *Psychopharmacology* 144: 355-362.

Carani, C., Granata, A. R., Rochira, V., Caffagni, G., Aranda, C., Anunez, P., & Maffei, L. E. 2005. Sex steroids and sexual desire in a man with a novel mutation of aromatase gene and hypogonadism. *Psychoneuroendocrinology* 30: 413-417.

Carmichael, M.S., Humbert, R., Dixen, J., Palmisano, G., Greenleaf, W., & Davidson, J. M. 1987. Plasma oxytocin increases in the human sexual response. *Journal of Clinical Endocrinology and Metabolism* 64: 27-31.

Carmichael, M. S., Warburton, V. L., Dixen, J., & Davidson, J. M. 1994. Relationships among cardiovascular, muscular, and oxytocin responses during human sexual activity. *Archives of Sexual Behavior* 23: 59-79.

Carter, C. S., Williams, J. R., Witt, D. M., & Insel, T. R. 1992. Oxytocin and social bonding. *Annals of the New York Academy of Sciences* 652: 204-211.

Caruso, S., Agnello, C., Intelisano, G., Farina, M., DiMari, L., & Cianci, A. 2004. Sexual behavior of women taking low-dose oral contraceptive containing 15 microg ethinylestradiol/60 microg gestodene. *Contraception* 69: 237-240.

Casey, K. L., Minoshima, S., Berger, K. L., Koeppe, R. A., Morrow, T. J., & Frey, K. A. 1994. Positron emission tomographic analysis of cerebral structures activated specifically by repetitive noxious heat stimuli. *Journal of Neurophysiology* 71: 802-807.

Casey, K. L., Morrow, T. J., Lorenz, J., & Minoshima, S. 2001. Temporal and spatial dynamics of human forebrain activity during heat pain: analysis by positron emission tomography. *Journal of Neurophysiology* 85: 951-959.

Centers for Disease Control. 1991. *HIV/AIDS Surveillance Report*. Atlanta: U.S. Department of Health and Human Services.

Chae, J. H., Nahas, Z., Lomarev, M., Denslow, S., Lorberbaum, J. P., Bohning D. E., & George, M. S. 2003. A review of functional neuroimaging studies of vagus nerve stimulation (VNS). *Journal of Psychiatric Research* 37: 443-455.

Chapelle, P. A., Durand, J., & Lacert, P. 1980. Penile erection following complete spinal cord injury in man. *British Journal of Urology* 52: 216-219.

Charnetski, C. J., & Brennan, F. X. 2001. *Feeling Good Is Good for You: How Pleasure Can Boost Your*

tions. *Archives of Sexual Behavior* 11: 367-386.

Bonica, J. J. 1967. *Principles and Practices of Obstetric Analgesia and Anesthesia*. Philadelphia: F. A. Davis.

Bonsall, R. W., Rees, H. D., & Michael, R. P. 1989. Identification of radioactivity in cell nuclei from brain, pituitary gland and reproductive tract of male rhesus monkeys after the administration of [^{3}H] testosterone. *Journal of Steroid Biochemistry* 32: 599-608.

Boolell, M., Allen, M. J., Ballard, S. A., Gepi-Attee, S., Muirhead, G. J., Naylor, A. M., Osterloh, I. H., & Gingell, C. 1996. Sildenafil: an orally active type 5 cyclic GMP-specific phosphodiesterase inhibitor for the treatment of penile erectile dysfunction. *International Journal of Impotence Research* 8: 47-52.

Bornhovd, K., Quante, M., Glauche, V., Bromm, B., Weiller, C., & Buchel, C. 2002. Painful stimuli evoke different stimulus-response functions in the amygdala, prefrontal, insula and somatosensory cortex: a single-trial fMRI study. *American Journal of Gastroenterology* 97: 654-661.

Bors, E., & Comarr, A. E. 1960. Neurological disturbances of sexual function with special reference to 529 patients with spinal cord injury. *Urological Survey* 10: 191-221.

Bowers, M. B., Van Woert, M., & Davis, L. 1971. Sexual behavior during L-dopa treatment for parkinsonism. *American Journal of Psychiatry* 127: 1691-1693.

Bradshaw, H. B., & Berkley, K. J. 2000. Estrous changes in responses of rat gracile nucleus neurons to stimulation of skin and pelvic viscera. *Journal of Neuroscience* 20: 7722-7727.

Brannon, E. G., Rolland, P. D. 2000. Anorgasmia in a patient with bipolar disorder type I treated with gabapentin. *Journal of Clinical Psychopharmacology* 20: 379-381.

Braunstein, G. D., Sundwall, D. A., Katz, M., Shifren, J. L., Buster, J. E., Simon, J. A., Bachman, G., Aguirre, O. A., Lucas, J. D., Rodenberg C. Buch, A., & Watts, N. B. 2005. Safety and efficacy of a testosterone patch for the treatment of hypoactive sexual desire disorder in surgically menopausal women. *Archives of Internal Medicine* 165: 1582-1589.

Breiter, H. C., Gollub, R. L., Weisskoff, R. M., Kennedy, D. N., Makris, N., Berke, J. D., Goodman, J. M., Kantor, H. L., Gastfriend, D. R., Riorden, J. P., Mathew, R. T., Rosen, B. R., & Hyman, S. E. 1997. Acute effects of cocaine on human brain activity and emotion. *Neuron* 19: 591-611.

Brick, P., & Lunquist, J. 2003. *New Expectations: Sexual Education for Mid and Later Life*. New York: Sexuality Information and Education Council of the United States.

Brindley, G. S., 1983. Physiology of erection and management of paraplegic infertility. In *Male Infertility*, ed. T. B. Hargreave. New York: Springer-Verlag.

Brindley, G. S. 1986. Pilot experiments on the actions of drugs injected into the human corpus cavernosum penis. *British Journal of Pharmacology* 87: 495-500.

Bronner, G., Royter, V., Korczyn, A., & Giladi, N. 2004. Sexual dysfunction in Parkinson's disease. *Journal of Sex and Marital Therapy* 30: 95-105.

Bruchovsky, N., & Wilson, J. D. 1968. The conversion of testosterone 5α-androstan 17B-al-3-one by rat prostate in vivo and in vitro. *Journal of Biological Chemistry* 243: 2012-2021.

Buchman, M. T., & Kellner, R. 1984. Reduction of distress in hyperprolactinemia with bromocriptine. *American Journal of Psychiatry* 6: 357-358.

Bucy, P. C., & Kluver, H. 1955. An anatomical investigation of the temporal lobe in the monkey (Macaca mulatta) *Journal of Comparative Neurology* 103: 151-251.

Bujis, R. M., Geffard, M., Pool, C. W., & Hooneman, E. M. D. 1984. The dopaminergic innervation of the supraoptic and paraventricular nucleus: a light and electron microscopical study. *Brain Research* 323: 65-74.

Berkley, K. J., Hotta, H., Robbins, A., & Sato, Y. 1990. Functional properties of afferent fibers supplying reproductive and other pelvic organs in pelvic nerve of female rats. *Journal of Neurophysiology* 63: 256-272.

Best, B. 1990. 30 ～ 40% のシナプスは GABA を利用している。 www.benbest.com/science/anatmind/anatmd10.html.

Beyer C., Larsson, K., Peréz-Palacios, G., & Moralí, G. 1973. Androgen structure and male sexual behavior in the castrated rat. *Hormones and Behavior* 4:99-108.

Beyer, C., Morali, G., Larsson. K. & Sodersten, P. 1976. Steroid regulation of sexual behavior. *Journal of Steroid Biochemistry* 7: 1171- 1176.

Beyer, C., & Rivaud, N. 1973. Differential effect of testosterone and dihydrotestosterone on the sexual behavior of prepubertally castrated male rabbits. *Hormones and Behavior* 4: 175-180.

Beyer, C., Vidal, N., & Mijares, A. 1970. Probable role of aromatization in the induction of estrous behavior by androgens in the ovariectomized rabbit. *Endocrinology* 87: 1386-1389.

Beyer, C., Yaschine, T., & Mena, F. 1964. Alterations in sexual behaviour induced by temporal lobe lesions in female rabbits. *Boletin de Instituto de Estudios Medicos y Biologicos, Universidad Nacional Autonoma de Mexico* 22: 379-386.

Bianca, R., Sansone, G., Cueva-Rolon, R., Gomez, L. E., Ganduglia-Pirovano, M., Beyer, C., Whipple, B., & Komisaruk, B. R. 1994. Evidence that the vagus nerve mediates a response to vaginocervical stimulation after spinal cord transection in the rat. *Society for Neuroscience Abstracts* 20: 961.

Bird, V. G., Brackett, N, L., Lynne, C. M., Aballa, T. C., & Ferrell, S. M. 2001. Reflexes and somatic responses as predictors of ejaculation by penile vibratory stimulation in men with spinal cord injury. *Spinal Cord* 39: 514-519.

Bjorklund, A., & Lindvall, O. 1984. Dopamine containing systems in the CNS. In *Handbook of Chemical Neuroanatomy: Classical Transmitters in the CNS*. vol. 2, pt. 1, ed. A. Bjorklund & T. Hokfelt. Elsevier: Amsterdam.

Blaicher, W., Gruber, D., Bieglmayer, C., Blaicher, A. M., Knogler, W., & Huber, J. C. 1999. The role of oxytocin in relation to female sexual arousal. *Gynecologic and Obstetric Investigation* 47: 125-126.

Blank, J. 1994. Toys: Sex toys. In *Human Sexuality: An Encyclopedia*, ed. V. L. Bullough & B. Bullough. New York: Garland.

Bliesener, N., Albrecht, S., Schwager, A., Weckbecker, K., Lichtermann, D.. & Klingmuller, D. 2005. Plasma testosterone and sexual function in men receiving buprenorphine maintenance for opioid dependence. *Journal of Clinical Endocrinology and Metabolism* 90: 203-206.

Bloom, F. E. 2001. Neurotransmission and the central nervous system. In *Goodman & Gilman's The Pharmacological Basis of Therapeutics*, ed. 10. ed. J. G. Hardman, L. E. Limbird & A. G. Gilman. New York: McGraw-Hill.

グッドマン／ギルマン編『薬理書――薬物治療の基礎と臨床』高折修二・福田英臣・赤池昭紀監訳、廣川書店、2003 年など。

Blumer, D. 1970. Hypersexual episodes in temporal lobe epilepsy. *American Journal of Psychiatry* 126: 1099-1106.

Bodnar, R. J., Commons, K., & Pfaff, D. W. 2002. *Central Neural States Relating Sex and Pain*. Baltimore: Johns Hopkins University Press.

Bohlen, J. G., Held, J. P., & Sanderson, M. O. 1980. The male orgasm: pelvic contractions measured by anal probe. *Archives of Sexual Behavior* 9: 503-521.

Bohlen, J. G., Held, J. P., & Sanderson, M. O. & Ahlgren A. 1982. The female orgasm: pelvic contrac-

Bancroft, J. 1984. Hormones and human sexual behavior. *Journal of Sex and Marital Therapy* 10: 3-21.

Bancroft, J. 1984. *Human Sexuality and Its Problems*. New York: Churchill Livingstone.

Bancroft, J., Danders, D., Davidson, D. W., & Warner, P. 1983. Mood, sexuality, hormones and the menstrual cycle. II: Sexuality and the role of androgens. *Psychosomatic Medicine* 45: 509-516.

Bancroft, J., Loftus, J., & Long, J. S. 2003. Distress about sex: a national survey of women in heterosexual relationships. *Archives of Sexual Behavior* 32: 193-211.

Barak, Y., Achiron, A., Elizur, A., Gabbay, U., Noy, S., & Sarova-Pinhas, I. 1996. Sexual dysfunction in relapsing-remitting multiple sclerosis: magnetic resonance imaging, clinical, and psychological correlates. *Journal of Psychiatry and Neuroscience* 21: 255-258.

Barbach, L. G. 1975. *For Yourself: The Fulfillment of Female Sexuality*. New York: Doubleday.
ロニー・G・バーバック『完全なる女性自身』田多井吉之介・恭子訳、講談社、1976 年。

Barrett, M. 1999. *Sexuality and Multiple Sclerosis*. Toronto: Multiple Sclerosis Society of Canada.

Basson, R. 2001. Female sexual response: the role of drugs in the management of sexual dysfunction. *Obstetrics and Gynecology* 98: 350-353.

Basson, R., Althof, S., Davis, S., Fugl-Meyer, K., Goldstein, I., Leiblum, S., Meston, C. Rosen, R., & Wagner, G. 2004. Summary of the recommendations on sexual dysfunctions in women. *Journal of Sexual Medicine* I: 24-34.

Basson, R., Berman, J., Burnett, A., Derogatis, L., Ferguson, D., Fourcroy, J., Goldstein, I., Graziottin, A., Heiman, J., Laan, E., Leiblum, S., Padma-Nathan, H., Rosen, R., Segraves, K., Segraves, R. T., Shabsigh, R., Sipski, M., Wagner, G., & Whipple, B. 2000. Report on the International Consensus Development Conference on female sexual dysfunction: definitions and classifications. *Journal of Urology* 163: 888-893.

Basson, R., Leiblum, L., Brotto, L., Derogatis, L., Fourcroy, J., Fugl-Meyer, K., Graziottin, A., Heiman, J. R., Laan, E., Meston, C., Schover, L., van Lankfeld, J., & Weijmar Schultz, W. C. M. 2003. Definitions of women's sexual dysfunction reconsidered: advocating expansion and revision. *Journal of Psychosomatic Obstetrics and Gynecology* 24: 221- 229.

Basson, R., Weijmar Schultz, W. C. M., Brotto, L. A., Binik, Y. M., Eschenbach, D. A., Laan, E., Utian, W. H., Wesselman, U., van Lankfeld, L., Wyatt, G., & Wyatt, L. 2004. *Second International Consultation on Sexual Medicine: Men and Women's Sexual Dysfunction*. Paris: Health Publications.

Bayliss, W. M., & Starling, E. H. 1902. The mechanism of pancreatic secretion. *Journal of Physiology* 28: 325-353.

Beach, F. A. 1942. Effects of testosterone propionate upon the copulatory behavior of sexually inexperienced male rats. *Journal of Comparative Psychology* 33: 227-247.

Beach, F. 1948. *Hormones and Behavior*. New York: Paul B. Hoeber.

Beach, F. A. 1975. Hormonal modifications of sexually dimorphic behavior. *Psychoneuroendocrinology* 1: 3-23.

Bellerose, S. B., & Binik, Y. M. 1993. Body image and sexuality in oophorectomized women. *Archives of Sexual Behavior* 22: 435-459.

Bemelmans, B. L., Meuleman, E. J., Doesburg, W. H., Notermans, S. L., & Debruyne, F. M. 1994. Erectile dysfunction in diabetic men: the neurological factor revisited. *Journal of Urology* 151: 884-889.

Bernard, E. J. J. 1989. The sexuality of spinal cord injured women: physiology and pathophysiology – a review. *Paraplegia* 27: 99-112.

Beric, A., & Light, J. K. 1993. Anorgasmia in anterior spinal cord syndrome. *Journal of Neurology, Neurosurgery, and Psychiatry* 56: 548-551.

Andersen, K. V., & Bovim, G. 1997. Impotence and nerve entrapment in long distance amateur cyclists. *Acta Neurologica Scandinavica* 95: 233-240.

Antelman, S. M., & Rowland, N. E. 1977. The nigrostriatal dopamine system and enhanced reactivity to environmental stimuli: relevance to psychiatric problems. *Activitas Nervosa Superior (Praha)* 19 (4): 304-306.

Arango, V., Underwood, M. D., & Mann, H. 1992. Alterations in monoamine receptors in the brain of suicide victims. *Journal of Clinical Psychopharmacology* 12 (2, suppl.): 8S-12S.

Araujo, A. B., Mohr, B. A., & McKinlay, J. B. 2004. Changes in sexual function in middle-aged and older men: longitudinal data from the Massachusetts Male Aging Study. *Journal of the American Geriatrics Society* 52: 1502-1511.

Argiolas, A., & Melis, M. R. 2005. Central control of penile erection: role of the paraventricular nucleus of the hypothalamus. *Progress in Neurobiology* 76: 1-21.

Arnott, S., & Nutt, D. 1994. Successful treatment of fluvoxamine induced anorgasmia with cyproheptadine. *British Journal of Psychiatry* 164: 838-839.

Arnow, B. A., Desmond, J. E., Banner, L. L., Glover, G. H., Solomon, A., Polan. M. L., Lue, T. F., & Atlas, S. W. 2002. Brain activation and sexual arousal in healthy, heterosexual males. *Brain* 125: 1014-1023.

Aron, A., Fisher, H., Mashek, D. J., Strong, G., Li, H., & Brown, L. L. 2005. Reward, motivation, and emotion systems associated with early-stage intense romantic love. *Journal of Neurophysiology* 94: 327-337.

Arthurs, O. J., & Boniface, S. 2002. How well do we understand the neural origins of the fMRI BOLD signal? *Trends in Neurosciences* 25: 27-31.

Ashton, A. K., & Bennett, R. G. 1999. Sildenafil treatment of serotonin reuptake-inhibitors-induced sexual dysfunction. *Journal of Clinical Psychiatry* 60: 194-195.

Ashton A. K., & Rosen, R. C. 1998. Bupropion as an antidote for serotonin reuptake inhibitor-induced sexual dysfunction. *Journal of Clinical Psychiatry* 59: 112-115.

Avis, N. E., Stellato, R., Crawford, S., Johannes, C., & Longcope, C. 2000. Is there an association between menopause status and sexual functioning? *Menopause* 7: 297-309.

Bechmann, G. A. 1995. Influence of menopause on sexuality. *International Journal of Fertility and Menopausal Studies (Suppl.)* 40: 16-22.

Bechmann, G. A., & Leiblum, S. R. 2004. The impact of hormones on menopausal sexuality: a literature review. *Menopause* 11: 120-130.

Baier, D., & Philipp, M. 1994. Effects of antidepressants on sexual function (in German). *Fortschritte der Neurologie-Psychiatrie* 62: 14-21.

Baker, R. R., & Bellis, M. A. 1993. Human Sperm Competition: ejaculate manipulation by females and a function for the female orgasm. *Animal Behaviour* 46: 887-909.

Baker, R. R., & Bellis, M. A. 1995. *Human sperm competition: Copulation, Masturbation and Infidelity.* London: Chapman and Hall.

Baker, W., Reese, J., & Ito. T. 2006. A randomized, double-blind placebo-controlled study to evaluate the ability of a natural nutritional supplement (ArginMax) to enhance the efficacy of Viagra (sildenafil citrate). ［自然成分配合の栄養サプリメント（アルギンマックス）が、バイアグラ（クエン酸シルデナフィル）の効果をどれくらい高めるのかを検証するために、ランダムな二重盲検比較研究が行なわれた］。未発表原稿。

Baldwin, D. S. 2004. Sexual dysfunction associated with antidepressant drugs. *Expert Opinion on Drug Safety* 3: 457-470.

参考・引用文献一覧

Abramov, L. A. 1976. Sexual life and sexual frigidity among women developing acute myocardial infarction. *Psychosomatic Medicine* 38: 418-425.

Adams, D. B., Gold, A. B., & Burt, A. D. 1978. Rise in female sexual activity at ovulation blocked by oral contraceptives. *New England Journal of Medicine* 299: 1145-1150.

Adler, N. T., Davis, P. G., & Komisaruk, B. R. 1977. Variation in the size and sensitivity of a genital sensory field in relation to the estrous cycle in rats. *Hormones and Behavior* 9: 334-344.

Ahlenius, S., & Larsson, K. 1991. Physiological and pharmacological implications of specific effects by 5HT1A agonists on rat sexual behavior. In *5HT1A Agonist, 5HT3 Antagonists and Benzodiazepines: Their Comparative Behavioral Pharmacology*, ed. R. J. Rodgers & S. J. Cooper. New York: John Wiley.

Aizenberg, D., Gur, S., Zenishlany, L., Graniek, M., Jeczmiery, P., & Weizman, A. 1997. Mianserin, a 5HT2A 12C and alpha 2 antagonist, in the treatment of sexual dysfunction by serotonin reuptake inhibitors. *Clinical Neuropharmacology* 20: 210-214.

Aizenberg, D., Modai, I., Landa, A., Gil-Ad, I., & Weizman, A. 2001. Comparison of sexual dysfunction in male schizophrenic patients maintained on treatment with classical antipsychotics versus clozapine. *Journal of Clinical Psychiatry* 62: 541-544.

Alex, K. D., Yavanian, G. J., McFarlane, H. G., Pluto, C. P., & Pehek, E. A. 2005. Modulation of dopamine release by striatal 5-HT2C receptors. *Synapse* 55: 242-251.

Alexander, G. M., Swerdloff, R. S., Wang, C. W., & Davidson, T. 1997. Androgen behavior correlations in hypogonadal men and eugonadal men. I: Mood and response to auditory sexual stimuli. *Hormones and Behavior* 31: 110-119.

Alther, L. 1975. *Kinflicks*. New York: New American Library.
リザ・オルサー『キンフリックス——ちょっとポルノ的な家族映画』毛利英太郎訳、評論社、1980 年。

Altschuler, S., Rinaman, L., & Miselis, R. 1992. Viscerotopic representation of the alimentary tract in the dorsal and ventral vagal complexes in the rat. In *Neuroanatomy and Physiology of Abdominal Vagal Afferents*, ed. S. Ritter, R. Ritter & C. Barnes. Ann Arbor, MI: CRC Press.

Alzate, H., & Londono, M. L. 1984. Vaginal erotic sensitivity. *Journal of Sex and Marital Therapy* 10: 49-56.

Alzate, H., Useche, B., & Villegas, M. 1989. Heart rate change as evidence for vaginally elicited orgasm and orgasm intensity. *Annals of Sex Research* 2: 345-357.

American Diabetes Association. 2001. Diabetes and erectile dysfunction. *Clinical Diabetes* 19: 48.

American Psychiatric Association, 1994. *Diagnostic and Statistical Manual of Mental Disorders*, 4th ed. Washington, DC: American Psychiatric Association.

American Psychiatric Association 編『DSM- Ⅳ精神疾患の診断・統計マニュアル』高橋三郎ほか訳、医学書院、1996 年。

Anastasiadis, A. G., Salomon, L., Ghafar, M. A., Burchardt, M., Shabsigh, R. 2002. Female sexual dysfunction: state of the art. *Current Urology Reports* 3: 484-491.

［著者・訳者紹介］

バリー・R・コミサリュック博士
(Barry R. Komisaruk Ph.D.)
神経学者。ラトガース大学心理学部教授とニュージャージー州医科歯科大学放射線学部准教授を兼任。性科学における最も卓越した研究者に贈られるアメリカ性科学研究学会の「ヒューゴ・ビーゲル研究賞」を受賞。国際会議などにも多数招待され、講演回数は72回以上に及ぶ。

カルロス・バイヤー＝フローレス博士
(Carlos Beyer-Flores Ph.D.)
内分泌学者。アメリカ・カリフォルニア州立大学ブレイン・リサーチ・センターで神経内分泌学の研究を続けた後、メキシコ・トラスカラ国立工科学院高等研究所所長、トラスカラ自治大学学長を務めた。200本以上の研究論文を発表し、「メキシコ科学アカデミー国家賞」受賞した。

ビバリー・ウィップル博士
(Beverly Whipple Ph.D., R.N., FAAN)
性科学者。ラトガース大学名誉教授。セックス・カウンセラーとして長い実績をもち、女性の性機能研究についてのパイオニア的な存在として著名。著書『Gスポット』は19か国に翻訳出版されベストセラーとなり、世界に「Gスポット」の名と存在を知らしめた。

福井昌子 (Shoko Fukui)
立教大学法学部卒業。企業勤務、英国留学を経て、現在、翻訳家。主な訳書として、コンドリーザ・ライス『ライス回顧録——ホワイトハウス 激動の2920日』(共訳、集英社)、パコ・アンダーヒル『なぜこの店で買ってしまうのか——ショッピングの科学世界で売れる秘密』(共訳、早川書房)、パコ・アンダーヒル『彼女はなぜ「それ」を選ぶのか？——世界で売れる秘密』(早川書房)、キク・アダット『完璧なイメージ——映像メディアはいかに社会を変えるか』(早川書房) ほか。

The Science of Orgasm

オルガスムの科学

——性的快楽と身体・脳の神秘と謎

2015年 1月20日 第1刷発行
2024年10月20日 第9刷発行

著者————バリー・R・コミサリュック
カルロス・バイヤー=フローレス
ビバリー・ウィップル

訳者————福井昌子

発行者——福田隆雄
発行所——株式会社作品社
〒102-0072 東京都千代田区飯田橋2-7-4
tel 03-3262-9753 fax 03-3262-9757
振替口座 00160-3-27183
https://www.sakuhinsha.com

編集担当——内田眞人
本文組版——有限会社閏月社
装丁————伊勢功治
印刷・製本——シナノ印刷(株)

ISBN978-4-86182-507-1 C0045